“十四五”普通高等教育本科部委级规划教材
食品科学与工程国家一流本科专业建设配套教材
教育部、工业和信息化部北大荒农产品加工现代产业学院产教融合配套教材
黑龙江省基础学科和“四新”关键领域（地方高校“101”计划）核心课程教材

食品企业分析仪器及应用案例

Shipin Qiye Fenxi Yiqi ji Yingyong Anli

张丽媛◎主编

中国纺织出版社有限公司

图书在版编目（CIP）数据

食品企业分析仪器及应用案例 / 张丽媛主编 . 北京：中国纺织出版社有限公司，2025. 8. --（“十四五”普通高等教育本科部委级规划教材）. -- ISBN 978-7-5229-2890-6

Ⅰ. TS207. 3

中国国家版本馆 CIP 数据核字第 2025SH1424 号

责任编辑：金　鑫　闫　婷　　责任校对：高　涵
责任印制：王艳丽

中国纺织出版社有限公司出版发行
地址：北京市朝阳区百子湾东里 A407 号楼　邮政编码：100124
销售电话：010—67004422　传真：010—87155801
http://www. c-textilep. com
中国纺织出版社天猫旗舰店
官方微博 http://weibo. com/2119887771
三河市宏盛印务有限公司印刷　各地新华书店经销
2025 年 8 月第 1 版第 1 次印刷
开本：787×1092　1/16　印张：13
字数：320 千字　定价：49. 80 元

《食品企业分析仪器及应用案例》编委会名单

主　编　张丽媛（黑龙江八一农垦大学）

副主编　于润众（黑龙江八一农垦大学）
高玉玲（黑龙江八一农垦大学）
孙　蕊（黑龙江八一农垦大学）

编　委（按姓氏笔画排序）
王丽华（岛津企业管理有限公司）
王德宇（黑龙江八一农垦大学）
仲泊宇（安捷伦科技有限公司）
刘成淑（黑龙江八一农垦大学）
刘鑫怡（黑龙江八一农垦大学）
杨　闯（黑龙江八一农垦大学）
陈佳宇（黑龙江八一农垦大学）

主　审　张寒琦（吉林大学）

前　言

在当今竞争激烈的食品行业中，精准的分析与检测是确保食品安全、提升产品质量、推动企业可持续发展的关键。食品企业分析仪器作为这一领域的重要支撑，正发挥着日益重要的作用。

随着科技的不断进步，各类先进的分析仪器如雨后春笋般涌现，为食品企业带来了前所未有的机遇与挑战。这些仪器不仅能够快速、准确地对食品的成分、营养、污染物等进行检测分析，还能为企业的生产工艺优化、质量控制体系完善以及新产品研发等提供科学的数据支持。

本书贯彻党的二十大精神，旨在为食品类相关专业学生、食品企业的从业者以及科研人员提供一份实用的参考学习资料。它系统地介绍了食品企业中常用的分析仪器，包括其工作原理、技术特点、仪器结构、操作方法以及维护保养要点等。同时，通过丰富的应用案例，深入浅出地展示了这些仪器在实际生产和检测中的具体应用，有助于更好地理解和掌握相关仪器的使用技巧与分析方法。

本书共分为10章，旨在为食品企业的技术人员、管理人员以及相关专业的学生提供一本全面、实用的参考书籍。第1章聚焦食品分析仪器概述，梳理行业仪器发展脉络，明确仪器分类与应用范围；第2~7章深入讲解光谱分析仪器，涵盖原子吸收光谱仪、紫外—可见分光光度计、分子荧光光谱仪以及红外光谱仪等，剖析原理、操作与食品检测应用场景；第8~10章围绕色谱分析仪器展开，详细阐述气相色谱仪、高效液相色谱仪等的技术细节与在食品成分分离检测中的运用。各章均通过丰富的应用案例，展示仪器在食品检测中的实际应用，帮助读者更好地理解和掌握仪器的使用技巧。参加本书编写的有黑龙江八一农垦大学张丽媛（主编，负责第4章、第6章、第7章，共计11.48万字）、黑龙江八一农垦大学于润众（副主编，负责第1章、第2章、第3章，共计7.11万字）、黑龙江八一农垦大学高玉玲（副主编，负责第8章、第9章、第10章，共计7.69万字）、黑龙江八一农垦大学孙蕊（副主编，负责第5章、第10章，共计5.72万字），岛津企业管理有限公司王丽华、安捷伦科技有限公司仲泊宇提供企业实际案例，黑龙江八一农垦大学陈佳宇、刘成淑、刘鑫怡、王德宇、杨闯负责书中图、表以及仪器案例的修改，张丽媛负责全书的修订定稿。本书在编写过程中参考了国内外出版的有关教材和著作，在此向有关作者表示感谢。

无论是在食品原材料的筛选、生产过程中的监控，还是最终产品的质量检验环节，合适的分析仪器都能为企业提供有力的保障。希望本书能够成为食品企业从业者的得力助手，帮助大家更好地运用分析仪器，提升食品质量和安全水平。同时，也期待读者能够对本书提出宝贵的意见和建议，以便我们不断完善。

编者

2024年8月

目　录

1 绪论

本章资源

分析化学是人们获得物质化学组成和结构信息的科学，即测量和表征的科学。分析化学是科学技术的眼睛，也是工农业生产和公共安全的眼睛。

1.1 分析化学的发展历史

分析化学的发展经历了三次重大变革。

第一次变革发生在 20 世纪初，是基于物理化学和溶液理论（四大平衡理论）的发展，分析化学从一门技术（手艺）发展成一门科学。

第二次变革发生在 20 世纪 40 年代前后，物理学和电子学的发展促进了仪器分析方法的建立和发展，使分析化学从以化学分析为主的时代发展到以仪器分析为主的时代。

第三次变革从 20 世纪 70 年代末开始，是基于数学、计算机和生物学的发展。这次变革的特点是在利用物质光、电、磁、热、声等现象的基础上，再加上采用数学、计算机、生物等手段，对物质作全面的纵深分析。第三次变革不仅能确定分析对象中的元素、基团和含量，而且能解答原子的价态、分子的结构和聚集态、固体的结晶形态和反应中间产物的状态，可作表面、内层和微区分析，尽可能快速、全面和准确地提供丰富的信息和有用的数据。

分析仪器的发展与分析化学的发展紧密相关，可概括为 20 世纪 50 年代仪器化、60 年代电子化、70 年代计算机化、80 年代智能化、90 年代信息化，以及 21 世纪仿生化并进一步信息化、智能化、微型化、自动化和网络化。

在发展历史中，有很多科学家值得我们学习，例如中国分析化学家卢佩章院士（图 1-1）。卢佩章原从事催化研究，但国家任务使他改变了专业兴趣，并与色谱结下了不解之缘。新中国成立初期，他参与了国家从煤里制取石油这一国民经济急需的科研任务。1954 年，他把气—固色谱法的体积色谱成功用于水煤气合成产品的气体组分分析。1956 年，他带领李浩春教授开展气—液色谱法取得成功，设计出我国第一台体积色谱仪，并用于石油产品分析。这使石油样品的分析速度由原来 30 多小时缩短至不到 1 小时，且样品用量仅为原来的千分之一。这项技术迅速在全国石油化工企业普及应用。20 世纪 60 年代，卢佩章的研究方向转向国防工业。在第一颗原子弹爆炸前，他和沈阳金属所合作发展出建立真空熔融气相色谱法，测定金属铀中痕量氩的含量。他发展的腐蚀性气体色谱等一系列国防分析技术和仪器，解决了国防工业的急需，填补了国内空白。傅鹰曾写道：“石油研究所卢佩章等所做的气体色谱研究是近年来我国化学研究最出色的成就之一，在色谱理论方面也做出基本性的贡献。”1973 年，他受国防部门委托，完成了两种不同要求的密闭舱内大气成分

图 1-1 卢佩章院士

自动分析色谱仪，供飞船及核潜艇使用，并获得科技大会奖。

20 世纪 70 年代，卢佩章及其团队成功研究 K-1 型细内径高效液相色谱柱，达到世界领先水平，连美国著名色谱专家埃特伍德也承认，美国 PE 公司要一年以后才能达到中国的水平。

卢佩章曾说道：“一个科学家最大的幸福是能对社会、人类做出些贡献。科学家要有创新，必须有坚实的理论和技术基础。有一颗热爱科学的心，才能选准方向，坚持下去。”

在卢佩章院士身上，我们能看到老一辈化学家脚踏实地、埋头苦干、开拓进取、无私奉献的精神。

作为当代的大学生，我们应该学习这种有价值的、有理想的、有奋斗的、有奉献的思想理念。我们要热爱祖国，着眼于我国的基本国情，立足于自身的实际情况，努力学习科学文化知识，踏踏实实地打好基础；同时，要开阔自己的视野，拓宽自己的心胸，提高自己的综合素质，坚定实现中华民族伟大复兴的理想信念，为建设现代化的祖国做好充分的准备。

1.2 分析化学的分类

从分析化学所要解决的问题来看，分析化学可分为定性分析、定量分析和结构分析。定性分析法是指确定样品中是否含有目标待测物的分析方法；定量分析法是指确定样品中目标待测物含量的分析方法；结构分析法是确定目标待测物的分子量、组成和结构的分析方法。从分析化学方法所依据的原理及利用的手段来看，分析化学通常包括化学分析法和仪器分析法。化学分析法通常是指利用特定的化学反应及其计量关系来确定被测物质的组成和含量的一类分析方法，使用天平、玻璃容器等较简单的实验设备。仪器分析法是以物质的物理和物理化学性质及其强度为基础建立起来的一种分析方法，使用比较复杂和特殊的仪器。化学分析法和仪器分析法二者不能截然分开，是互相联系的。

1.3 仪器分析方法的定义和分类

仪器分析方法是采用比较复杂或特殊的仪器设备，通过测量物质的某些物理或物理化学性质的参数及其变化来获取物质的化学组成、成分含量及化学结构等信息的一类方法。

近几年出现很多食品安全事件，如各种功能性饮料，里边的添加剂的添加是否合理？如何评价其食用安全性？如何识别含甲醛的面条？汞是如何进入到罐装雪碧中的？如何检测地沟油？杀虫剂在茶叶中的残留有多少？如何检测重金属残留？上述食品安全事件中提到的危害物能用化学分析方法检测吗？如何检测？我们的回答是不能，主要原因是相对样本中目标分析物含量较低，并且危害物种类比较多，定性、定量困难，所以无法用常规化学分析法去检测，通常需要借助特殊精密仪器分析检测。因此，我们说仪器分析方法是在社会环境科学、食品安全等领域的实践需要中发展起来的。

仪器分析方法主要用于定性分析、定量分析和结构分析，但不同的方法主要应用领域也不同，如光学分析法中，原子发射光谱法主要用于定性和定量分析，原子吸收光谱法主要用于定量分析，紫外可见吸收光谱法主要用于定量分析。

仪器分析方法比较多，本书所涉及的方法可包括下列几类。

1.3.1 光学分析法

（1）理论依据。光学分析法是基于物质发射光或光与物质相互作用所建立的分析方法。

（2）测量参数。光学分析法中主要测量的参数有电磁波的波长、波数、强度、方向等。

（3）分类。光学分析法（图 1-2）依据是否涉及物质内部能级变化而分为光谱分析法与非光谱分析法。非光谱分析法不涉及物质内部能级的变化，其分析法根据所测光学性质的不同而分为折射法、散射法、干涉法、衍射法、旋光法等。光谱法涉及物质内部能级的变化，根据所测对象不同分为原子光谱法和分子光谱法，而原子光谱法包括原子发射光谱法、原子荧光光谱法（图 1-3）、原子吸收光谱法（图 1-4）等，分子光谱法包括紫外—可见吸收光谱法、分子发光光谱法、红外吸收光谱法、核磁共振波谱法等。

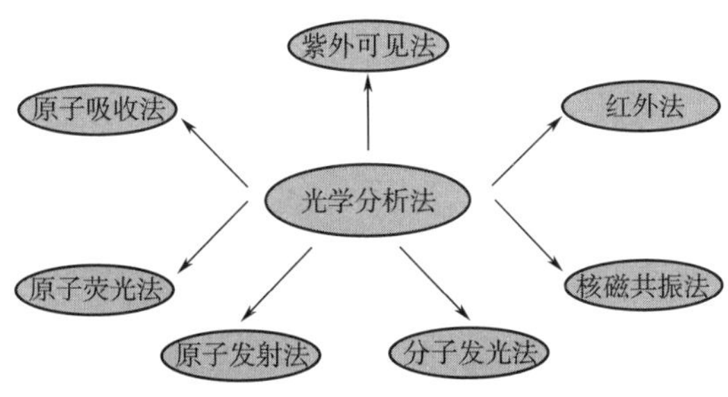

图 1-2 光学分析法

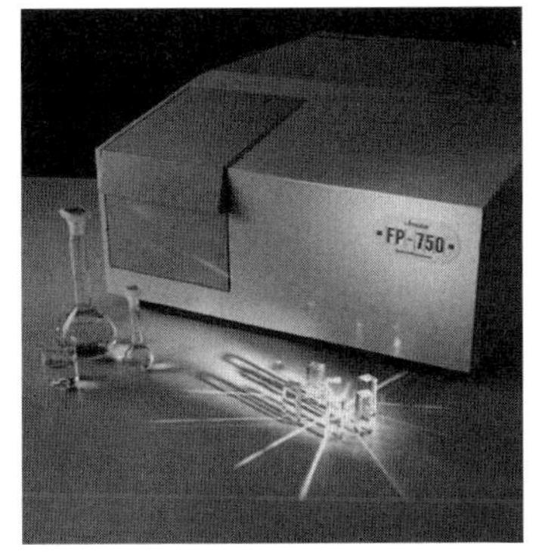

图 1-3 原子荧光光谱法

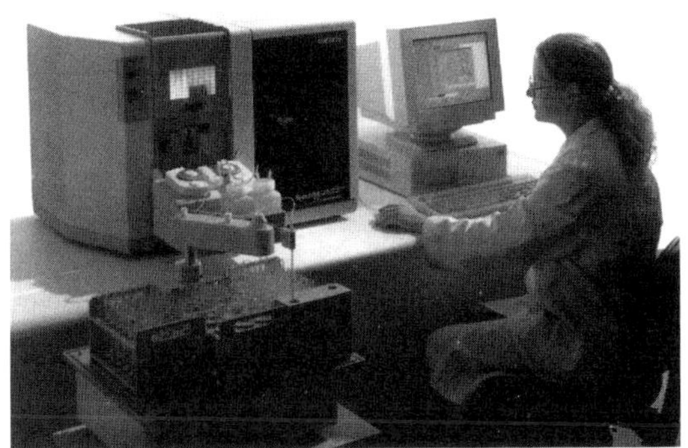

图 1-4 原子吸收光谱法

1.3.2 色谱分析法

（1）理论依据。色谱法是根据混合物的各组分在互不相溶的两相（固定相和流动相）中的吸附能力、分配系数或其他亲和作用的差异而建立起来的分离测定方法。

（2）测量参数。色谱法是集分离与检测为一体的分析方法，其测量参数主要依据检测器而定，其检测器主要为光学式、电化学式和质谱式检测器等，测量参数也自然是这些检测方式的测量参数。

（3）分类。色谱法按流动相的状态可分为气相色谱法和液相色谱法。电泳法虽然也属于一种分离方法，但其分离原理与色谱法不同，并不是利用两相的相对移动来完成不同物质的分离。但电泳法的分离过程、仪器结构、分离通道的形状以及所用的一些名词和术语均与色谱法类似，所以一般也将电泳法归类于色谱法。色谱法分类和色谱仪见图 1-5、图 1-6。

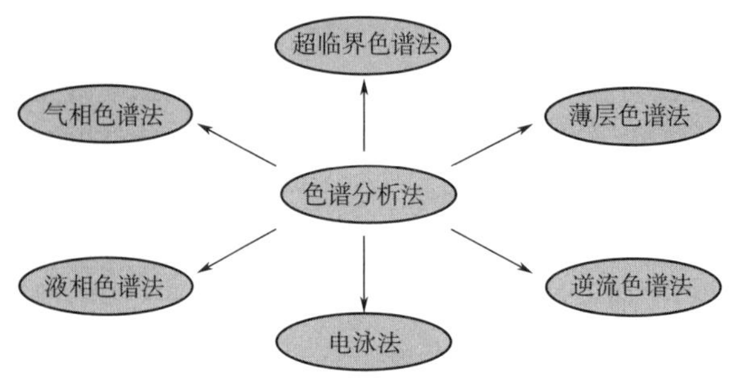

图 1-5　色谱分析法

图 1-6　色谱仪

1.3.3　质谱法

（1）理论依据。质谱法是依据不同气态离子在电场或磁场中运动情况（运动轨迹）的不同而建立的分离测定方法。

（2）测量参数。质谱法中的测量参数是谱线的位置（m/z）和谱线的相对强度。

（3）分类。质谱法按照测定对象可分为原子质谱法和分子质谱法。

1.4　仪器分析的应用范围与发展趋势

科学四大理论（天体、地球、生命、人类起源和演化）以及人类社会面临的五大危机（资源、粮食、能源、人口、环境）问题的解决都与仪器分析密切相关，工农业生产的发展以及人们日常衣、食、住、行、用的质量保证等领域也与仪器分析密切相关。

案例　气相色谱-三重四极杆质谱仪（GC-MS/MS）测定辣椒油中苏丹红类非法添加剂

苏丹红是一种人工合成的工业染料，并非食品添加剂，如果食品中苏丹红含量较高，达上千毫克，则苏丹红诱发肿瘤机会就会上百倍增加。我国明文禁止其作为色素在食品中进行添加，但苏丹红事件仍层出不穷。目前，检测苏丹红的方法主要为《食品中苏丹红染料的检测方法 高效液相色谱法》（GB/T 19681—2005）。企业参考国家标准前处理法，结合 GC-MS/MS 联用技术的多反应监测（MRM）方式，可有效去除基质干扰，结果可靠性高；可作为食品中苏丹红的 HPLC 检测方法的补充（表 1-1，图 1-7、图 1-8）。

表 1-1 苏丹红的 MRM 条件

序号	保留时间/min	中文名称	英文名称	CAS 号	定量离子对	定性离子对 1	定性离子对 2
1	11.895	苏丹红Ⅰ	Sudan Ⅰ	842-07-9	248>171（9）	248>143（19）	248>115（28）
2	13.192	苏丹红Ⅱ	Sudan Ⅱ	3118-97-6	276>247（10）	276>259（8）	276>143（19）

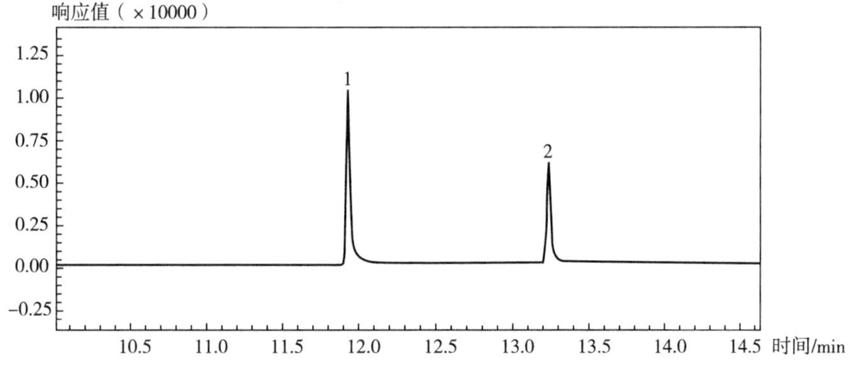

图 1-7 苏丹红Ⅰ、Ⅱ标准品溶液的 TIC 图

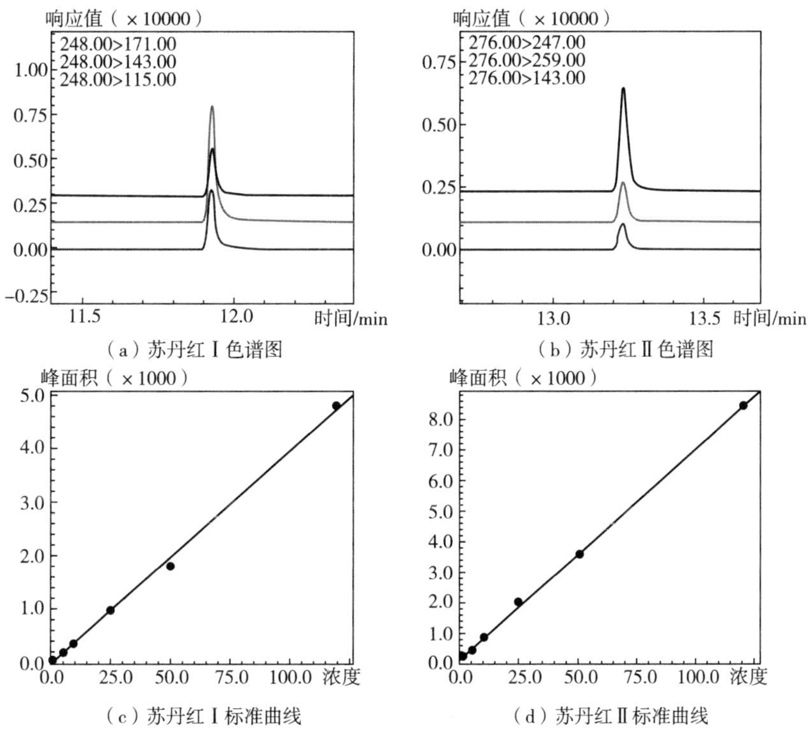

图 1-8 两种苏丹红质谱图和标准曲线

请注意，苏丹红属于工业染料，并非食品添加剂，日常生活中注意防范食品安全网络谣言，理性看待不实谣言，不信谣不传谣，要认识到食品安全真正问题所在。

仪器分析的发展趋势是建立原位、在体、实时、在线的动态分析检测方法；建立无损以及多参数同时检测方法；各种仪器分析法的联用；分析仪器的智能化、自动化、微型化和网络化。

1.5 仪器分析方法的性能指标

当仪器分析方法用于定量分析时，其性能常用一些分析方法的指标来评价，这些指标主要包括精密度、灵敏度、线性范围、检出限、定量限和准确度等。在仪器分析法中，一般求浓度，所以本章主要讨论与浓度有关的性能指标，而与质量有关的性能指标与浓度类似。除上述用于表征定量分析的指标外，当仪器分析方法同时用于定量分析和分离时，分离度也应当是一个方法的主要性能指标；当仪器分析方法既可用作定量分析，又可用作定性和结构分析时，分辨率和特效性应当也是方法的重要性能指标。当然在选择方法时，还要有一些实际考虑，如费用（包括仪器的购置费、运转费）、样品量、分析速度等。

1.5.1 精密度

样品中某一组分的浓度是一个客观存在的真实数值，这就是通常所说的真值（x_t），如权威机构颁布的标准参考物质，其标示的组分浓度就可以看作真值。绝对误差（e_a）是测定值（x_i）与真值 x_t 之间的差值，见式（1-1）：

$$e_a = x_i - x_t \tag{1-1}$$

而相对误差（e_r）是绝对误差 e_a 在真值中所占的百分比，见式（1-2）：

$$e_r = \frac{e_a}{x_t} \times 100\% \tag{1-2}$$

测量的精密度是指各测量结果间的相互一致性程度，精密度常用相对标准偏差（RSD）来表示。如分析一个样品，分析 n 次，测得被测物的平均浓度 $\bar{x}$，见式（1-3）：

$$\bar{x} = \frac{\sum_{i=1}^{n} x_i}{n} \tag{1-3}$$

式中，x_i 为每次测定所得的被测物浓度。绝对偏差（d_a）为测定值 x_i 与平均值 $\bar{x}$ 之间的差值，见式（1-4）：

$$d_a = x_i - \bar{x} \tag{1-4}$$

而相对偏差（d_r）为绝对偏差 d_a 在平均值 $\bar{x}$ 中所占的百分比，见式（1-5）：

$$d_r = \frac{d_a}{\bar{x}} \times 100\% \tag{1-5}$$

标准偏差（S）见式（1-6）：

$$S = \sqrt{\frac{\sum_{i=1}^{n} (x_i - \bar{x})^2}{n - 1}} \tag{1-6}$$

则 RSD 可表示为式（1-7）：

$$\mathrm{RSD} = \frac{S}{\bar{x}} \times 100\% \tag{1-7}$$

RSD 与被测物的浓度及分析方法有关。对于同一种方法，一般浓度越高或质量越大，精密度越好，即 RSD 越小。重复性是指在同一实验室由同一操作人，用相同仪器和相同方法对同一被测物进行测定所得结果间的相互一致性程度。重现性是指在不同实验室由不同的操作人，用不同的实验仪器和相同的方法对同一被测物进行测定所得结果间的相互一致性程度。

对于有机残留物和污染物，定量测定结果的 RSD 不应超过 Horwitz 方程计算得到的水平，Horwitz 方程见式（1-8）：

$$\mathrm{RSD} = 2^{(1-0.5\lg\bar{x})} \tag{1-8}$$

式中，$\bar{x}$ 是在实验中测得的被测物的平均浓度，浓度的单位应为质量分数（如 1mg/g = 10^{-3}）。根据式（1-8），可计算得到当被测物浓度为 1000μg/kg 时，$\bar{x}$ = 1000μg/kg = 10^{-6}g/g = 10^{-6}，$2^{[1-0.5\times(-6)]} = 2^4 = 16$，即 RSD 应小于 16%；当被测物浓度为 100μg/kg 时，可计算得到 RSD 应小于 23%；而当被测物浓度为 10μg/kg 时，RSD 应小于 32%。可见对于测定结果的 RSD 要求并不严。鉴于此，欧洲共同体委员会（2002/658/EC）规定，当被测物浓度低于 100μg/kg 时，计算得到的 RSD 值太高，是不被接受的，要求 RSD 要尽量低；而当浓度为高于 100μg/kg 时，重复性实验结果的 RSD 应为计算值的 1/2～2/3。对于化学元素，也对定量测定的精密度有一定要求，当被测物浓度为 10～100μg/kg 时，RSD 应低于 20%；当被测物浓度为 100～1000μg/kg 时，RSD 应低于 15%；当被测物浓度大于 1000μg/kg 时，RSD 应低于 10%。此处仅介绍了欧共体的规定中对于 RSD 的限制，根据情况不同，不同部门有不同限制。

1.5.2 灵敏度

分析方法的灵敏度（S）是指被测物浓度或质量改变一个单位时所引起的响应信号的变化。在分析化学中，当被测物浓度在一定范围内与所测信号为线性相关时，根据在制作校准曲线时所加的被测物浓度或质量（$x_1, x_2, x_3, \cdots, x_n$）以及与此浓度或质量对应的测量信号（$y_1, y_2, y_3, \cdots, y_n$），则利用最小二乘法，很容易得到线性回归方程：

$$y = a + bx \tag{1-9}$$

式中，y 和 a 分别为样品和空白样品时所测得的信号；b 为直线的斜率；x 代表被测物的浓度或质量。由式（1-9）可以看出，灵敏度 S 实际上可看作校准曲线的斜率 b 。当然，关于灵敏度还有其他定义及相关的数学表达式，如在原子吸收光谱法中，常用特征浓度来表示灵敏度，特征浓度是指产生 1%吸收时被测物的浓度，在紫外可见吸收光谱中，也常用摩尔吸收系数来表征方法的灵敏度。

在方程（1-9）中，a 和 b 可通过实验数据求得公式，见式（1-10）和式（1-11）：

$$b = \frac{\sum_i \{(x_i - \bar{x})(y_i \quad \bar{y})\}}{\sum_i (x_i - \bar{x})^2} \tag{1-10}$$

$$a = \bar{y} - b\bar{x} \tag{1-11}$$

式中，$\bar{x} = \frac{\sum_i x_i}{n}$，$\bar{y} = \frac{\sum_i y_i}{n}$。

根据实验中加入的物质的浓度（x_i）和对应的测量信号（y_i），$\bar{x}$和$\bar{y}$很容易得到。求得$\bar{x}$和$\bar{y}$后，由式（1-10）很容易求得b；而将b代入式（1-11），就可求得a；由x_i、y_i、$\bar{x}$和$\bar{y}$，可求出相关系数r，见式（1-12）：

$$r=\frac{\sum_i[(x_i-\bar{x})(y_i-\bar{y})]}{\left\{\left[\sum_i(x_i-\bar{x})^2\right]\left[\sum_i(y_i-\bar{y})^2\right]\right\}^{1/2}} \tag{1-12}$$

r的取值范围为$-1\leqslant r\leqslant 1$：当$r=1$时，有好的正相关性；r值越接近1，线性相关性越好。在实验分析中，$|r|$常常大于0.99，而小于0.90并不多见。斜率b和截距a的标准偏差分别为S_b和S_a，见式（1-13）和式（1-14）：

$$S_b=\frac{S_{y/x}}{\sqrt{\sum_i(x_i-\bar{x})^2}} \tag{1-13}$$

$$S_a=S_{y/x}\sqrt{\frac{\sum_i x_i^2}{n\sum_i(x_i-\bar{x})^2}} \tag{1-14}$$

式中，$S_{y/x}$为所有y值的标准偏差，可用式（1-15）计算：

$$S_{y/x}=\sqrt{\frac{\sum(y_i-y_i')^2}{n-2}} \tag{1-15}$$

由图1-9可见，y_i是实际测量得到的信号值，而y_i'是基于给定的x_i值并根据回归方程在a和b已求得的情况下计算得到的信号值，即$y_i'=a+bx_i$。观察值y_i与按回归方程预测的值y_i'之间的差（y_i-y_i'）称作y的残差，$\sum(y_i-y_i')^2$为残差平方和。

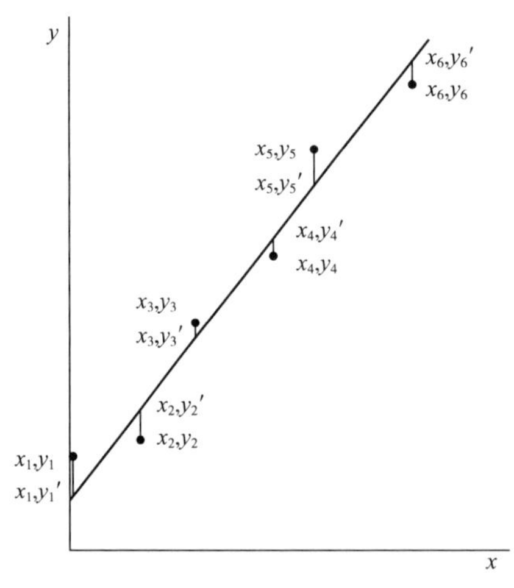

图1-9　校准曲线

例题

牛奶样品中的诺氟沙星用离子液体液—液萃取，然后用配有紫外可见吸收检测器的高效液相色谱仪分离检测。为了测定牛奶中的诺氟沙星的含量，需制作工作曲线。在实验中，已知加标样品中诺氟沙星的浓度（x_i，μg/kg）为0.00，0.02，0.05，0.10，0.20，0.40，

0.55。与此浓度所对应的测得的信号峰面积（y_i，mA·s，A 为吸光度）为 0.1，11.2，36.3，69.5，127.5，255.0，323.2。

（a）给出对应于工作曲线的线性回归方程及相关系数。

（b）计算斜率和截距的标准偏差。

解：（a）根据已知的 x_i 和测得的 y_i 可求得平均值 $\bar{x}$ 和 $\bar{y}$。

$$\bar{x}=\frac{\sum_i x_i}{n}=\frac{0.00+0.02+0.05+0.10+0.20+0.40+0.55}{7}=0.19$$

$$\bar{y}=\frac{\sum_i y_i}{n}=\frac{0.1+11.2+36.3+69.5+127.5+255.0+323.2}{7}=117.5$$

并由此可计算得到 $x_i-\bar{x}$，$(x_i-\bar{x})^2$，$y_i-\bar{y}$，$(y_i-\bar{y})^2$ 和 $(x_i-\bar{x})(y_i-\bar{y})$，这些计算得到的值列于表 1-2。

表 1-2　计算结果

序号	x_i	y_i	$x_i-\bar{x}$	$(x_i-\bar{x})^2$	$y_i-\bar{y}$	$(y_i-\bar{y})^2$	$(x_i-\bar{x})(y_i-\bar{y})$
1	0.00	0.1	−0.19	0.036	−117.5	13806.0	22.3
2	0.02	11.2	−0.17	0.029	−106.3	11299.7	18.1
3	0.05	36.3	−0.14	0.020	−81.2	6593.4	11.4
4	0.10	69.5	−0.09	0.0081	−48.0	2304.0	4.3
5	0.20	127.5	0.01	0.0001	10.0	100.0	0.1
6	0.40	255.0	0.21	0.044	137.5	18906.2	28.9
7	0.55	323.2	0.36	0.13	205.7	42312.5	74.0
总和	1.32	822.8	−0.01	0.27	0.2	95321.8	159.1

基于这些值，并根据式（1-10）、式（1-11）和式（1-12）可计算得到斜率 b、截距 a 和相关系数 r。

$$b=\frac{\sum_i[(x_i-\bar{x})(y_i-\bar{y})]}{\sum_i(x_i-\bar{x})^2}=\frac{159.1}{0.27}=589.3$$

$$a-\bar{y}-b\bar{x}=117.5-589.3\times0.19=5.53$$

$$r=\frac{\sum_i[(x_i-\bar{x})(y_i-\bar{y})]}{\left\{\left[\sum_i(x_i-\bar{x})^2\right]\left[\sum_i(y_i-\bar{y})^2\right]\right\}^{1/2}}=\frac{159.1}{\sqrt{0.27\times95321.8}}=0.9917$$

（b）基于得到的 a 和 b 值，并根据式（1-9），很容易求得 y'_i，并求得 $|y_i-y'_i|$ 和 $(y_i-y'_i)^2$，这些值列于表 1-3。

表 1-3　计算结果

序号	x_i	x_i^2	y_i	y'_i	$\lvert y_i-y'_i\rvert$	$(y_i-y'_i)^2$
1	0.00	0.00	0.1	5.5	5.4	29.16

续表

序号	x_i	x_i^2	y_i	y'_i	$\vert y_i - y'_i \vert$	$(y_i - y'_i)^2$
2	0.02	0.0004	11.2	17.3	6.1	37.21
3	0.05	0.002	36.3	35.0	1.3	1.69
4	0.10	0.01	69.5	64.5	5.0	25.00
5	0.20	0.04	127.5	123.4	4.1	16.81
6	0.40	0.16	255.0	241.2	13.8	190.44
7	0.55	0.30	323.2	329.6	6.4	40.96
总和	1.32	0.52	822.8	816.5	42.1	341.27

基于表中这些值，并根据式（1-15），可求得 $S_{y/x}$：

$$S_{y/x} = \sqrt{\frac{\sum_i (y_i - y'_i)^2}{n-2}} = \sqrt{\frac{341.27}{5}} = 8.26$$

基于已知的 x_i 计算得到的 $S_{y/x}$，可求出 S_b 和 S_a。

$$S_b = \frac{S_{y/x}}{\sqrt{\sum_i (x_i - \bar{x})^2}} = \frac{8.26}{\sqrt{0.27}} = 15.9$$

$$S_a = S_{y/x}\sqrt{\frac{\sum_i x_i^2}{n\sum_i (x_i - \bar{x})^2}} = 8.28 \times \sqrt{\frac{0.52}{7 \times 0.27}} = 4.34$$

最后，可将回归方程表示为：

$$y = (5.53 \pm 4.34) + (589.3 \pm 15.9)x$$

1.5.3 线性范围

线性范围是指校准曲线保持线性或者校准曲线的斜率保持常数的待测物浓度范围，一般在实际测试中，它的低端即实际中可定量测定的被测物的最低浓度，可通过实验来确定，而高端则定义为当分析信号偏离校准曲线直线部分时某一点所对应的浓度，此点应以某一相对量（如 5%）偏离校准曲线直线部分的延长线。

在通常情况下，线性校准曲线是最理想的，因为它很容易发现异常，且很容易用一简单数学关系式表示，得出未知样品中被测物的浓度。当然还希望其有更宽的线性范围，因为可直接对很宽浓度范围的待测物进行测定。其校准曲线为非线性时，也可用于定量分析，但所对应的浓度范围称为动态范围。

1.5.4 检出限和定量限

检出限（LOD）又称检测下限或检测限，定义为在误差分布服从正态分布的条件下，能以 99.7%置信度被检出的被测物的最低浓度，即信号为空白样品信号标准偏差 3 倍时所对应的被测物的浓度。实际分析中，由于测量次数有限，测量误差往往是非正态分布，由此计算的检出限的置信度实际上仅为 90%。空白样品是指不含待测物的样品，即阴性样品。但有时找不到空白样品，即样品均含被测物（即阳性样品），则可用试剂空白，试剂空白是除不加样品外，加样品处理过程中的所有试剂得到的样品。如果分析空白样品多次（如 20 次），所得信号的平均值为 y_B ，噪音是指波动的信号，噪音的大小可用标准偏差 S_B 来表示，则检出限 x_1 为：

$$x_1 = \frac{3S_B}{b} \tag{1-16}$$

式中，S_B 为空白信号的标准偏差，根据每次测得的信号与平均信号可求得空白信号的 S_B；b 为线性校准曲线的斜率，若校准曲线由几条直线组成，b 则应为曲线最下端直线的斜率。

上述讲了一般分析化学有关专著和教科书关于检出限的定义及确定方法。但在实际工作中，有时会遇到两个方面的问题，一是分析空白样品 20 次，特别是当样品分析时间太长时，则很难完成；二是若分析空白样品时没有明显的信号，则得不到 S_B。为了解决这两个问题，也提出了一些其他得到 S_B 的方法。

（1）因测量空白信号的 S_B 需测量次数较多，为了节省时间，可用 $S_{y/x}$ 来代替 S_B ，这样在制作校准曲线时就可得到 S_B ，可节省时间。

（2）如在色谱中计算检测器的检测限时，用基线在短时间内的峰—峰值，即基线噪音的极大值与极小值之差来表示噪音大小。

（3）利用我国有关部门制定的环境保护标准（环境监测分析方法标准制修订技术系列 HJ168-2020），则比较容易求得检出限。这一标准规定，样品分析次数 7 次以上。若样品中含有待测物，则通过分析样品 7 次以上得到的待测物信号的标准偏差就可看作 S_B，从而可求得检出限；若样品中不含待测物，则可向样品中加入标准溶液制备标加样品，但标加待测物的浓度一般应为估计检出限的 3~5 倍，而后分析标加样品 7 次以上，得到的待测物信号的标准偏差可作为 S_B，从而可求得检出限。

定量限（LOQ）是定量分析实际可以达到的极限，与上述检出限的定义类似，根据国际纯粹和应用化学联合会的规定，定量限（ x_q ）是相当于空白测量值标准偏差 10 倍的信号所对应的被测物浓度，见式（1-17）：

$$x_q = \frac{10S_B}{b} \tag{1-17}$$

1.5.5 准确度

准确度是分析方法最重要的性能。它表明了测得的待测物浓度与样品中待测物实际浓度的接近程度，常用相对百分比来表示。分析方法的准确性可用下列一些方法来考察。

1.5.5.1 与其他方法对照

将分析结果与其他一种或几种分析方法所得结果进行对照，从而来评价所用分析方法的准确度，所用的其他方法最好是公认的可靠方法或是比较成熟的方法。

1.5.5.2 用标准物质评价

标准物质（或称标准参考物质）是已确定某一种或几种特性，用于校准测量器具、评价测量方法或确定材料特性量值的物质。用标准物质来评价分析方法的准确度是最理想的方法，因为给定的标准物质中所含物质的浓度具有权威性，这些浓度相当于真值。用所建立的方法分析标准物质，如果所得分析结果与标准物质中给定被测物的浓度一致，则说明所建立的方法有很好的准确度。

1.5.5.3 加标回收

在没有标准物质的情况下，可用加标回收的方法来验证方法的准确度。首先测定分析样品中被测物的量，然后在分析样品中加入一定量的被测物标准，再测定标加样品中被测物的量，将标加前后所得样品中被测物的量之差与实际的标加量对照，即可得到回收率，回收率的单位为百分比。对于加标回收率的要求，一般都规定与被测物浓度有关，但并没有一个统一的标准，如欧洲共同体委员会规定，对于有机残留物和污染物，当被测物浓度≥10μg/kg时，回收率应为80%~110%；当被测物浓度为1~10μg/kg时，回收率应为70%~110%；而当被测物浓度≤1μg/kg时，回收率应为50%~120%。而对于化学元素，回收率应为90%~100%。

在仪器分析方法性能表征中，如精密度可用RSD来表征，由于主要利用统计分析，所以测量次数应当有一定的要求，如测定标准偏差或RSD，测量次数应当在5次以上，而确定检出限时，测量次数根据国际纯粹和应用化学联合会规定，要在20次以上，但在一般科研论文中，因为只是研究，所以有时并不完全按这种规定，如查阅有关分析化学的研究论文就可以发现，测定标准偏差或RSD常仅测量3次，而求检出限分析空白样品时，分析的次数也常不足20次。

1.6 仪器分析中的定量分析方法

仪器分析方法分析的对象是样品，样品是从整体物质中以某种方式取出的一部分物质，而这部分物质与整体物质有相同特征，即有代表性，能代表整体物质。在样品分析过程中，样品需要前处理，即样品是变化的，随方法不同样品变化的次数也不同，而且常常要进行相变，为了方便，可以把整体物质叫作整体样品（如一个湖的水），而把整体样品中取出的一批或一份叫原始样品（如从湖中取出1L水），原始样品经过处理，得到可直接引入分析仪器的样品叫分析样品。样品中待测组分称为被测物，而基体是样品中所有组分的集合。

仪器分析用于样品分析时主要分为定性分析、定量分析和结构分析。当进行定性和结构分析时，不同的仪器分析方法会有较大差别；但对于定量分析，不同仪器分析法是类似的，一般先用实验的方法，求得不同量（浓度或质量）被测物产生的信号，建立信号与被测物量之间的关系，即绘制校准曲线或建立回归方程，再测量未知样品中由被测物产生的信号，并根据所建立的校准曲线或回归方程求未知样中被测物的量（浓度或质量）。一般情况下，采用求未知样品中被测物浓度的方法，求质量的方法与此类似。

1.6.1 校准曲线法

校准曲线法也称外标法，校准曲线通常包括标准曲线和工作曲线。标准曲线是将标准溶液稀释成含不同浓度被测物的工作溶液，然后直接进样。根据标准溶液中被测物浓度与测量得到的信号绘制曲线或求得回归方程。用标准曲线进行定量分析的优点是制作简单，不需进行样品预处理。工作曲线是将标准溶液通过简单稀释制成样品溶液，或将标准溶液加入实际空白样品中制成标加样品，然后将此样品溶液或标加样品按实际样品分析步骤，进行样品预处理并分析，根据样品中被测物的浓度与测量得到的信号绘制曲线或求得回归方程。与标准曲线法相比，用工作曲线法进行定量分析的优点是可减少或消除基体效应，降低样品处理过程中被测物损失带来的误差，但操作较复杂，也费时。应用校准曲线法时，校准曲线最好过原点，即截距为零或很小，且为直线，但曲线不为直线或不过原点，也可以应用。校准曲线法的优点是制作一条曲线可分析大批量相同类型的样品。

1.6.2 内标法

应用内标法时，在样品中加入内标物，内标物性质与待测物相近，且内标物浓度保持恒定，测量被测物与内标物的信号比，以此信号比相对于被测物浓度制成校准曲线或求得回归方程。内标法的优点是可消除因实验条件波动引起的信号变化，与校准曲线法类似。应用内标法时，校准曲线最好为直线，且过原点，但不是直线不过原点也可用。制作一条曲线可分析大量样品，但制作曲线及分析实样时均须加入内标物。

1.6.3 标准加入法

虽然在校准曲线法中，可以用合适的基体配制样品或用实际空白样品通过标加，制作工作曲线来降低或消除基体干扰，但有时很难配制完全匹配的基体或找不到不含待测物的空白样品。标准加入法是取几份相同的样品加入不同量的被测物标准后，进行分析，将测得的信号相对于加入被测物的浓度作图，将此直线外推至横坐标，则可直接读出未知样品中被测物的浓度。标准加入法的优点是可消除基体干扰，但使用标准加入法时所对应的校准曲线必经过原点，且为直线。

图 1-10 为这三种方法的示意图，图中 y_x 为由被测物所引起的信号，y_r 为由内标物所引起的信号，x_x 为所测得被测物的浓度，即测定结果。

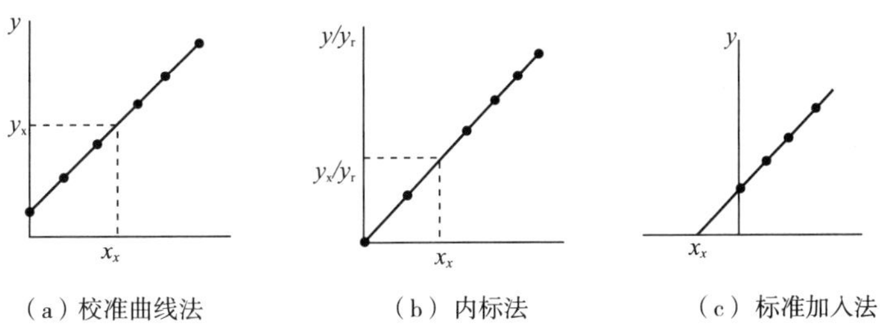

图 1-10　定量分析方法（曲线法）

当然应用这三种方法时，可不绘制曲线，而利用回归方程。对于校准曲线法，回归方程见式（1-18）：

$$y = a + bx \tag{1-18}$$

根据实验数据，可求出 a 和 b，然后将测得未知样中被测物的信号 y_x 代入方程（1-18），即可求得待测物的浓度 x_x。对于内标法，回归方程见式（1-19）：

$$y/y_r = a + bx \tag{1-19}$$

根据测得的在不同待测物量时的 y/y_r 值，求得 a 和 b。而后将测得的未知样中被测物与内标物的信号比 y_x/y_r 代入式（1-19），即可求得待测物的浓度 x_x。对于标准加入法，回归方程见式（1-20）：

$$y = bx \tag{1-20}$$

分析未知样时，

$$y_x = bx_x \quad (1-21)$$

式中，y_x 和 x_x 分别为分析样品时测得的待测物信号和样品中待测物的浓度，向未知样中加入标准，若不考虑加入标准后对样品体积的影响，则未知样中被测物的浓度为 $x_x + x_s$，则：

$$y_{x+s} = b(x_x + x_s) \quad (1-22)$$

y_{x+s} 为分析加入标准后样品时得到的信号，x_s 为加入的标准在样品中的浓度，将上两式合并，则：

$$y_x / y_{x+s} = x_x / (x_x + x_s) \quad (1-23)$$

式中，y_x 和 y_{x+s} 由实验测量得到，而 x_s 为样品中加入的待测物的浓度，为已知量，未知浓度 x_x 很容易计算出来。当考虑加入标准后对样品体积的影响时，则加入标准后：

$$y_{x+s} = b(x_x v_x + x_s v_s) / (v_x + v_s) \quad (1-24)$$

式中，v_x 和 v_s 分别为未加标准前样品溶液和加入标准溶液的体积，v_s 是标准溶液中被测物的浓度。基于式（1-24）与式（1-21），很容易求出未知样中被测物的浓度 x_x。

课后习题

（1）一组织样品中腺苷三磷酸（ATP）的含量已知为 122μmol/L。用一个新的分析方法分析这一组织，测定 ATP 的结果为：117μmol/L，119μmol/L，111μmol/L，115μmol/L 和 120μmol/L。计算测定结果的绝对误差和相对误差，并计算测定结果的标准偏差和相对标准偏差。

（−5μmol/L，−3μmol/L，−11μmol/L，−7μmol/L，−2μmol/L；−4.1%，−2.5%，−9.0%，−5.7%，−1.6%；3.6μmol/L；3.1%）

（2）用血检测仪测定血中的葡萄糖的含量，测定 7 次，结果为：0.98mg/mL，1.03mg/mL，0.99mg/mL，1.02mg/mL，0.94mg/mL，1.00mg/mL 和 0.97mg/mL，求这组测定结果的平均值、标准偏差和相对标准偏差。

（0.99mg/mL，0.024mg/mL，2.6%）

（3）用高效液相色谱法测定人参皂苷 Rg，标准溶液中 Rg 的含量及测量的结果为

Rg 浓度（μg/mL）	0.00	20.00	40.00	100.00	400.00	800.00
峰面积（mA·s，A 为吸光度）	12.0	40.0	78.0	195.0	780.0	1500.0

基于此实验结果，

（a）建立线性回归方程，并求出线性方程的线性相关系数；

（b）求线性回归方程的斜率和截距的标准偏差。

（a. y=8.00+1.88x，0.9998；b. 0.02，3.33）

2 光谱分析法基本原理

2.1 电磁辐射和电磁波谱

电磁波是空间传播的交变电磁场，光学分析中所涉及的γ射线、X射线、紫外光、可见光、红外光、微波和无线电波（射频）都属于电磁波。但通常将波长在200nm~1000μm的电磁波称作光波或光，其所对应的光学分析法称作光学光谱法；而将微波区和射频区称作波谱区，其对应的方法称作波谱法。电磁波谱是描述发射或吸收的电磁波能量随电磁波波长（或频率或波数）变化的函数关系，这种函数关系一般很难用一简单数学关系式描述，而最常用图来描述，即电磁波谱图，如吸收光谱图、发射光谱图等。但一般常将电磁波按波长（或频率或波数）次序排列成谱称为电磁波谱（表2-1）。从微观上讲，电磁波的发射和吸收实际上是光子的发射和吸收，其发射和吸收的强度（能量）自然与光子数目及每个光子的能量有关，因此描述电磁波的参数有电磁波的波长、频率、波数和能量。

表2-1 电磁波谱

E/eV	ν/Hz	σ/cm^{-1}	λ	电磁波	跃迁类型
$>2.5\times10^{5}$	$>6.0\times10^{19}$	$>2\times10^{9}$	<0.005nm	γ射线区	核能级
$2.5\times10^{5}\sim1.2\times10^{2}$ $1.2\times10^{2}\sim6.2$	$6.0\times10^{19}\sim3.0\times10^{16}$ $3.0\times10^{16}\sim1.5\times10^{15}$	$2\times10^{9}\sim1\times10^{6}$ $1\times10^{6}\sim5\times10^{4}$	0.005~10nm 10~200nm	X射线区 真空紫外光区	K、L层电子能级
6.2~3.1 3.1~1.6	$1.5\times10^{15}\sim7.5\times10^{14}$ $7.5\times10^{14}\sim4.0\times10^{14}$	$5\times10^{4}\sim2.5\times10^{4}$ $2.5\times10^{4}\sim1.3\times10^{4}$	200~400nm 400~750nm	近紫外光区 可见光区	外层电子能级
1.6~0.50 $0.50\sim2.5\times10^{-2}$	$4.0\times10^{14}\sim1.2\times10^{14}$ $1.2\times10^{14}\sim6.0\times10^{12}$	$1.3\times10^{4}\sim4\times10^{3}$ 4000~200	0.75~2.5μm 2.5~50μm	近红外光区 中红外光区	分子振动能级
$2.5\times10^{-2}\sim1.2\times10^{-3}$ $1.2\times10^{-3}\sim4.1\times10^{-6}$	$6.0\times10^{12}\sim3.0\times10^{11}$ $3.0\times10^{11}\sim1.0\times10^{9}$	200~10 10~0.033	50~1000μm 1~300mm	远红外光区 微波区	分子转动能级
$<4.1\times10^{-6}$	$<1.0\times10^{9}$	<0.033	>300mm	无线电波区 （射频区）	电子和核的自旋

电磁波波长的单位有pm，nm，μm，mm，cm和m，它们之间的换算关系为：$1\text{pm}=10^{-12}\text{m}$，$1\text{nm}=10^{-9}\text{m}$，$1\mu\text{m}=10^{-6}\text{m}$，$1\text{mm}=10^{-3}\text{m}$，$1\text{cm}=10^{-2}\text{m}$。

人类自诞生以来就开始了对自然界的认识和研究，其中一个重要的原因是我们能够看得到自然界的万事万物，这显然离不开光的存在。然而，对于我们既熟悉而又陌生的光的认识和研究，人类从诞生到科技非常发达的今天，从来都没有停止过，而且也永远不会停止。

对光的认识过程，也是人类认识自然界和产生伟大哲学思想的过程。首先回顾光的本质，“波粒二象性”理论。对光的本质最早是笛卡尔提出的“微粒”模型，后来牛顿成为这种观点的典型代表人物，由于能够解释光的反射和折射等基本现象，加之牛顿的权威性，“微粒说”在很长一段时间内都占绝对的主导地位。后来的杨氏双缝干涉实验又为建立光的“波动说”夯实了基础。自此，由于“波动说”可以解释能够实验观测到的与光有关的现象，以致“波动说”以压倒性的优势战胜了“微粒说”。在麦克斯韦提出了光是一种电磁波以后，光的波动理论更是深入人心，也没有人怀疑光还有“粒子性”。直到“光电效应”实验的出现，给了光的波动理论致命一击。1887 年，德国科学家赫兹发现光电效应，光的粒子性再一次被证明。1901 年，马克斯·普朗克发表了一份研究报告，做出特别数学假说并推导出普朗克黑体辐射定律。

1905 年，伟大的物理学家爱因斯坦又提出了光的“量子性”，即“粒子性”。1921 年，爱因斯坦因为“光的波粒二象性”这一成就而获得了诺贝尔物理学奖。1924 年，德布罗意提出“物质波”假说，认为和光一样，一切物质都具有波粒二象性。根据这一假说，电子也会具有干涉和衍射等波动现象，这被后来的电子衍射试验所证实。自此，科学界对光有了“波粒二象性”本质的共识。在新的事实与理论面前，光的波动说与微粒说之争以“光具有波粒二象性”而落下了帷幕。光的波动说与微粒说之争从 17 世纪初笛卡儿提出的“两点假说”开始，至 20 世纪初以“光的波粒二象性”告终，前后共经历了三百多年的时间。最终得出结论：光既是“粒子”又是“波”，既不是经典粒子也不是经典波，而是“波动性”和“粒子性”的矛盾的对立统一体。

老子认为“有无相生，难易相成，长短相形，高下相倾，音声相和，前后相随”，体现了矛盾双方相互依存的关系。同时他还指出“祸兮，福之所倚；福兮，祸之所伏”，表明矛盾双方是可以相互转化的。希望同学们能够多学习和了解中华传统文化，吸收其精髓，认识其本质，将我国的优秀传统文化与社会主义核心价值观的要求结合，做有深厚文化涵养、以中华优秀文化为荣的大学生；希望同学们能做一个自信的中国人，成长为国家、社会所需的优秀人才。

那么光的波粒二象性主要参数都有哪些呢？

波长、频率、波数和光子能量常用 λ、v、σ 和 E 表示，这些参数可互相换算。频率 v 为单位时间内电磁场振动的次数，单位为 s^{-1}，以 Hz 表示；$v=c/\lambda$，c 为光速。在真空中，$c=3\times10^{8}m/s$。

随着波长增加，频率下降，总之光速保持统一性。波数 σ 为每单位距离内波的数目，即波长的倒数，$\sigma=\dfrac{1}{\lambda}$，$\sigma$ 的单位是 cm^{-1}。能量 E 为每个光子的能量，$E=hv$，h 为常数，$h=6.626\times10^{-34}J\cdot s$，在光谱学中，能量常用电子伏 eV 来表示，$1eV=1.602\times10^{-19}J$。

例如，λ 为 400nm 的光，其所对应的 v、σ 和 E 如下：

$$v=\frac{c}{\lambda}=\frac{3\times10^{8}}{400\times10^{-9}}=7.5\times10^{14}(Hz)=7.5\times10^{8}(MHz)$$

$$\sigma=\frac{1}{\lambda}=\frac{1}{400\times10^{-7}}=2.5\times10^{4}(cm^{-1})$$

$$E=hv=6.626\times10^{-34}\times7.5\times10^{14}=5.0\times10^{-19}(J)$$

$$=\frac{5.0\times10^{-19}}{1.602\times10^{-19}}=3.1(eV)$$

2.2 原子光谱

光谱可分为线光谱、带光谱和连续光谱，本书中，连续光谱只作为背景，不作进一步讨论。而线光谱主要产生于原子，带光谱主要产生于分子，这种区分也不十分严格，如常将气体分子的纯转动光谱也称作线光谱，但一般将分子光谱称作带光谱。所以也常常将光谱分析分为原子光谱分析和分子光谱分析。原子光谱又可分为原子发射、吸收和荧光光谱。同样，分子光谱也可分为分子发光、吸收和荧光光谱。

2.2.1 原子光谱的产生

E_t 为原子的平动能，是连续的。E_e 是电子能量，是量子化的。原子中电子的能量是量子化的，即有不同的能级，电子在不同能级间的跃迁，伴随能量的吸收或释放，就会产生原子光谱（图 2-1）。由此可见，产生原子光谱的条件是有自由原子，并使电子在自由原子不同能级间跃迁。在原子光谱中，用光源或原子化器来产生自由原子。光谱线常用谱线位置（波长、频率或波数）、强度和形状三个参数来描述。

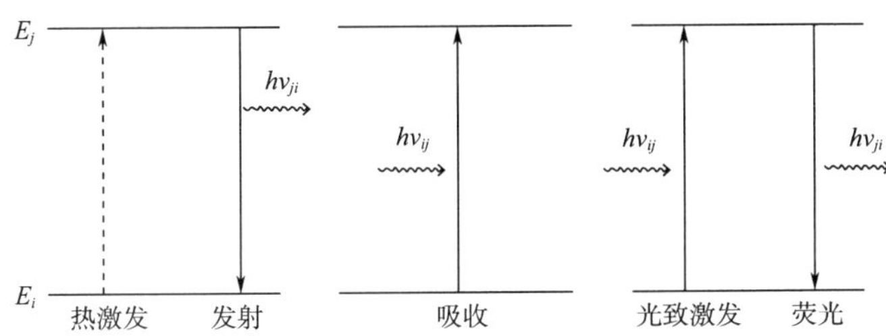

图 2-1　原子光谱产生的示意图

2.2.2 谱线波长

谱线的波长由原子两个能级间的能量差（ΔE）决定，见式（2-1）：

$$\Delta E = h\nu = h\frac{c}{\lambda} \quad \lambda = \frac{hc}{\Delta E} \tag{2-1}$$

2.2.3 谱线强度

对于原子发射光谱，若电子由 j 能级跃迁至 i 能级，则谱线强度为：

$$I = A_{ji}h\nu n_j \tag{2-2}$$

n_j 为处于高能级 j 的原子密度，A_{ji} 为自发发射跃迁概率，也称自发发射爱因斯坦系数。较强谱线的此跃迁概率为 $10^8 s^{-1}$ 量级，广义上讲，跃迁概率是指单位时间内每个原子由一个能级跃迁至另一能级的次数（s^{-1}）。自发发射跃迁几率表征了发射光的强弱。同样，在原子吸收光谱法中，原子吸收强弱与受激吸收跃迁概率 B_{ij} 有关，即吸收光的强度为 $I_a = B_{ij}Uh\nu n_i$，U 为照射光的能量密度（J/m），即单位体积（m^3）的能量（J），n_i 为处于低能级 i 的原子密度。在光谱学上，尽管光源发射光的能力可用辐射强度［J/（s · sr）］，即单位立体角（sr）

单位时间（s）辐射的能量（J），和辐射亮度［J/（s·sr·m^2）］，即单位面积（m^2）单位立体角（sr）单位时间（s）辐射的能量（J），来进行严格的表达，但为了讨论方便，一些教科书常以单位时间（s）单位体积（m^3）发射的辐射能量（J）来表示辐射光强度［J·（s·m^3）］，而照射到检测系统光的照度［J·（s·m^2）］是单位时间（s）照射到单位面积（m^2）上光的能量（J），由于在一定条件下，照度与强度成正比，所以为了方便，常将照度也称为强度，不加区分。

2.2.4 谱线形状

描述谱线形状的参数主要是半宽度，半宽度为谱线峰高一半处谱线的宽度，用 $\Delta\lambda$ 或 Δv 表示。虽然用线型函数可更准确地描述谱线形状，但较复杂。而半宽度比较直观，表示也很方便，所以本节仅讨论引起谱线变宽的原因并指出谱线半宽度的大概范围，而半宽度一般也称为宽度。引起谱线变宽的原因有下列几种。

2.2.4.1 自然变宽

根据测不准原理，处于同一能级的原子不可能有一个确定的能量，能级的宽度 ΔE 与原子在这一能级的寿命 τ 间满足测不准关系。见式（2-3）：

$$\Delta E\,\tau \geqslant \frac{h}{2\pi} \tag{2-3}$$

由式（2.3）可知，能级寿命越短，能级越宽，电子在两能级跃迁时产生的谱线越宽。由于原子基态的寿命很长，所以能级很窄，可看作有一个确定的能量，而由于激发态原子的寿命很短，所以能级较宽，使谱线有一定的宽度，这一变宽叫自然变宽（Δv_N），其宽度一般为 10^{-5}nm 数量级。

2.2.4.2 热变宽

根据相对论原理，如果相对于检测器静止的原子发射光的实际频率为 v_0，当原子以速度 V_Z（$V_Z<<c$）相对于静止的检测器运动时，那么检测器检测到的光的频率 v 为：

$$v=v_0\left(1+\frac{V_Z}{c}\right) \tag{2-4}$$

当原子向检测器方向运动时，$V_Z>0$，反之，$V_Z<0$。因此当 $V_Z>0$ 时，与实际光的频率 v_0 相比，检测器检测到的光的频率 v 要高，对应的波长要短，而产生蓝移，反之产生红移，这就是所谓的热变宽，或称多普勒（Doppler）变宽，由于在高温下，原子运动速度很快，且为不规则运动，所以会产生多普勒变宽，多普勒变宽宽度（$\Delta\lambda_D$）与相对原子量（A_V）及温度（T）有关，见式（2-5）：

$$\Delta\lambda_D=7.16\times10^{-7}\sqrt{\frac{T}{A_V}}\,\lambda_0 \tag{2-5}$$

式中，λ_0 为谱线的中心波长；$\Delta\lambda_D$ 一般为 10^{-3}nm 数量级。

2.2.4.3 碰撞变宽

与其他组分（原子、分子或离子）相互碰撞引起的变宽叫外来气变宽，也叫洛仑兹（Loreutz）变宽，而与同种原子碰撞引起的变宽叫共振变宽，或叫赫尔兹马克（Holtzmark）变宽。由碰撞引起的变宽程度随碰撞对象的密度增加而增加，即随压力增加而增加，所以也称为压力变宽。碰撞变宽虽然可简单地用激发态原子的寿命因碰撞而缩短来解释。但这并不是一种完整的解释，在理论上进行圆满的解释目前还是不容易的，碰撞变宽的宽度 $\Delta\lambda_L$ 为 10^{-3}nm 数量级。

2.2.4.4 自吸和自蚀

光源中心高温下原子的发射被周围低温下低能级同种原子吸收，吸收后产生自吸或自蚀，使谱线表观上变宽。自吸时，谱线中心吸收比两侧吸收更厉害，严重时，谱线中心的辐射会被完全吸收，称为自蚀。产生自吸的原因是由于光源中心温度高，边缘温度低，热变宽中心比边缘还厉害，所以光源中心原子发射谱线宽，而光源边缘原子吸收谱线窄。

除上述讨论的变宽因素外，还有场致变宽，场致变宽包括由电场引起的斯塔克（Stark）和磁场引起的塞曼（Zeeman）变宽。

由上边讨论可知，一般情况下，温度和压力是影响谱线变宽的主要因素。

2.3 分子光谱

分子光谱也分为分子发光、吸收和荧光光谱，本部分首先简单地讨论分子光谱的产生，而后以吸收光谱为例，讨论分子光谱的形状。

2.3.1 分子光谱产生

若不考虑核能，则分子的总能量 E 包括 E_e、E_v、E_r 和 E_t，E_e 是电子能量，E_v 是振动能量，E_r 是转动能量，E_e、E_v 和 E_r 是分子的内能，是量子化的，而 E_t 为分子的平动能，是非量子化的。

分子电子光谱产生于分子内电子的跃迁，当电子跃迁时，必然伴有振动和转动能级间的跃迁。电子在电子能级间跃迁时就产生电子光谱，或称为紫外可见光谱。

分子转动能级间跃迁所对应的波长为 50~1000μm，属于远红外区，所以分子转动能级间的跃迁伴随着分子转动光谱或远红外光谱的产生。同样，分子振动能级间的跃迁所对应的波长为 0.75~50μm，属于近中红外区，由于分子振动能级间的跃迁伴随着转动能级间的跃迁，所以由于分子振动能级间跃迁产生的光谱称为振动转动光谱或红外光谱。

2.3.2 分子光谱形状

稀薄气体，振动、转动结构均存在中等气体压力，转动结构消失了，振动结构存在。

分子间作用力小的液体，转动结构消失，振动结构存在，但不明显。

分子间作用力大的液体，转动振动结构均消失气体时，纯转动光谱谱线的宽度受碰撞变宽的限制，通常在 10132.5Pa，1013.25Pa 和 101.325Pa 压力下，半宽度分别为 10^{-3}cm^{-1}，10^{-4}cm^{-1} 和 10^{-5}cm^{-1}。气体压力较高时，转动结构模糊，在凝聚相中，如液体和固体中，转动能级实际上已变成了非量子化的，已观察不到光谱的转动结构。

在气态条件下，可观察到振动—转动光谱中的转动结构，而在凝聚相中，转动结构消失，振动带变宽，因此，振动—转动光谱常称作带光谱，其典型的半宽度为 5~20cm^{-1}。

与上述讨论相似，物质所处状态，即分子间作用力对谱带形状有较大的影响。凝聚相中，分子电子光谱中的转动结构消失，且振动结构也很少或观察不到（图 2-2）。这是由于环境对电子跃迁影响很大，使振动带加宽，而使不同振动带合并。

但对于红外光谱，即使在凝聚相中，环境及分子其他部分对分子特定键的振动频率影响很小，振动带不可能加宽合并，因此有许多窄的振动转动带（图 2-2）。

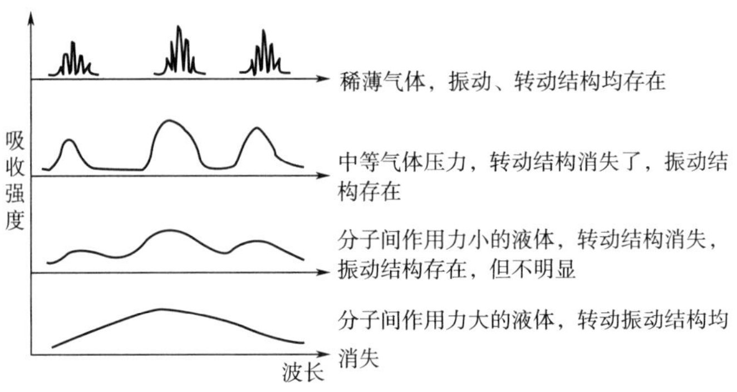

图 2-2　分子间作用力对吸收光谱的影响

2.4　光学分析法仪器组成

光学分析法是基于物质与电磁辐射（光）的相互作用而建立的分析方法，其仪器种类繁多，但基本组成结构具有一定共性。光学分析法仪器的主要组成部分及其功能如图 2-3 所示。

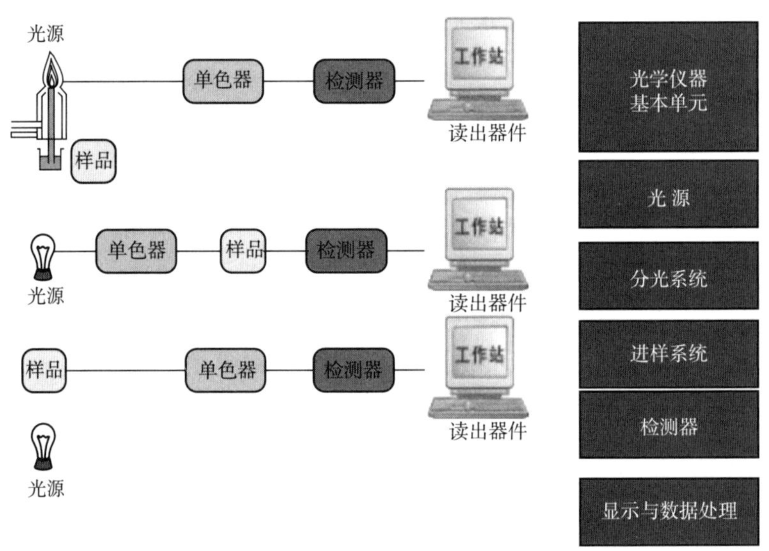

图 2-3　各类光谱仪部件图

2.4.1　光源

（1）功能。

提供分析所需的电磁辐射（光），其波长范围和稳定性直接影响分析结果。

（2）类型。

紫外—可见光源：①钨灯，用于可见光区（350～2500nm），如可见分光光度计。②氘灯，用于紫外光区（180~375nm），如紫外—可见分光光度计。

红外光源：①硅碳棒，发射中红外光（2.5~50μm），用于红外光谱仪。②能斯特灯，高温下发射红外光，适用于远红外区域。

激光光源：单色性好、强度高，用于激光光谱分析（如拉曼光谱）。

2.4.2 单色器（分光系统）

（1）功能。

将复合光分解为单色光或特定波长的光，以便选择所需光谱范围。

（2）组成与原理。

入射狭缝。控制光的入射方向和宽度。

色散元件：①棱镜，利用不同波长光的折射率差异实现色散（如紫外—可见分光光度计）。②光栅，通过光的衍射和干涉作用分光，分辨率高于棱镜。

出射狭缝，选取特定波长的单色光输出。

（3）应用。

常见于分光光度计、光谱仪等。

2.4.3 样品池（吸收池）

（1）功能。

容纳样品，使样品与光发生相互作用（吸收、发射、散射等）。

（2）类型。

材质：①玻璃，适用于可见光区，紫外区不透光。②石英，透紫外光，适用于紫外—可见光谱分析。③溴化钾窗片，用于红外光谱，需干燥环境（易吸潮）。

形状：①比色皿，用于液体样品，常见光程有 1cm、2cm 等。②固体样品架，用于压片法（如红外光谱中的 KBr 压片）。

（3）气体池，带有光学窗口的密封容器，用于气体样品分析。

2.4.4 检测器

（1）功能。

将光信号转换为电信号，以便后续放大和数据处理。

（2）类型。

光电管：对特定波长范围敏感，如蓝敏光电管（紫外—可见光）、红敏光电管（可见光—近红外）。

光电倍增管（PMT）：灵敏度高，适用于弱光信号检测（如荧光光谱、发光分析）。

电荷耦合器件（CCD）：可同时检测多波长光信号，用于光谱成像和快速扫描（如紫外—可见分光光度计的阵列检测器）。

热检测器：用于红外光检测，如热电偶、热释电检测器（基于温度变化产生电信号）。

2.4.5 信号处理与显示系统

（1）功能。

对检测器输出的电信号进行放大、转换、运算，并以合适的形式显示分析结果。

（2）组成与功能。

放大器：增强微弱电信号，提高检测灵敏度。

模数转换器（A/D）：将模拟信号转换为数字信号，便于计算机处理。

（3）数据处理软件。

绘制光谱图（如吸光度—波长曲线），可进行定量分析（如朗伯—比尔定律计算浓度）、定性分析（如红外光谱的官能团识别）。

（4）显示与记录设备。

屏幕显示（如吸光度、波长值），打印机输出光谱图或数据报表。

2.4.6 其他辅助部件

偏振器：用于偏振光分析（如旋光光谱、圆二色光谱）。

斩光器：将连续光调制成断续光，降低背景噪声（如红外光谱仪）。

光阑：控制光的强度和照射面积，避免强光损伤检测器。

恒温装置：用于温度敏感的分析（如荧光光谱中控制样品池温度）。

课程思政

我国科学家在科研进步和科技发展中发挥着举足轻重的作用。1961 年 9 月，我国自主研发的第一台红宝石激光器诞生于中国科学院长春光学精密机械与物理研究所，与世界上第一台激光器问世时间仅仅相差一年时间。一项新技术能够如此迅速赶上世界行列，在我国近代科学发展史上也是少有的。无论从我国光学发展史的角度，还是从我国科学技术发展史的角度，都具有重要的意义。在研制我国第一台激光器的过程中，由于当时国内整体的科技水平较低，且与国外缺乏相关的沟通和联系，研制中遇到了非常多的困难。科研人员在研制这台激光器时不畏艰辛的执着精神以及在第一台激光器研制中体现出的创新思维都值得我们学习。

原子荧光光谱仪是我国具有自主知识产权的光谱分析仪器，它是西北有色地质研究院的科研成果，世界上第一台原子荧光光谱仪诞生在北京海光仪器公司，原子荧光分析技术是具有中国特色的分析技术，是我国广大科技工作者和化学分析工作者共同努力的成果。

课后习题

（1）将以下描述电磁波参数的值转换成所对应的以 m 为单位的波长值。

（a）500nm；（b）1000cm^{-1}；（c）10^{15}Hz；（d）165.2pm。

（a. 5×10^{-7}m；b. 1×10^{-5}m；c. 3×10^{-7}m；d. 1.652×10^{-10}m）

（2）计算下述电磁波的频率（Hz）和波数（cm^{-1}）。

（a）波长为 900pm 的单色 X 射线；（b）在 12.6μm 的红外光。

（a. 3.3×10^{17}Hz，$1.1\times10^{7}cm^{-1}$；b. 2.4×10^{13}Hz，794cm^{-1}）

（3）原子发射光谱法与原子荧光光谱法在原理上有什么不同？

3　原子发射光谱法

本章资源

3.1　基本原理

各种物质在常温下多是以固体、液体或气体这三种状态存在的，并且一般都是处于分子状态，而不是原子状态。所以要获得原子发射光谱必须首先将固体或液体样品引入激发光源中使其获得能量后，经过蒸发过程转变成气态，并使气态的分子进一步解离成原子状态。在一般情况下，原子是处于能量最低的基态，而基态原子不发射光谱。但当原子受到外界能量（如热能、电能等）作用时，原子中外层电子从基态跃迁到更高的能级上，处于这种状态的原子称为激发态。这种将原子中外层电子从基态激发至激发态所需要的能量称为激发电位（E_j），以电子伏特（eV）为单位表示。处于激发态的原子是不稳定的，它的寿命约为 10^{-8}s，当它从激发态返回基态或较低的能态时，多余的能量就会以光辐射的形式释放出来，产生原子发射光谱（图 3-1）。

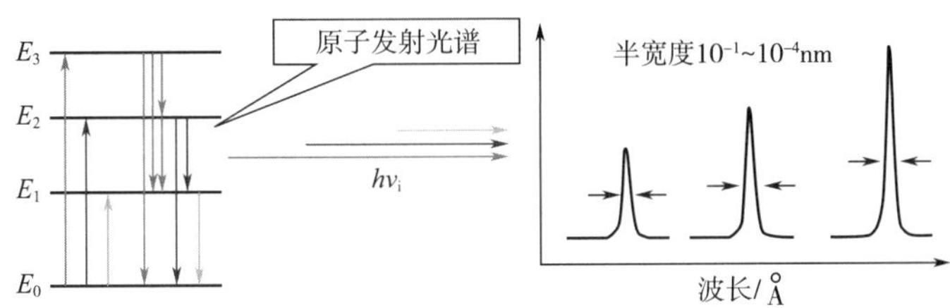

图 3-1　原子发射光谱的基本原理

当外加的能量足够大时，可以把原子中的外层电子激发至无穷远处，即脱离原子核的束缚而逸出，使原子成为带正电荷的离子，这种过程称为电离。使原子电离所需要的最小能量称为电离电位，同样以电子伏特为单位表示。原子失去一个电子，称为一次电离；一次电离后的离子再失去一个电子，称为二次电离；依此类推……这些离子中的外层电子也能被激发，其所需要的能量即为相应离子的激发电位。电离的原子受激发时所发射的谱线，称为离子线。

在原子谱线表中，罗马数字Ⅰ表示中性原子发射的谱线，Ⅱ表示一次电离离子发射的谱线，Ⅲ表示二次电离离子发射的谱线。例如，MgⅠ 285.21nm 为原子线，MgⅡ 280.27nm 为一次电离的离子线。

由于原子与离子具有不同的能级，所以原子线与离子线的波长不相同，其谱线波长 λ 是由产生跃迁的高（E_j）和低（E_i）两个能级的能量差决定的，见式（3-1）：

$$\Delta E = E_j - E_i = \frac{hc}{\lambda} \tag{3-1}$$

由上式可以看出：

（1）每一条发射线的波长取决于电子跃迁前后两个能级的能量差 ΔE。由于原子或离子的各个能级是不连续的（量子化的），因此得到的原子或离子光谱不是连续光谱，而是线光谱。

（2）由于原子的激发态能级很多，原子在被激发时，其外层电子可以在不同能级间跃迁，产生一系列具有不同波长的特征谱线或谱线组。由激发态直接跃迁至基态所发射的谱线称为共振线，而由最低激发态向基态跃迁所发射的谱线称为第一或主共振线。主共振线具有最小的激发电位，因此最容易被激发，一般是该元素最强的谱线。例如，钠双线（Na Ⅰ 589. 500nm 和 Na Ⅰ 588. 99nm）是钠原子的两条共振线。

（3）由于不同元素的原子结构不同，发射谱线的波长也不相同，故谱线波长是光谱定性分析的依据。

选择元素特征光谱线中的较强谱线（通常是第一共振线）作为分析线，依据谱线的强度与激发态原子密度成正比，而激发态原子密度与样品中对应元素的浓度成正比的关系就可以进行定量分析。

光谱线的强度与下列因素有关：

①高能级（E_j）与低能级（E_i）间的跃迁能量差。

②高能级（E_j）上的原子密度 n_j。

③单位时间内原子在 E_j 和 E_i 间发生跃迁次数，用自发发射跃迁概率 A_{ji} 表示。

在光源处于热力学平衡状态时，各个能级上原子数目的分布遵守玻耳兹曼（Boltzman）分布，即当处于能级 E_j 和 E_i 上的原子密度分别为 n_j 和 n_i 时，有：

$$n_j = n_i \frac{g_j}{g_i} e^{-\frac{E_j - E_i}{kT}} \tag{3-2}$$

式中，g_j 和 g_i 分别为能级 j 和 i 的统计权重；E_j 和 E_i 分别为高低能级的能量；k 为玻尔兹曼常数；T 为激发光源的绝对激发温度。

若低能级为基态，即上述 i 能级为基态（0），因为 $E_i = 0$，故有式（3-3）：

$$n_j = n_0 \frac{g_j}{g_0} e^{-\frac{E_j}{kT}} \tag{3-3}$$

总原子密度（n_t）等于各能态原子密度（n_m）之和，即：

$$n_t = n_0 + n_1 + \cdots + n_m \tag{3-4}$$

将式（3-3）代入式（3-4），即得：

$$n_t = n_0 \frac{g_0}{g_0} e^{-\frac{E_0}{kT}} + n_0 \frac{g_1}{g_0} e^{-\frac{E_1}{kT}} + \cdots + n_0 \frac{g_m}{g_0} e^{-\frac{E_m}{kT}} \tag{3-5}$$

故有：

$$n_t = n_0 \frac{1}{g_0} \left(g_0 e^{-\frac{E_0}{kT}} + g_1 e^{-\frac{E_1}{kT}} + \cdots + g_m e^{-\frac{E_m}{kT}}\right) = \frac{n_0}{g_0} Z_a \tag{3-6}$$

即：

$$\frac{n_0}{g_0} = \frac{n_t}{Z_a} \tag{3-7}$$

式中，$Z_a = g_0 e^{-\frac{E_0}{kT}} + g_1 e^{-\frac{E_1}{kT}} + \cdots + g_m e^{-\frac{E_m}{kT}}$ 为配分函数，是温度 T 的函数。将式（3-7）代入式（3-3），得到（3-8）：

$$n_j = \frac{n_t}{Z_a} g_j e^{-\frac{E_j}{kT}} = a' n_t \tag{3-8}$$

式中，$a' = \frac{g_j}{Z_a} e^{-\frac{E_j}{kT}}$，对于确定的谱级和条件，$a'$ 为一个常数。

因为光源中的总原子密度 n_t 与样品中被测物浓度 c 成正比，即：

$$n_t = bc \tag{3-9}$$

式中，b 是与激发源温度及元素性质有关的比例常数。

将式（3-9）代入式（3-8），得到式（3-10）：

$$n_j = a'bc \tag{3-10}$$

当电子由激发态 j 返回基态 i 时，发射频率为 v 的光波，于是辐射光的谱线强度一般可表示为：

$$I_{ji} = n_j A_{ji} h\nu_{ji} = a' n_t A_{ji} h\nu_{ji} = A_{ji} h\nu_{ji} a'bc \tag{3-11}$$

式中，h 为普朗克常数；$h\nu_{ji}$ 为光子的能量，即 j 与 i 能级的能量差。由此可见，在一定的实验条件下，谱线的强度 I_{ji} 与光源中处于各个能级的该总原子密度 n_t 成正比，并与样品中被测物浓度成正比。对于具体的谱级与分析条件，式中的 A_{ji}、$h\nu_{ji}$ 均为定值，于是得到谱线强度公式：

$$I = A_{ji} h\nu_{ji} a'bc = ac \tag{3-12}$$

这是理论上导出的一个公式，即在理想情况下（无自吸），谱线强度正比于样品中被测物浓度，这也是原子发射光谱定量分析的基础。

但是，在使用传统光源的发射光谱中，往往出现谱线的自吸与自蚀现象，当有自吸现象时，上述定量分析公式变为：

$$I = ac^b \tag{3-13}$$

该式称为罗马金-赛伯（Lomakin-Scheibe）公式，它是原子发射光谱定量分析的基本公式。式中 a、b 均为常数。其中，a 与光源类型和样品有关；b 是与自吸和自蚀现象有关的常数项，其大小与元素的含量有关，称为自吸系数，一般情况下 $b \leqslant 1$。当没有自吸现象时，$b=1$；当存在自吸现象时，$b<1$，并且 b 值的大小与光源中原子的密度有关。当样品中元素含量增大时，光源原子的密度增大，自吸增强，b 值变小。自吸现象对谱线的中心强度影响较大。由于光源中心温度高，边缘温度低，光源中心发射线宽，处于边缘原子的吸收线窄。当元素含量很低时，不产生自吸。当浓度增加时，自吸现象增强。当浓度达到一定值，自吸现象非常严重时，谱线中心的辐射将完全被吸收，如同出现两条线，这种现象称为自蚀，见图 3-2。一般共振线的自吸最为严重，并且常产生自蚀。

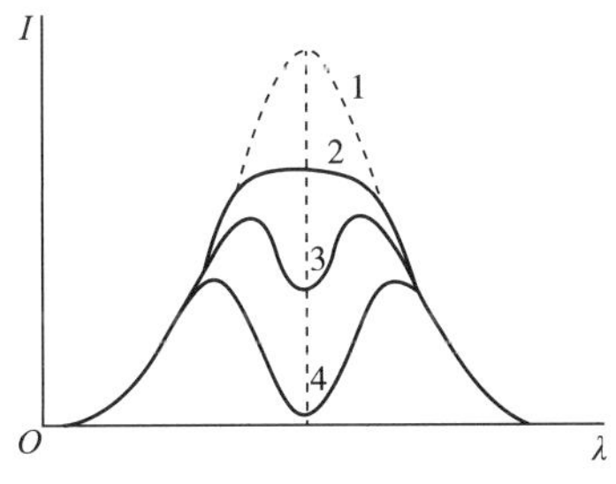

图 3-2　有自吸和自蚀的谱线轮廓

1—无自吸　2—有自吸　3—自蚀　4—严重自蚀

3.2 仪器装置

原子发射光谱仪器类型较多，但基本上都可分为样品引入系统、光源、分光系统和检测系统四大部分，如图 3-3 所示，下面分别进行介绍。

图 3-3 原子发射光谱仪框图

原子发射光谱仪典型仪器如图 3-4 所示：ICPE-9800、ICPMS-2030、AA-7000。

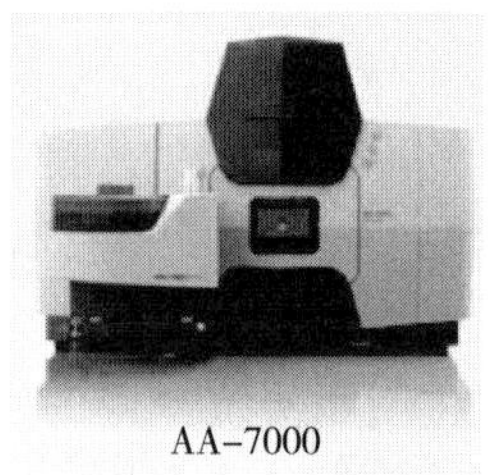

图 3-4 原子发射光谱仪典型仪器图

3.2.1 样品引入系统

样品引入系统是原子发射光谱仪的重要组成部分，引入激发光源的样品可以是液体、固体和气体。

3.2.1.1 液体样品

将液体样品引入激发光源的方法主要有气动雾化法、超声雾化法、电热蒸发法和气体发生法。下面主要介绍气动雾化法和电热蒸发法。

(1) 气动雾化法。

将液体雾化常用的器件是同轴气动雾化器，见图 3-5。当高速气流在一个载有溶液的毛细管出口附近流过时，便在毛细管的出口处产生压力差，由于抽吸作用，溶液由储存容器中被吸至毛细管管口，在此被高速气流破碎为液滴。此液滴中，一些液滴较大，一般将一个雾室与雾化器相连，以便使雾滴进一步破碎并除去过大的雾滴。雾室主要有单管式和双管式两种，见图 3-6。雾室的第一个作用是使雾滴进一步细化。为了使大的雾滴更有效地被破碎为小的雾滴，常常在雾化器喷口前放置一小玻璃球；雾室的第二个作用是使大的雾滴从气流中分离出来，使小的雾滴跟随载气一同进入激发光源，而较大的雾滴由于撞击在雾室的内表面上，沿内表面向下流到雾室最低点，并流入废液池。

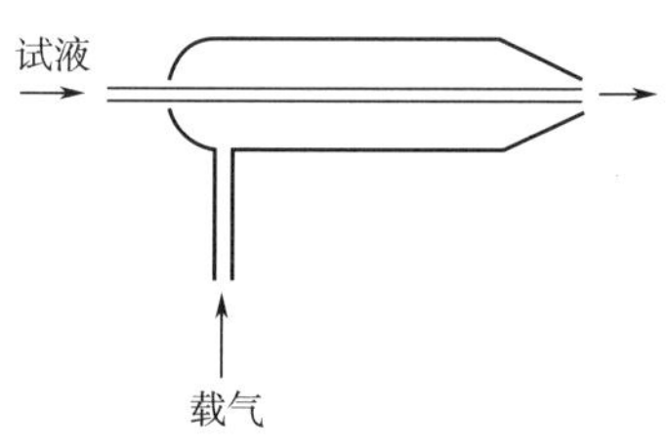

图 3-5 同轴气动雾化器

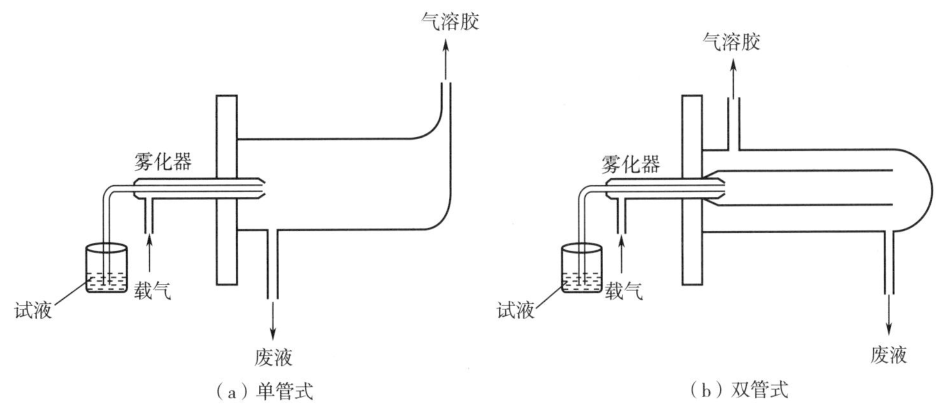

图 3-6 单管式和双管式雾室结构

(2) 电热蒸发法。

电热蒸发在高温下进行，所以必须采用耐高温的材料，如石墨、铂、钽、钨等。电热蒸发器的形状有杯、丝、炉等。微量样品置于电热蒸发器中，先控制电流干燥样品，如为水溶液样品，则可控制电流使温度在 100℃左右，将样品中的水除去，而后再增大电流使温度上升到 2000℃左右，使样品蒸发，随载气进入激发光源。有时为了除去一些样品基体，即除去样品中的有机物和一些易挥发成分，可在样品干燥后，适当提高温度使样品灰化，这可通过控制供给电热蒸发器的电流大小来实现。样品灰化后，再增大电流，使被测物挥发进入激发光源。为了防止电热材料被氧化，载气一般均用惰性气体，如 N_2、Ar 等。

电热蒸发样品引入法的最大优点是样品需求量少，且不像原子吸收法中所用的石墨炉那样，电热蒸发器不需严格控制最佳的操作条件，因为它只需将样品蒸发即可。但使用电热蒸发溶液样品时，因为是脉冲进样，且条件也需要较严格控制，所以一般情况下精密度不如雾化法好。

3.2.1.2 固体样品

分析样品很多是固体，将固体样品直接引入激发光源具有不少优点。通常不需加入化学试剂，省去了样品分解、分离或富集等步骤，减少了污染的来源和样品损失，缩短了分析时间，且可提高测定灵敏度和对样品局部进行分析。但是，固体样品的均匀性不如液体样品，且因进样时，一般进样量很少，所以分析结果的代表性和可靠性差。固体进样时，干扰一般比溶液进样严重且较难克服，加上固体标样较难制备等问题，使这一方法在实际应用中受到了限制，不如溶液进样的应用那么广泛。

(1) 电极法。

电极法样品引入主要适用于电弧、火花发射光谱法。把金属、合金样品加工成棒状电极，可以两个都是样品电极，也可用另一种材料的棒电极作辅助电极，电极间隙的距离一般采用 1~4mm。这种电极法仅适用于导体样品。对于矿物岩石等非导体样品，则可采用下述两种方法，一种是将样品磨成粉末，与导体粉末（如石墨）混匀，加入少量黏结剂压成片状，然后置于辅助电极上，引入电弧或火花光源进行分析；另一种方法是将少量粉末样品装入支持电极孔穴中，然后引入电弧或火花光源。通常用碳或石墨电极作支持电极，有时也用金属作支持电极，如纯铜电极。

(2) 电热蒸发法。

电热蒸发固体进样时，将少量固体或粉末样品置于电热蒸发器。蒸发器可以是由难熔金属或石墨制成的丝、片、带、网、棒或管等任何一种。它们相当于一个电阻，加热温度通过所施加的电压或电流来控制。一般情况下，通过逐步升温，完成烘干、灰化及待测组分蒸发等过程，通过载气将产生的待测物蒸气引入光源进行测定。与溶液电热蒸发进样类似，固体样品电热蒸发方法具有样品量少和污染少等优点，但也存在精密度较差等缺点。

（3）激光蒸发法。

激光蒸发进样时，将样品置于蒸发室中，用已聚焦的激光束照射样品表面，使样品表面物质溅射。被蒸发的样品由载气流导入激发光源。激光蒸发法的主要优点是它的通用性，即导电和不导电的样品、具有各种形状的固体和粉末状样品均可被分析。另一个优点是由于取样范围极小，故可进行固体表面的局部分析。但由于取样量少及激光轰击的重现性差，方法的精密度较差。

（4）悬浮液进样法。

悬浮液进样是首先将固体样品制成粉末，然后与水或有机溶剂混合制成悬浮液。可以采用前述的气动雾化法将悬浮液引入光源（主要是 ICP 光源），因为 ICP 放电具有较高的气体温度和待测物粒子在其中央通道中停留时间比较长等特点，更适宜于悬浮液气溶胶的引入。在悬浮液进样中，为了防止雾化器及 ICP 炬管顶端被堵塞，样品粒度一般要求在 10μm 以下。为了获得良好的分析结果，要求样品粒度尽量小，而且还要求悬浮粒子在液体介质中分散得均匀而稳定。

3.2.1.3 气体样品

将气体样品直接引入激发光源的方法分为连续式和断续式两种。连续引入气体样品的装置主要由一些标准的气体流量控制器构成。断续式进样可采用注射器和取样环两种方式，用注射器时，用一个 T 形管，将 T 形管置于光源载气流路中，用注射器将气体样品在 T 形管处注入载气，样品即随载气进入光源。这一方法的优点是简单，但其缺点是重现性不如下述的取样环法那样好，且容易受到空气的污染。用取样环时，与气相色谱法中所用六通阀进样相同，即将六通阀置于光源载气流路中，通过调节六通阀的位置，首先使样品环中充满样品，而后再使取样环中的样品随载气进入光源。

3.2.2 光源

光源的作用是将样品蒸发生成基态的原子蒸气，原子蒸气再吸收能量跃迁至激发态，从激发态返回基态时发射出元素的特征光谱信号。光源一般有电弧、火花以及电感耦合等离子体（ICP）。光源的作用是提供足够的能量并使被测物变成自由的激发态原子。

3.2.2.1 直流电弧

直流电弧通常用石墨或金属作为电极材料。电极直径约 6mm，长度 30~40mm，样品槽直径 3~4mm，槽深 3~6mm，样品量 10~20mg，如图 3-7 所示，这些电极也可用于交流电弧和火花放电。

直流电弧发生器的基本电路如图 3-8 所示，电源 E 可以提供 220~380V 的直流电压，电流为 5~30A，可变电阻 R 调节电流的大小，电感 L 用来抑制电流的波动。点燃电弧时，用导体接触分析间隙 G 处两电极，或者使两电极直接接触，通电后电极尖端被烧热，电弧被点燃，再使两电极相距 4~6mm，这时热电子流高速冲向阳极，产生高热，样品被蒸发并原子化，电子与原子碰撞电离出的正离子冲向阴极。通过电子、原子、离子之间的相互碰撞，使基态原子跃迁到激发态。

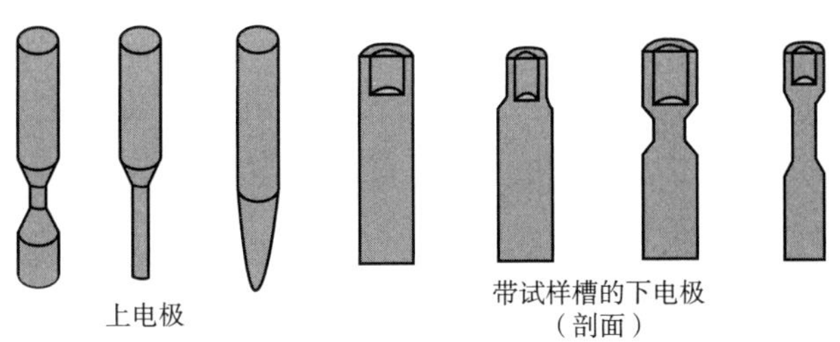

图 3-7 电极类型

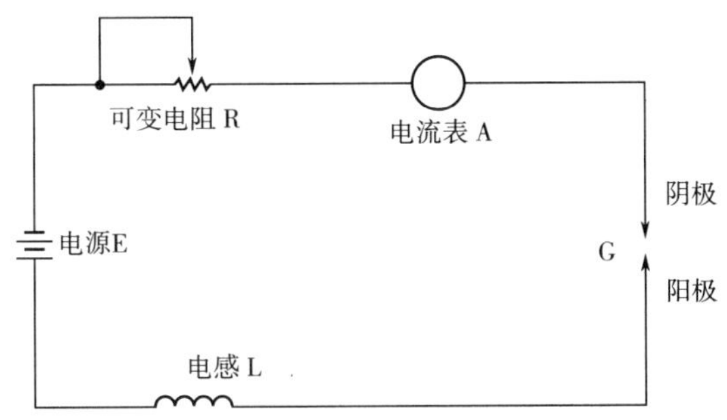

图 3-8 直流电弧发生器的基本电路

直流电弧的弧柱激发温度一般为 4000～7000K，可以激发 70～80 种元素。其优点是阳极温度高（4000K），蒸发温度高，灵敏度高。但弧光的稳定性差，易发生自吸现象，只能作定性分析或半定量分析，不适合定量分析。

3.2.2.2 交流电弧

低压交流电弧的工作电压为 110～220V，采用高频引燃装置点燃电弧，在每一交流半周期引燃一次，保持电弧不灭。交流电弧发生器电路原理如图 3-9 所示。

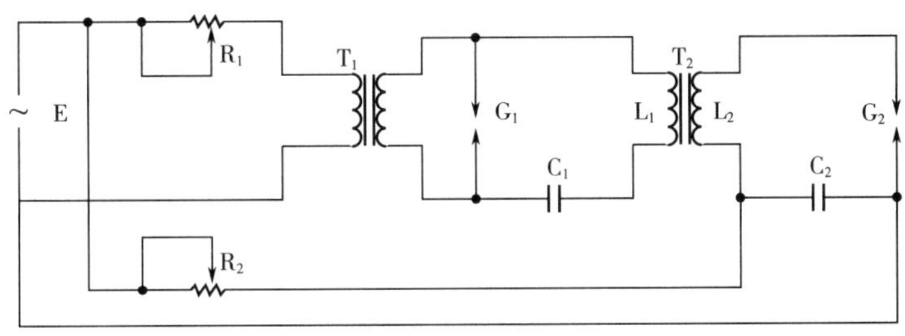

图 3-9 交流电弧发生器电路原理

接通电源 E 后，变压器 T_1 将 220V 交流电压升压至 2500～3000V，电容器 C_1 充电，当充电到一定电压值时，放电盘 G_1 击穿。由 C_1-L_1-G_1 构成振荡回路，产生高频振荡放电。该振荡电压再经 T_2 升压到 10000V，通过电容器 C_2 将分析间隙 G_2 的空气击穿，形成 R_2-L_2-G_2 低压电弧放电回路。C_2 可将高频电流与 R_2-L_2-G_2 低频电弧电流分开，高频电流通过 L_2-C_2-G_2 形成回路，不能进入电源。通过 G_2 进行电弧放电，当电压降低至低于维持电弧所需的值时，电弧熄灭，下半周高频再次点燃，重复上述过程。低压交流电弧的温度高，激发能力强，激发温度达 4000～7000K，电弧的稳定性比直流电弧好，使得分析的重现性好，适用于定量分析。但是电极温度比直流电弧稍低．蒸发温度低，灵敏度较差。

3.2.2.3 火花

高压电火花发生装置如图 3-10 所示。交流电压经变压器 T 产生 10~25kV 的高压，并使电容器 C 充电，达到分析间隙 G 的击穿电压时，放电产生电火花，放电结束后，电容器又重新充电、放电，产生振荡性的火花放电。

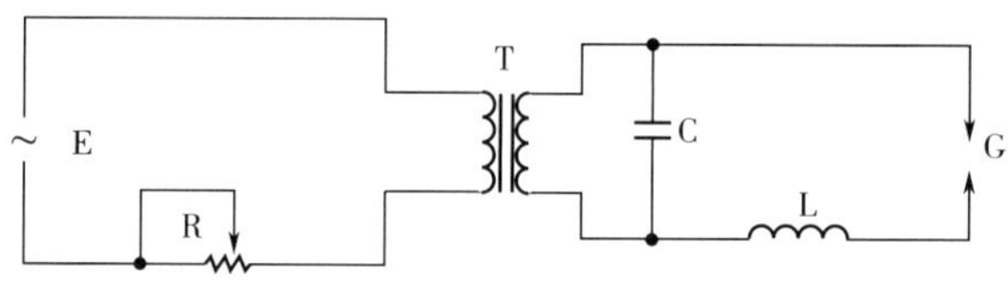

图 3-10 高压火花发生装置

火花放电持续时间在几微秒数量级，在放电瞬间产生的能量很大，温度高，激发能力更强，激发温度可达 10000K，某些难于激发的元素也可以被激发，甚至可以激发惰性气体和卤素。火花比直流电弧具有更高的精密度，其良好的稳定性和重现性适用于定量分析。但由于放电时间短，蒸发温度低，灵敏度较差。

3.2.2.4 电感耦合等离子体（ICP）

ICP 是由高频电场放电所产生的等离子体将样品激发发光的光源。由于 ICP 稳定性好、分析精度高，常应用于液体样品分析。等离子体是指物质处于高度电离的状态，其带正电的粒子数与带负电的粒子数基本相等，从宏观上看是电中性的，故称等离子体，它是物质的第四态。物理学中将电离度大于 0.1%的电离气体看作等离子体状态，而 ICP 中电离度达 1%以上。ICP 由高频发生器和炬管组成，在目前的商品化仪器中，高频发生器由晶体管电路构成，它产生高频电流用以形成和维持等离子体放电，即通过电感线圈将电能耦合给电离的氩气，在大气压条件下开放的体系中产生稳定的、与辉光放电类似的 ICP 等离子体。

ICP 炬管结构如图 3-11 所示，它由三个同轴的石英管构成，在工作时炬管置于水冷的铜管绕制而成的高频线圈正中央。在外管与中管之间以切线方向通入流量约为 15L/min 的氩气，冷却外管，使等离子体不与炬管壁接触，避免等离子体炬焰的高温烧毁炬管，这股气体通常称为冷却气。在中管与内管之间通入流量约为 1L/min 的氩气，使等离子体的底部与中管和内管的顶部保持一定距离，避免被炬焰的高温烧熔，同时用来形成等离子体，这股气体称为等离子体气。而携带样品气溶胶的载气则由内管引入，其流量约为 0.5~1.0L/min，样品气溶胶在 ICP 高温作用下经历了蒸发、原子化、电离、激发等过程。

接通高频发生器的电源后，高频电流通过感应线圈产生交变磁场，交变磁场再产生交变电场。这时如果由外部的点火器向炬管内部的氩气发出一束电子进行触发，炬管内就会出现少量的氩离子和电子。它们在高频电场的加速作用下，少量的带电荷粒子高速运动、碰撞其他氩原子，形成雪崩式放电，产生大量的离子与电子，形成一个环形导体并维持稳定的放电。在垂直于磁场方向则产生电子涡流，将炬管内的气体进一步加热、电离，这样在炬管的端口就形成了稳定的等离子体炬焰。在高频放电功率和气流保持恒定的条件下，ICP 的放电十分稳定，犹如“电火焰”。其炬焰分为三个主要部分，即高温感应区、轴向中央通道区和尾焰三部分。其中高温感应区的温度大于 10000K，电子和氩离子的密度高。由于高频电流（27.12MHz 或 40.68MHz）的趋肤效应，电子与氩离子主要分布于感应高温区，因而轴心中央通道区温度相对较低，带电荷粒子的密度也小，可以形成一个中央通道，有利于样品的引

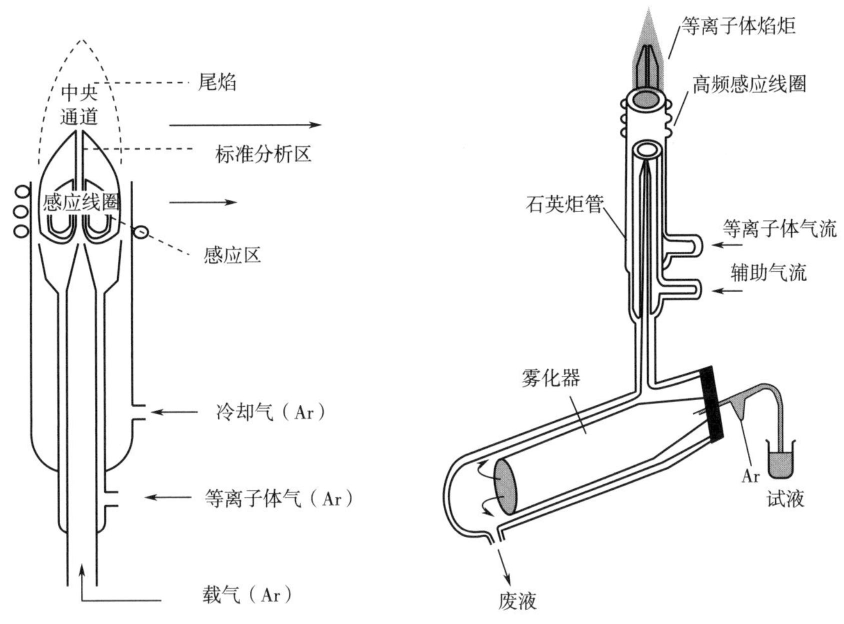

图 3-11　ICP 炬管结构

入，并且没有谱线的自吸现象。ICP 光源的优点有以下几点。

①激发能力强。在元素周期表上除了气体元素、部分非金属元素及人造放射性元素外，均可用 ICP 光源进行定性与定量分析。

②检出限低。绝大部分元素的检出限均在 10^{-5}～10^{-11} μg/mL 的范围内，有些元素的检出限甚至更低。

③线性范围宽。用一条谱线分析的浓度变化范围可以达到 5～6 个数量级，可以从超痕量、痕量直到常量范围内用相同的条件进行测定。

④干扰小、准确度高。这是因为该光源需要引入的样品量少，不会改变或影响 ICP 的放电条件，并且由于 ICP 的高温（6000～7000K）足以使各种不同形态的待测物质在瞬时完成蒸发、原子化、电离、激发的过程，测量条件基本不变。加之惰性气体（氩气）隔断了炬焰周围空气的参与，保证了在激发过程中不再产生其他附加的化学反应。

各种激发光源的性能比较见表 3-1。

表 3-1　各种激发光源的性能比较

性能	直流电弧	交流电弧	火花	ICP
稳定性	差	较好	好	很好
蒸发温度	高	中	低	很高
激发温度/K	4000～7000	4000～7000	10000	6000～8000
分析应用	固体，定性	固体，定量定性	固体，定量定性	溶液，定量

3.2.3　分光系统

在原子发射光谱法中，一般根据元素的特征谱线进行定性或定量分析。但是，激发光源不可能只发射一条或几条特征谱线，而要发射连续光谱、带状光谱和数量相当多的线光谱，即复色光。因此，在检测光谱信号之前需要进行分光，将复色光按照不同波长顺序展开。由于不同波长的光具有不同的颜色，分光也被称为色散。

用来获得光谱的装置称为分光系统。用于原子发射光谱法的分光系统主要由照明单元、准直单元、色散单元和成像单元组成。其中色散单元是分光系统的核心部件，其作用是将混合各种波长的平行光束按照波长顺序色散为单色的平行光束。最常用的色散部件是光栅。

光栅分为透射光栅和反射光栅，目前使用较多的是反射光栅。反射光栅又可分为平面光栅、闪耀光栅、阶梯光栅及凹面光栅。光栅是一种多狭缝元件，光栅光谱的产生是单狭缝衍射和多狭缝干涉两者联合作用的结果。单狭缝衍射决定谱线的强度分布，多狭缝干涉决定谱线出现的位置。光栅作为重要的分光器件，它的选择与性能直接影响整个光学系统的性能。

根据制作工艺的不同，光栅又可分为刻划光栅、复制光栅、全息光栅等。刻划光栅是用钻石刻刀在涂薄金属表面机械刻划而成；复制光栅是用母光栅复制而成；全息光栅是用激光干涉条纹光刻而成。典型刻划光栅和复制光栅的刻槽是三角形，而全息光栅通常为正弦刻槽。刻划光栅具有衍射效率高的特点，而全息光栅光谱范围宽，杂散光小，可得到高光谱分辩率。

光栅光谱仪以平面光栅作为色散元件，是利用光的单缝衍射和多缝干涉现象来进行分光的。来自准直镜的一束平行光以 φ 角入射到光栅表面上，在光栅每一条刻线上产生衍射，衍射光线朝各个方向发射。由于相邻两刻线间的距离 d 和波长处于同一数量级，所以这些衍射光可以包括一个很大的角度。当入射光束中 1、2 两条光线以入射角 φ 分别射到相邻两刻线对应位置的 A、B 点上，若衍射后以衍射角 φ' 离开光栅，如图 3-12 所示。

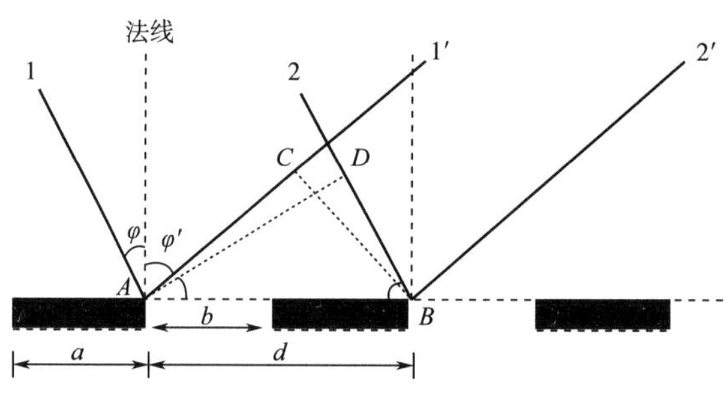

图 3-12　平面光栅的衍射

光线 1、2 在 A、D 点上是同相的（AD 垂直于入射光束），它们到达 A、B 点的光程差为 $BD=d\sin\varphi$。当它们从刻线上以 φ' 角方向衍射出去之后，光程差又增加或减少了 $AC=d\sin\varphi'$。因此总光程差 $BD\pm AC=d\ (\sin\varphi\pm\sin\varphi')$。显然，当光线 1、2 和 1′、2′在光栅表面法线的同一侧时，总光程差是 $BD+AC$；若不在同一侧时，则总光程差为 $BD-AC$。根据光的干涉原理，如果总光程差等于光线波长的 k 倍（$k=0, 1, 2, \cdots$），则从各条刻线上的相同角度 φ' 衍射过来的光线都是同相的，即起了增强（叠加）作用。此时如果以成像物镜将这些光线聚焦，则可在这个与法线成 φ' 角的方向上得到一个光源的明亮的像。在其他衍射角上，从各刻线上产生的子波都将相互干涉（抵消）而使光强减弱或为零。对于给定波长的光以一定的角度入射时，从所有刻线上反射过来的光，只有在与光栅法线成某些一定角度时才是同相的。

综上讨论可归纳出光栅方程，见式（3-14）：

$$d\ (\sin\varphi+\sin\varphi')=k\lambda \tag{3-14}$$

式中，φ 为入射角，即入射光束与光栅法线所成的角度，永远取正值；φ' 为衍射角，即衍射光束与光栅法线所成的角度。若入射光束和衍射光束都在光栅法线同一侧，则 φ' 为正值；如衍射光束在法线另一侧，则 φ' 为负值。d 为相邻两刻线间的距离，一般称为光栅常数。λ 为衍射光的波长，k 为光谱级。

由光栅方程可知：

（1）当光栅常数 d 及入射角 φ 为给定值时，对于某一光谱级 k，不同波长的最强在不同的 φ' 角方向，这就是光栅的分光作用。而后这些光束经聚焦就成为按波长排列的狭缝像。每条谱线是入射狭缝的单色光像。

（2）当光栅常数 d 及入射角 φ 为给定值时，对于零级光谱（$k=0$），$\varphi'=-\varphi$，这时光栅的作用就像一面反射镜一样，在 $\varphi'=-\varphi$ 方向形成一个不被分光的零级光谱像，入射光束中的所有波长的光都叠加在零级光谱像中，光栅没有分光作用，所以说光栅的零级光谱仍是原来的复色光。

（3）当 φ' 与 φ 不在光栅法线的同侧（此时 φ' 为负值），并且 $|\varphi'|>\varphi$ 时，k 应为负值，这表示衍射而产生的光束与入射光束不在零级光谱像的同侧。

（4）对于同一谱级，波长愈短的谱线离零级像愈近。

平面光栅的缺点是零级光为复色光。

用平面光栅时，既有单缝衍射，又有多缝衍射。当入射光以垂直于单缝所对应的平面方向入射时（$\alpha=0$），可推导出产生单缝衍射角（β）极小值的条件，见式（3-15）：

$$a\sin\beta = m\lambda\ ,\ m=\pm1,\ \pm2,\ \cdots \tag{3-15}$$

式中，a 为狭缝宽度；m 为单缝衍射暗纹的级数。在两个一级暗纹之间，即在 $\beta=0$ 处为中央亮纹。图 3-13（a）表示单缝衍射图样，在 $a\sin\beta=m\lambda$ 处光强有最小值。用平面光栅时，由于单缝槽面的法线与光栅平面的法线重合，则光束相对于单缝槽面的衍射角与光栅平面的衍射角相等，$\varphi'=\beta$。图 3-13（b）表示多缝干涉的图样，当 $\varphi=0$ 时，在 $d\sin\varphi'=k\lambda$ 处有亮纹出现。设光栅常数 $d=3a$，则满足 $d\sin\varphi'=3\lambda$ 多缝干涉亮纹的位置正好等于 $a\sin\beta=\lambda$ 单缝衍射暗纹的位置。图 3-13（c）表示多缝干涉和单缝衍射的合成图形，由图可见，多缝干涉条纹（即谱线）的强度，受到单缝衍射图样的限制，即干涉条纹的强度受到达该点的衍射光强的控制。例如，在 $d\sin\varphi'=3\lambda$ 处应有干涉的三级谱线，但该处衍射光强为零，故该谱线强度也为零（缺级）。这样，单缝衍射的强度分布曲线成为干涉图样的包迹，使各级谱线有强度大小的分布。

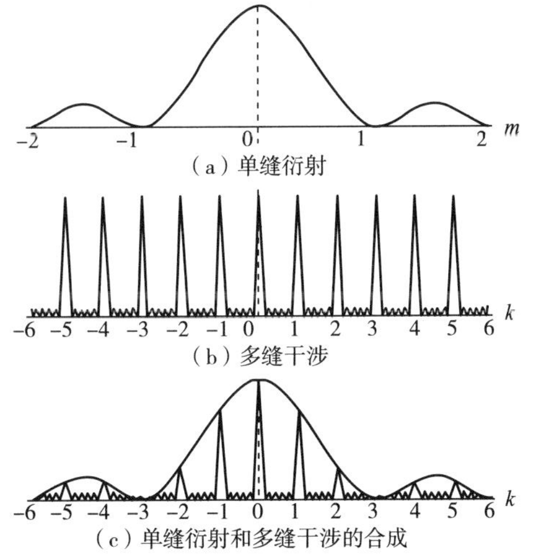

图 3-13　光谱谱线的强度分布

3.2.4 检测系统

原子发射光谱仪的检测系统是将原子发射产生的光信号转换、放大、记录、显示的单元。检测系统的关键部件是检测器，它必须在特定的波长范围内具有灵敏且线性的光谱响应。目前在紫外和可见光谱区有多种检测器，本部分主要介绍感光板、光电倍增管和电荷耦合器件。

3.2.4.1 感光板

感光板又称光谱干板或像板，它通常将卤化银（常用溴化银）均匀地分散在明胶中，然后涂布在玻璃板上制成的。其作用是把来自光源的光谱信号以像的形式记录下来，以便于辨认和测量。将光信号转换为影像的过程要经历曝光、显影和定影三个阶段。

曝光时，光作用在感光乳剂中的卤化银的晶粒时，光能转换为化学能，发生光化学反应：

$$AgBr \xrightarrow{h\nu} Ag + Br^-$$

但由此形成的 Ag 并非影像，它是看不见的，常称为“潜像”。以曝光时形成的潜像中心为基础，利用还原剂把卤化银还原为金属银，形成看得见的黑色影像。其反应式为：

$$AgBr \xrightarrow{\text{还原剂}} Ag + Br^-$$

显影时曝光处的 AgBr 还原快，其他处的 AgBr 也可被还原，但还原慢，所以显影有时间限制。此影像变黑的程度与所吸收光的强弱有关，也和光的波长有关。

定影时卤化银溶于定影液中，然后再用水洗净。其反应式为：

$$AgBr + 2S_2O_3^{2-} = Ag(S_2O_3)_2^{3-} + Br^-$$

定影时，曝光处的一些 AgBr 由于被还原为 Ag 而不能被除去，固定在干板上，呈黑色，而另一些未被还原的 AgBr 则被除去。而其他未被曝光处的 AgBr 几乎完全被除去。上述过程将光能转换为化学能，即使感光板被光照射处 AgBr 变为 Ag，形成光谱影像，用黑度来表征光谱影像变黑的程度。黑度 S 定义为：

$$S = \lg \frac{i_R}{i_t} \tag{3-16}$$

根据这一定义，为了测量黑度 S，用一束强度为 i_R 的光照射感光板，则 i_t 为曝光变黑部分的透射光强度。但在实际测量中，常用式（3-17）来计算黑度：

$$S = \lg \frac{i_0}{i_t} \tag{3-17}$$

式中，i_0 是感光板未曝光部分的透射光强度，因此可以认为 $i_R = i_0$，如图 3-14 所示。

强度为 I 的光，在感光乳剂上产生一定的辐射照度 E，照射时间 t 后，在感光乳剂上积累一定的曝光量 H，即：$H = Et$。黑度 S 与曝光量的关系可用乳剂特性曲线来描述，如图 3-15 所示。

图 3-15 中，乳剂特性曲线 AB 段为曝光不足部分，CD 段为曝光过度部分，BC 段为正常曝光部分。对于正常曝光部分，曝光量与黑度的关系，见式（3-18）：

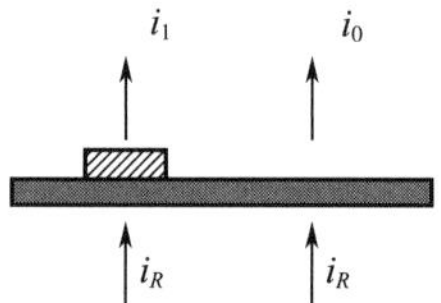

图 3-14 黑度测量示意图

$$S = r(\lg H - \lg H_i) = r\lg H - r\lg H_i \tag{3-18}$$

式中，r 是乳剂特性曲线 BC 段的斜率，称为反衬度。它表示当曝光量改变时，黑度值改变的快慢。反衬度高的感光板，当曝光量改变时，黑度变化较快。$\lg H_i$ 为直线部分 BC 延长后在横轴上的截距，H_i 是惰延量，其值越小，说明位于直线区域的最低曝光量的值越小，这

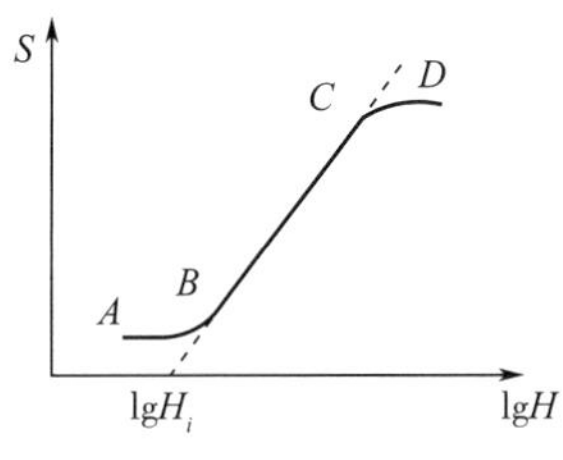

图 3-15 乳剂特性曲线

表明感光乳剂灵敏度高，因此惰延量的倒数表示乳剂的灵敏度。光谱定量分析时，宜选用反衬度高的感光板。因为浓度变化时，这种相板的黑度变化较明显。对于一定的乳剂，$r\lg H_i$ 为定值。由于强度 I 正比于辐射照度 E，所以也可以认为曝光量 $H=kIt$，见式（3-19）：

$$S=r\lg H-r\lg H_i=r\lg kIt-r\lg H_i=r\lg It-i \tag{3-19}$$

显然，式中的 $i=r\lg H_i-r\lg k$。

3.2.4.2 光电倍增管

光电倍增管（PMT）是一种具有极高灵敏度和快速响应的光电探测器件，是在光电效应和电子光学基础上，利用二次电子倍增现象制成的真空光电器件，它将光能转化为电能，实现光电探测。光电倍增管（图 3-16）外壳由玻璃或石英材料制成，内部抽真空，具有光电发射阴极（光阴极）和聚焦电极、多个电子倍增极（打拿极）、电子收集极（阳极）。可以将它看作一个具有多级电流放大作用的特殊电子管。阴极（有时称为光阴极）为涂有能发射电子的光敏物质的电极，由 Cs、Sb、Ag 等元素或其氧化物组成，被光子照射时可释放出电子。阳极由金属网组成，主要是收集、传送电子。在阴极和阳极之间装有一系列倍增极，即打拿极，它可使电子数目放大。光电光谱仪中使用的光电倍增管的打拿极数目一般为 9 个。阴极和阳极之间施加直流电压（约 1000V），每相邻两个打拿极之间均有相等的电压降。当光照射阴极时，光敏物质向真空中激发出光电子，这些光电子按照聚焦电场的方向进入倍增系统，首先被电场加速落在第一个打拿极上，击出二次电子，这些二次电子又被电场加速落在第二个打拿极上而击出更多的二次电子，连续重复上述过程。放大后的电子被阳极收集作为电流信号输出。这样光电倍增管不仅起了光电转换作用，并且起着电流放大的作用。光电倍增管有端窗型和侧窗型两种，端窗型是从光电倍增管的顶部接收入射光，而侧窗型则从光电倍增管的侧面接收入射光。通常情况下，侧窗型光电倍增管价格相对便宜，并在分光光度计、光谱仪和一般的光度测量方面应用广泛。大部分的侧窗型管子使用反射式光阴极和环形聚焦型电子倍增系统，使其在较低的工作电压下具有较高的灵敏度。光电倍增管在其阴极和阳极间加一个高压，且阳极接地，阴极接负高压。另外在相邻的倍增极之间并联多个电阻进行分压（如图 3-16 所示中的电阻 R_2、R_3、R_4 等），使每个倍增极上都具有固定的压降（一般为 50~100V），因而每两个倍增极之间具有固定的电场强度。当一

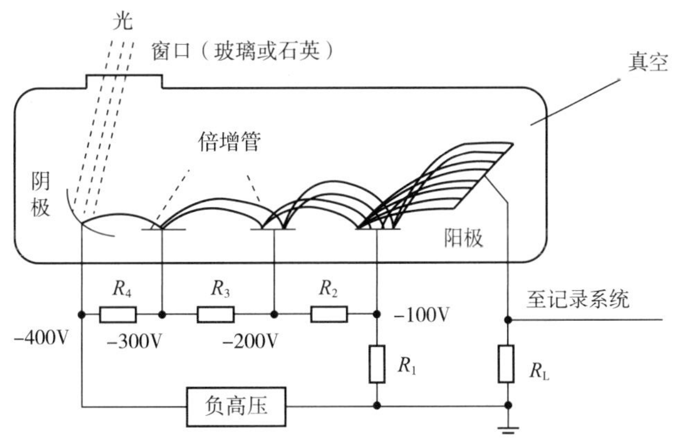

图 3-16 光电倍增管工作原理及采用负载电阻的 I/V 转换电路

束光线照射阴极时，假定产生一个光电子，该光电子在电场的作用下被加速并向第一倍增极射去。当其撞击第一倍增极时，会溅射出数量更多的二次电子（图 3-16 中假定为 3 个倍增极）。依此类推，电子数目越来越多，最后在阳极汇聚成光电流。

3.2.4.3 电荷耦合器件

电荷耦合器件（charge-coupled device，CCD）是一种半导体光敏器件，能够将光学图像或光信号转换为电信号，并通过电荷转移的方式实现信号的存储和传输。它在光学分析、成像、天文观测、医学诊断等领域具有广泛应用。

CCD 由大量紧密排列的像素单元（光敏单元）组成，每个像素单元通常是一个 MOS（金属—氧化物—半导体）电容器。当光照射到像素单元时，光子被半导体材料吸收，产生光生电荷（电子—空穴对），其中电子被存储在电容器的势阱中，电荷数量与入射光强度成正比。

根据电荷转移方式，CCD 主要分为以下两种类型：

（1）线阵 CCD。

结构：像素单元呈一维线性排列，仅有一行感光单元。

应用：用于扫描成像（如扫描仪、条形码阅读器），或配合机械位移实现二维成像（如光谱仪的波长扫描）。

（2）面阵 CCD。

结构：像素单元呈二维矩阵排列（行×列），可直接捕获二维图像。

类型：①帧转移型（FT-CCD），感光区与存储区分离，电荷快速转移至存储区后再逐行读出，适合高速成像。②行间转移型（IT-CCD），感光单元与垂直转移寄存器交替排列，电荷直接转移至垂直寄存器后逐行读出，常见于数码相机。③全帧转移型（FF-CCD），电荷直接从感光区逐行转移至输出端，需搭配电子快门，适用于天文观测等弱光场景。

3.3 应用

3.3.1 定性分析

定性分析的目的是确认、鉴定样品中存在的元素种类。光谱线的波长是由原子的种类决定的。如果能观测到某种待测元素的光谱，就可以知道样品中存在该元素。因此，根据原子光谱中的元素特征谱线就可以确定样品中是否存在被测元素。如果某种样品的光谱图中有几种元素的谱线同时出现，就证明该样品中含有这几种元素，这样的分析方法称为光谱定性分析。

在实际分析时，只要在样品光谱中测出了某元素的灵敏线，就可以确定样品中存在该元素。但需要指出，在样品的光谱中没有测出某种元素的谱线，并不表示在该样品中绝对不存在该元素，而仅仅表示该元素的含量低于检测方法的灵敏度。如果需要提高检测灵敏度，则需要采用特殊分析方法加以检测。每种元素都有一条或几条信号最强的线，这样的谱线称为灵敏线。共振线是指电子由原子高能态跃迁至基态所发射的谱线，第一（主）共振线是电子从原子最低高能态跃迁至基态所发射的谱线，通常也是最灵敏线、最后线。当被测元素浓度逐渐降低时，其谱线强度逐渐减小，最后仍然存在的谱线称为最后线，最后线一般也是最灵敏线。复杂元素的谱线可能多达数千条，在进行定性分析时，只能选择其中一条或几条灵敏谱线检测，这些灵敏线称其为分析线。

每种元素一般都有许多条特征谱线，分析时不必将所有谱线全部检出，只要检出该元素两条以上的灵敏线，就可以确定该元素是否存在。光谱定性分析所依靠的是谱线波长的准确测量。在实际分析工作中，常常间接或直接利用标准光谱图。例如，铁的谱线较多且相距很近，在 210~660nm 范围内有 4600 多条谱线，其中每条谱线的波长都已经被准确测量。而大多数元素分析用的谱线出现在铁元素所发射的谱线的光谱范围内，并且在此范围内感光板乳剂又是灵敏的。因此人们制成了铁的标准光谱图（图 3-17），在光谱定性分析时，常将铁光谱作为标准来确定被分析样品的谱线的波长，从而判断样品中存在哪些元素。

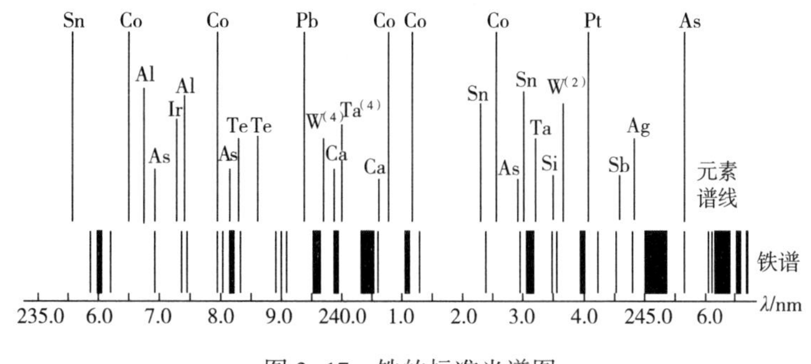

图 3-17 铁的标准光谱图

将样品与铁并列摄取光谱，然后将摄取到的铁光谱、样品的光谱一起在映谱仪上和标准铁光谱图相比对照，使谱线图中的铁谱线与谱片上摄取的铁谱线相重合，如果样品中未知元素的谱线与谱线图中已标明的某元素谱线出现的位置相重合，则该元素就有可能存在。

目前，这些定性分析工作多在与仪器配套的计算机上来完成。需要指出的是，当样品组成复杂时，常发生谱线的重叠干扰，因此研究一种元素是否在样品中存在，不能仅靠检查一条谱线就做出结论，通常应在光谱图上找出 2~3 条待测元素的灵敏线才可确认某元素的存在。表 3-2 列出了原子发射光谱法常用元素灵敏谱线表。表中波长后面 Ⅰ 表示原子线，Ⅱ 表示离子线。

表 3-2 原子发射光谱法常用元素灵敏谱线表

元素	灵敏线波长/nm
Ag	224.64 Ⅱ　243.78 Ⅱ　328.07 Ⅰ　338.29 Ⅰ　520.91 Ⅰ　546.55 Ⅰ
Al	266.92 Ⅱ　281.62 Ⅱ　308.22 Ⅰ　309.27 Ⅰ　394.40 Ⅰ　396.15 Ⅰ
Ar	696.53 Ⅰ　706.72 Ⅰ　750.04 Ⅰ　811.53 Ⅰ
As	189.04 Ⅰ　193.76 Ⅰ　197.20 Ⅰ　228.81 Ⅰ　234.90 Ⅰ　245.65 Ⅰ　278.02 Ⅰ　286.04 Ⅰ
Au	242.80 Ⅰ　267.60 Ⅰ
B	182.59 Ⅱ　249.68 Ⅰ　249.77 Ⅰ　345.14 Ⅱ
Ba	265.05 Ⅰ　389.18 Ⅰ　413.07 Ⅱ　455.40 Ⅱ　493.41 Ⅱ　553.55 Ⅰ　614.17 Ⅱ　649.69 Ⅱ

续表

元素	灵敏线波长/nm
Be	234.86 Ⅰ　313.04 Ⅱ　313.11 Ⅱ　332.11 Ⅰ
Bi	223.06 Ⅰ　227.66 Ⅰ　289.80 Ⅰ　306.77 Ⅰ
Br	154.07 Ⅱ　470.09 Ⅱ　478.55 Ⅱ　481.67 Ⅱ
C	193.09 Ⅰ　247.86 Ⅰ
Ca	315.89 Ⅱ　317.93 Ⅱ　393.37 Ⅱ　396.85 Ⅱ　422.67 Ⅰ　445.48 Ⅰ
Cd	214.44 Ⅱ　226.50 Ⅱ　228.80 Ⅰ　326.11 Ⅰ
Ce	413.38 Ⅱ　418.66 Ⅱ　569.92 Ⅰ
Co	228.62 Ⅱ　238.89 Ⅱ　240.73 Ⅰ　341.23 Ⅰ　340.51 Ⅰ　344.36 Ⅰ　345.58 Ⅰ 350.23 Ⅰ　350.63 Ⅰ　352.69 Ⅰ　352.98 Ⅰ
Cl	134.72 Ⅱ　479.45 Ⅱ　481.01 Ⅱ　481.95 Ⅱ
Cr	267.72 Ⅱ　283.58 Ⅱ　323.45 Ⅰ　357.87 Ⅰ　359.34 Ⅰ　360.05 Ⅰ　399.86 Ⅰ 425.43 Ⅰ　427.48 Ⅰ　428.97 Ⅰ　520.60 Ⅰ　520.84 Ⅰ
Cs	455.54 Ⅰ　459.32 Ⅰ　852.11 Ⅰ　894.35 Ⅰ
Cu	213.60 Ⅱ　219.23 Ⅱ　224.70 Ⅱ　324.75 Ⅰ　327.40 Ⅰ　515.32 Ⅰ　521.82 Ⅰ
Dy	340.78 Ⅱ　353.17 Ⅱ　404.60 Ⅰ　418.68 Ⅰ　421.17 Ⅰ
Er	323.06 Ⅱ　349.41 Ⅱ　400.80 Ⅰ　408.77 Ⅰ
Eu	412.97 Ⅱ　459.40 Ⅰ
F	685.60 Ⅰ　690.24 Ⅰ
Fe	238.20 Ⅱ　239.56 Ⅱ　240.49 Ⅰ　241.05 Ⅱ　248.33 Ⅰ　252.29 Ⅰ　259.94 Ⅱ 271.90 Ⅰ　302.06 Ⅰ　344.06 Ⅰ　371.99 Ⅰ　373.49 Ⅰ　374.83 Ⅰ　385.99 Ⅰ 388.63 Ⅰ
Ga	287.42 Ⅰ　294.36 Ⅰ　403.30 Ⅰ　417.21 Ⅰ
Gd	335.05 Ⅱ　368.41 Ⅰ　440.19 Ⅰ
Ge	209.43 Ⅱ　219.87 Ⅱ　265.12 Ⅰ　303.90 Ⅰ　326.95 Ⅰ
H	656.28 Ⅰ
He	388.86 Ⅰ　587.76 Ⅰ
Hf	263.87 Ⅱ　277.34 Ⅱ　307.29 Ⅰ
Hg	194.23 Ⅱ　253.65 Ⅰ　365.01 Ⅰ　365.48 Ⅰ　404.66 Ⅰ　435.84 Ⅰ　535.84 Ⅰ 546.07 Ⅰ
Ho	339.90 Ⅱ　345.60 Ⅱ　405.39 Ⅰ　410.38 Ⅰ
I	178.38 Ⅰ　183.00 Ⅰ
In	230.61 Ⅱ　303.94 Ⅰ　325.61 Ⅰ　410.18 Ⅰ　451.13 Ⅰ
Ir	208.88 Ⅰ　212.68 Ⅱ　224.27 Ⅱ　322.08 Ⅰ　351.36 Ⅰ

续表

元素	灵敏线波长/nm
K	404.41 Ⅰ　404.72 Ⅰ　766.49 Ⅰ　769.90 Ⅰ
Kr	557.02 Ⅰ　587.09 Ⅰ
La	379.08 Ⅱ　379.48 Ⅱ　394.91 Ⅱ　407.74 Ⅱ　408.67 Ⅱ　412.32 Ⅱ　545.52 Ⅰ 550.13 Ⅰ　579.13 Ⅰ　593.06 Ⅰ　624.99 Ⅰ
Li	323.26 Ⅰ　460.29 Ⅰ　610.36 Ⅰ　670.78 Ⅰ
Lu	307.76 Ⅱ
Mg	279.08 Ⅱ　279.55 Ⅱ　280.27 Ⅱ　285.21 Ⅰ　382.23 Ⅰ　382.94 Ⅰ　383.83 Ⅰ
Mn	256.37 Ⅱ　257.61 Ⅱ　259.37 Ⅰ　260.57 Ⅱ　279.48 Ⅰ　279.83 Ⅰ　293.30 Ⅱ 294.91 Ⅱ　403.08 Ⅰ　403.31 Ⅰ　403.45 Ⅰ
Mo	202.03 Ⅱ　203.84 Ⅱ　281.61 Ⅱ　284.82 Ⅱ　287.15 Ⅱ　289.10 Ⅱ　313.26 Ⅰ 379.63 Ⅰ　383.82 Ⅰ　386.41 Ⅰ　390.30 Ⅰ
N	409.99 Ⅰ　411.00 Ⅰ　566.66 Ⅱ　567.60 Ⅱ　567.96 Ⅱ
Na	330.03 Ⅰ　330.23 Ⅰ　589.00 Ⅰ　589.59 Ⅰ　818.33 Ⅰ　819.48 Ⅰ
Nb	309.42 Ⅱ　316.34 Ⅱ　405.89 Ⅰ　407.97 Ⅰ　410.09 Ⅰ　412.38 Ⅰ
Nd	292.45 Ⅰ　401.23 Ⅱ　430.36 Ⅱ　492.45 Ⅰ
Ni	225.39 Ⅱ　226.45 Ⅱ　227.02 Ⅱ　228.71 Ⅱ　231.60 Ⅱ　232.00 Ⅰ　341.48 Ⅰ 347.40 Ⅰ　352.45 Ⅰ
Os	225.58 Ⅱ　228.23 Ⅱ　263.71 Ⅰ　290.91 Ⅰ
P	178.28 Ⅰ　213.62 Ⅰ　253.57 Ⅰ　255.33 Ⅰ
Pb	217.00 Ⅱ　220.35 Ⅱ　280.20 Ⅰ　283.31 Ⅰ　363.47 Ⅰ　368.35 Ⅰ　405.78 Ⅰ
Pd	324.27 Ⅰ　340.46 Ⅰ　342.12 Ⅰ　348.11 Ⅰ　351.69 Ⅰ　355.31 Ⅰ　360.96 Ⅰ
Pr	390.84 Ⅱ　414.31 Ⅱ　493.97 Ⅰ
Pt	214.42 Ⅱ　265.95 Ⅰ　283.03 Ⅰ　292.98 Ⅰ　306.47 Ⅰ
Ra	482.59 Ⅰ
Rb	420.19 Ⅰ　421.56 Ⅰ　780.02 Ⅰ　794.76 Ⅰ
Re	197.31 Ⅱ　345.19 Ⅰ　346.05 Ⅰ　346.47 Ⅰ　488.91 Ⅰ
Rh	343.49 Ⅰ　369.24 Ⅰ
Ru	240.27 Ⅰ　342.83 Ⅰ　343.67 Ⅰ　349.89 Ⅰ　359.62 Ⅰ　372.80 Ⅰ　379.94 Ⅰ 381.97 Ⅰ
S	180.73 Ⅰ
Sb	206.83 Ⅰ　217.58 Ⅰ　231.15 Ⅰ　259.81 Ⅰ
Sc	255.24 Ⅱ　357.24 Ⅱ　361.38 Ⅱ　363.07 Ⅱ　364.28 Ⅱ　390.75 Ⅰ　391.18 Ⅰ 402.04 Ⅰ　402.37 Ⅰ

续表

元素	灵敏线波长/nm						
Se	196.03 Ⅰ	203.99 Ⅰ	206.28 Ⅰ	207.48 Ⅰ			
Si	250.69 Ⅰ	251.61 Ⅰ	252.85 Ⅰ	283.16 Ⅱ	288.16 Ⅰ		
Sm	359.26 Ⅰ	429.67 Ⅰ	442.43 Ⅱ	476.03 Ⅰ			
Sn	189.99 Ⅱ	224.60 Ⅰ	270.65 Ⅰ	284.00 Ⅰ	286.33 Ⅰ	300.91 Ⅰ	303.41 Ⅰ
	326.23 Ⅰ	356.83 Ⅱ	364.27 Ⅰ				
Sr	407.77 Ⅱ	421.55 Ⅱ	483.21 Ⅰ	487.25 Ⅰ	496.23 Ⅰ		
Ta	240.06 Ⅱ	264.75 Ⅰ	271.47 Ⅰ	294.02 Ⅰ	331.12 Ⅰ		
Tb	350.92 Ⅱ	384.87 Ⅱ	431.89 Ⅰ				
Te	214.27 Ⅰ	238.32 Ⅰ	238.58 Ⅰ				
Th	283.73 Ⅱ	401.91 Ⅱ					
Ti	334.19 Ⅰ	334.94 Ⅱ	336.12 Ⅱ	337.28 Ⅱ	365.35 Ⅰ	399.86 Ⅰ	498.18 Ⅰ
Tl	190.86 Ⅱ	276.78 Ⅰ	351.92 Ⅰ	352.94 Ⅰ	377.57 Ⅰ	535.05 Ⅰ	
Tm	313.13 Ⅱ	371.79 Ⅰ	384.80 Ⅱ				
U	358.49 Ⅰ	385.96 Ⅱ	409.01 Ⅱ				
V	292.40 Ⅱ	309.31 Ⅱ	310.23 Ⅱ	311.07 Ⅱ	311.84 Ⅱ	318.40 Ⅰ	318.54 Ⅰ
	437.92 Ⅰ	439.00 Ⅰ	440.85 Ⅰ				
W	207.91 Ⅱ	209.48 Ⅱ	272.44 Ⅰ	294.44 Ⅰ	400.87 Ⅰ	407.73 Ⅰ	430.21 Ⅰ
Xe	450.10 Ⅰ	462.43 Ⅰ	467.12 Ⅰ				
Y	360.07 Ⅱ	362.09 Ⅰ	371.03 Ⅱ	373.43 Ⅱ	407.74 Ⅰ	410.24 Ⅰ	412.83 Ⅰ
	414.29 Ⅰ	437.49 Ⅱ					
Yb	328.94 Ⅱ	369.42 Ⅱ	398.80 Ⅰ				
Zn	202.55 Ⅱ	206.19 Ⅱ	213.86 Ⅰ	250.20 Ⅱ	328.23 Ⅰ	330.26 Ⅰ	334.50 Ⅰ
	481.05 Ⅰ						
Zr	339.20 Ⅱ	343.82 Ⅱ	349.62 Ⅱ	351.96 Ⅰ	354.77 Ⅰ	357.25 Ⅱ	360.12 Ⅰ

3.3.2 定量分析

3.3.2.1 ICP 光源

以 ICP 为光源时，检测器主要用光电倍增管和 CCD，这时，用于定量分析的方法主要有三种，即标准曲线法、内标法和标准加入法。

（1）标准曲线法。

这是 ICP 发射光谱法最常用的定量分析方法。根据 $I=ac$ 关系式，在确定的分析条件下，用含有被测元素不同浓度的标准溶液，绘制发射强度 I 相对于浓度 c 的关系曲线作为标准曲线。然后在相同条件下分析样品，通过标准曲线就可以求得样品中被测元素的含量。标准曲线最好过原点，并为直线，但是不过原点、不成直线时也可用。

（2）内标法。

内标法是通过测量分析线对相对强度来进行光谱定量分析的方法。在待测元素的光谱中选择一条谱线作为分析线，在基体元素（或定量加入的其他元素）的光谱中选择一条谱线作为内标线，这两条谱线组成分析线对。分别测量分析线与内标线的强度，求出它们的比值即相对强度。然后根据分析线对的相对强度与待测元素含量之间的关系进行定量分析。若分析线的强度为 I_1，内标线的强度为 I_2，见式（3-20）~式（3-22）：

$$I_1 = a_1 c \tag{3-20}$$

$$I_2 = a_2 c_2 \tag{3-21}$$

$$R = \frac{I_1}{I_2} = \frac{a_1 c}{a_2 c_2} = ac \tag{3-22}$$

式中，$a = \dfrac{a_1}{a_2 c_2}$。

在分析过程中，要保持内标元素的浓度恒定。显然，这种方法可以使谱线强度由于光源波动等实验条件引起的变化得到补偿。尽管光源变化对分析线的绝对强度有较大的影响，但对分析线和内标线的影响基本上是一样的，所以相对强度保持不变，这是内标法的优点。用内标法时，$\dfrac{I_1}{I_2}$ 相对于 c 的工作曲线可以不过原点，也可以不是直线，但最好是经过原点且为直线。

（3）标准加入法。

在找不到合适的基体配制标样，而且待测元素的浓度较低时，可采用标准加入法。假设样品中待测元素浓度为 c_x，取若干份样品溶液，分别加入待测元素的标准溶液。加入标准溶液后，各样品中加入的被测元素的浓度分别为 c_1、c_2、c_3、⋯、c_i，当然此浓度不包括样品中原有的被测物的浓度 c_x，仅由加入的标准溶液的量得到，这个浓度是已知的。然后在相同条件下获得不同浓度样品的光谱。利用这些谱线的强度相对于 c_i 作图，就可以得到一条直线。将直线外推，与横轴交点处所对应的浓度的绝对值即为样品中待测元素的浓度 c_x，如图 3-18 所示。

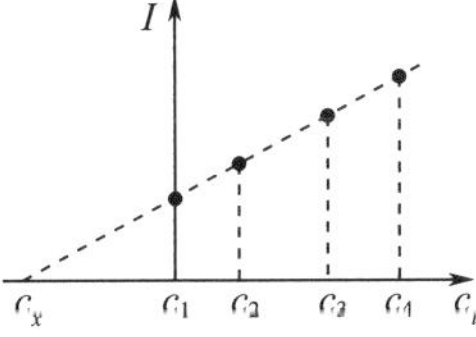

图 3-18　标准加入法

根据被测物浓度 c 与发射强度 I 的关系式，见式（3-23）：

$$I = ac \tag{3-23}$$

当被分析样品中加入已知浓度 c_i 后，见式（3-24）：

$$I = ac = a\,(c_x + c_i) \tag{3-24}$$

在该直线外推至与横轴交点处，$I=0$，于是有 $c_x = -c_i$，即交点处样品中由加入待测元素标准所得到的浓度的绝对值为未知样中待测元素的浓度 c_x。

标准加入法计算简单，适用于小批量样品的分析。使用该方法时，加入已知含量被测元素的样品不能少于三个，且加入的含量范围应与测定元素的含量在同一数量级上。使用标准加入法时，要求对应的校准曲线必须经过原点，且校准曲线必须为直线。标准加入法的优点是可消除基体效应。

3.3.2.2 电弧火花光源

以电弧、火花为光源时，常常采用感光板检测。由于光源的稳定性有限，一般都需要使用内标，即在实际测量中，一般均测量分析线与内标线的相对信号，但根据此相对信号与浓度之间的关系，也可以采用上述的标准曲线法、内标法与标准加入法，而常常不完全称为内标法。下面以电弧为光源、干板检测为例来说明用电弧、火花光源定量分析方法。当然，这一方法可以叫作内标法，也可以叫作标准曲线法。

根据 3.1 节所讨论的理论，I 与 c 之间的关系用基于罗马金公式 $I=ac^b$ 来描述。

而谱线黑度与发射强度的关系为式（3-25）：

$$S=r\lg It-i \tag{3-25}$$

在被测元素的谱线中选一条分析线，其强度为 I_x；另外，向样品中准确加入已知浓度的某种元素，称为内标元素（又称参比元素），内标元素的含量是恒定的，内标元素可以是样品中某种浓度固定的元素，或者是样品中的主体元素（如钢样中的铁），选内标元素谱线中的一条谱线称为内标线，其强度为 I_r。分析线和内标线合称为分析线对，分析线和内标线强度比（I_x/I_r）称为线对强度比。只要分析线对选择适宜，实验中某些条件发生改变时，引起分析线和内标线强度改变的程度相同，则 I_x/I_r 值不变。

设被测元素 1 的浓度为 c_1，其谱线强度为 I_1，内标元素 2 的浓度为 c_2 且不变，其谱线强度为 I_2，根据罗马金-赛伯公式 $I=ac^b$，对于分析线有谱线强度 $I_1=a_1c_1^{\ b_1}$，且测得的黑度为 $S_1=r_1\lg I_1t_1-i_1$；对于内标线有谱线强度 $I_2=a_2c_2^{\ b_2}$，且测得的黑度为 $S_2=r_2\lg I_2t_2-i_2$。因为分析线与内标线波长接近且曝光时间相同，所以 $r_1=r_2=r$，$t_1=t_2$，$i_1=i_2$。于是有式（3-26）：

$$\Delta S=S_1-S_2=r\lg\frac{I_1}{I_2}=r\lg\frac{a_1c_1^{\ b_1}}{a_2c_2^{\ b_2}}=r\lg(ac_1^{\ b_1})$$

$$\text{即 }\Delta S=rb_1\lg c_1+r\lg a=rb_1\lg c_1+a' \tag{3-26}$$

式中 $a=\dfrac{a_1}{a_2c_2^{\ b_2}}$，$a'=r\lg a$。

因此，可以用分析线对谱线的黑度差 ΔS 与 $\lg c$ 作图绘制校准曲线进行定量分析。实际分析中，常用三个标样绘制标准曲线，而后根据标准曲线来求未知样中被测物的浓度。此时以标准样品作出 ΔS—$\lg c$ 工作曲线，根据样品的 ΔS_x，求出样品的含量 c_x。

为了提高内标法定量分析的准确度，内标元素和分析线对的选择应满足下列条件：

（1）内标元素的选择。

①内标元素与被测元素具有相近的物理化学性质，如熔点、沸点相近，在激发光源中具有相近的蒸发性。这样，在蒸发过程中电极温度发生变化时，它们蒸发速度之比几乎不变，因而相对强度受电极温度变化的影响很小。

②内标元素与被测元素具有相近的激发能。

③内标元素的含量必须固定，若内标元素是外加的，则样品中不得含有内标元素，并且内标元素的化合物中也不应含有被测元素。

（2）分析线对的选择。

①分析线对应具有相近或相同的激发能。若选择原子线组成分析线对时，要求两线的激发电位相近；如果用离子线组成分析线对，则不仅要求两线的激发电位相近，还要求电离电位也相近。这样当激发条件改变时，分析线对的相对强度仍然不变，两条谱线的绝对强度随激发条件的改变作均称变化，这样的分析线对称为均称线对。显然，用一条原子线与一条离子线组成分析线对是不合适的。

②分析线对的波长、强度和宽度应尽量相近，谱线黑度应落在乳剂校准曲线直线部分内。

③分析线对附近不应有干扰谱线存在。

④分析线与内标线必须不受其他谱线的干扰，而且分析线对无自吸或自吸很小。

企业应用案例

课后习题

（1）原子发射光谱仪由哪几部分构成？各部分的功能是什么？

（2）谱线的强度与哪些因素有关？能否根据谱线绝对强度直接进行定量分析？

（3）原子发射光谱是如何产生的？原子发射光谱为什么是线状光谱？

（4）简述直流电弧、低压交流电弧、高压火花、电感耦合等离子体激发光源的特点及应用。

（5）用电弧和火花光源进行光谱定量分析为什么要用内标法？选择内标元素和内标线的原则是什么？

（6）什么叫元素的共振线、灵敏线、最后线、分析线？它们之间有什么联系？

（7）什么是自吸与自蚀现象？为什么在电感耦合等离子体光源中可有效消除自吸现象？

（8）发射光谱定性、定量分析的依据是什么？

（9）原子发射光谱主要采用哪些检测器？有何特点？

本章资源

4　原子吸收光谱法

原子吸收光谱法是20世纪50年代创立、60年代得到迅速发展的一种方法。1955年，澳大利亚物理学家Walsh发表的“原子吸收光谱在化学分析中的应用”使原子吸收光谱法成为了一种实用且有效的分析方法。1959年，苏联的L′vov提出了电热原子吸收法，大大提高了原子吸收光谱法的灵敏度。

4.1　基本原理

原子吸收光谱法是测定各种无机和有机样品中金属和非金属元素含量的一种分析方法。它是依据被测元素的基态原子对光源发出的特征光的吸收，通过测量光的减弱程度，而求出样品中被测元素的含量。

4.1.1　吸收定律

以一束光通过火焰原子化器为例，来说明原子吸收测量的原理及各术语之间的关系。如图4-1所示，当一束频率为v、强度为$(I_v)_0$的单色光照射原子化器时，若原子化器中没有被测原子并忽略背景吸收，则入射光经过火焰后，强度保持不变；若原子化器中有被测原子，且呈均匀分布时，则入射光被吸收后透过原子化器的光的强度为$(I_v)_t$。若吸收池长度为l，光通过长度为dl的薄层后，减弱的光强度dI_v，见式（4-1）：

$$\mathrm{d}I_v = -K_v I_v \mathrm{d}l \qquad (4-1)$$

式中，比例系数K_v为频率ν处的吸收系数，负号表示光强度随长度l的增加而降低。光的强度［J/（s·m^3）］是单位体积单位时间光辐射的能量，而光的照度［J/（s·m^2）］是单位时间光照射在单位面积上的能量，但在一般书中，为了方便，并不加以区分，统称为光的强度。显然，在吸收光谱中，常说光的强度实际上应为光的照度。

按照图4-1所示的边界条件进行积分，见式（4-2）：

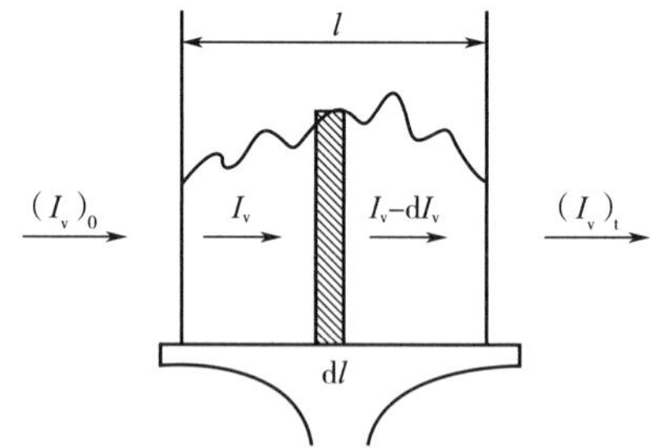

图4-1　原子吸收测量原理示意图

$$\int_{(I_v)_0}^{(I_v)_t} \frac{dI_v}{I_v} = -K_v \int_0^l dl \tag{4-2}$$

得到式（4-3）：

$$(I_v)_t = (I_v)_0 e^{-K_v l} \tag{4-3}$$

在原子吸收光谱法中，吸收定律通常用式（4-3）表示，显然 K_v 与被测物的量有关。

4.1.2 吸收系数与原子密度的关系

在原子吸收光谱法中，吸收系数 K_v 与待测物的量有关，通常要从理论上推导 K_v 与被测物在气相中密度的关系。现在求 K_v 与待测原子处于低能态 i 的密度 n_i 的关系式。如图 4-1 所示，I_v 经过 dl 后被吸收而减弱的光强度 dI_v 应为：

$$dI_v = -B_{ij} Uhvn_i S_v dl \tag{4-4}$$

式中，B_{ij} 为受激吸收跃迁概率，也称受激吸收爱因斯坦系数，表示在光的能量密度为 U 作用下一个处于低能级 i 的原子单位时间内受激跃迁到高能级 j 的次数；S_v 为谱线的线型函数，这是由于吸收线有一定的宽度，所以引入 S_v。由于 I_v［J/（s^1/m^2）］是单位时间光照射单位面积原子化器的能量，而 U（J/m^3）是单位体积内光的能量，c（m/s）为光速，所以 $I_v = Uc$，则上式可变为：

$$dI_v = -B_{ij} \frac{I_v}{c} hvn_i S_v dl \tag{4-5}$$

将式（4-1）代入到上式，则得到式（4-6）：

$$-K_v I_v dl = -B_{ij} \frac{I_v}{c} hvn_i S_v dl \tag{4-6}$$

可求出式（4-7）：

$$K_v = \frac{B_{ij} hvS_v}{c} n_i \tag{4-7}$$

这就导出了 K_v 与 n_i 的关系式，但由于各种变宽原因，吸收谱线是有一定宽度的，S_v 随单色光的频率而变，而 K_v 随 S_v 而变，因此 K_v、S_v 都随频率改变而改变。

将上式两边积分，即得式（4-8）：

$$\int K_v dv = \int \frac{B_{ij} hvS_v}{c} n_i dv = \frac{B_{ij} hn_i}{c} \int vS_v dv \tag{4-8}$$

$\int K_v dv$ 称为积分吸收系数。由于吸收线很窄，即可假定 v 为常数，且 $\int S_v dv = 1$，则得式（4-9）：

$$\int K_v dv = \frac{B_{ij} hv}{c} n_i \tag{4-9}$$

可见积分吸收系数不随 S_v 而变。在一些教科书中，常用振子强度 f_{ij} 来取代 B_{ij}，f_{ij} 与 B_{ij} 的关系为：

$$B_{ij} = \frac{\pi e^2}{m_e hv} f_{ij} \tag{4-10}$$

式中，e 为电子电荷，m_e 为电子质量，将 B_{ij} 用 f_{ij} 替代，可将吸收系数和积分吸收系数表示为式（4-11）、式（4-12）：

$$K_v = \frac{\pi e^2 S_v}{m_e c} f_{ij} n_i = a n_i \tag{4-11}$$

$$\int K_v \mathrm{d}v = \frac{\pi e^2}{m_e c} f_{ij} n_i = b n_i \tag{4-12}$$

式（4-11）表明K_v随n_i而变，且随S_v而变，因S_v随v而变，所以K_v随v而变。式（4-12）表明积分吸收随n_i而变，但与v无关。振子强度f是一个无量纲的量，经典理论认为，一个电偶极子作简谐振动时，f为给定频率作振动者所占的分数。显然，对单电子原子的最低能级i，吸收振子强度f_{ik}应满足$\sum f_{ik}=1$，而对于激发态能级j，其发射f_{ji}和吸收f_{jk}之和应满足$\sum f_{ji}+\sum f_{jk}=1$，$i<j$，$k>j$。若跃迁涉及$N$个电子，式右边的1用$N$代替即可。

4.1.3 吸光度与样品中被测物浓度的关系

虽然上面已导出了K_v和$\int K_v \mathrm{d}v$与原子密度n_i的关系，但实验上很难做到。对于K_v，它必须用单色光，才能通过测定$(I_v)_0$和$(I_v)_t$并求出K_v，即求出n_i，而实验上很难找到一个真正的单色光光源。积分吸收系数$\int K_v \mathrm{d}v$与原子数目成正比，但积分吸收系数在实验上也很难测量，因为原子吸收线半宽非常窄，即使包括各种因素引起的变宽，谱线的半宽度也仅在10^{-3}nm数量级。测定谱线的积分吸收，需要扫描吸收线的轮廓，而完成扫描需要有高分辨率的单色仪。如果对于一个波长为450.0nm，线宽是0.001nm的谱线需要有分辨率高达45万的单色器才能测量，目前还难以获得如此高分辨率的光谱仪，所以直接测量积分吸收系数尚不能实现。

为了解决原子吸收法的实际测量问题，1955年，Walsh提出了用空心阴极灯为光源，这主要是因为空心阴极灯发出的谱线是很窄的锐线。这样就从实验上解决了测量的问题。锐线光源所发射的光当然也不是单色光，但其发射线的宽度比吸收线的宽度要窄得多，这样，在此频率（或波长）范围内，吸收系数K_v可以视为常数，而线型函数S_v可看作常数。在温度不太高的原子化条件下，峰值吸收系数K_0与火焰中待测元素的基态原子浓度n_0之间也存在简单的线性关系，并可利用半宽很窄的锐线光源来准确测定K_0值，这样n_0值可由测量K_0而得到，这种方法称为峰值吸收系数测量法。利用该法要求发射线的半宽度远远小于吸收线的半宽度，并且使通过吸收介质的发射线的中心频率v_0与吸收线的中心频率一致（图4-2）。

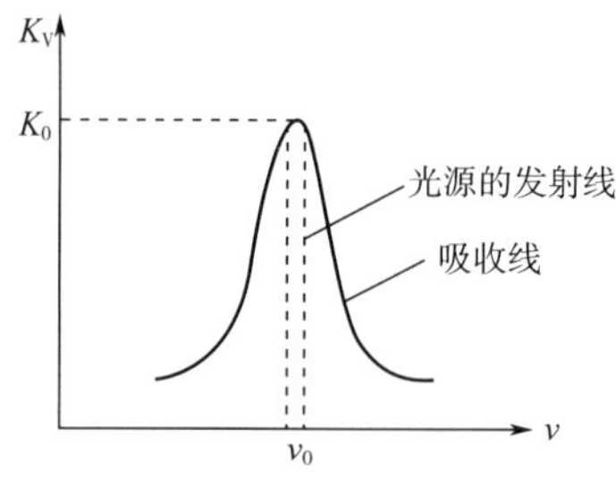

图4-2　峰值吸收系数测量原理

当用锐线光源所发射的光照射原子化器时，若其强度为I_0，I_0并非单色光，$I_0=\int (I_v)_0 \mathrm{d}v$，而透射过原子化器的光的强度为$I_t$，$I_t=\int (I_v)_t \mathrm{d}v$，根据吸收定律：

$$(I_v)_t = (I_v)_0 e^{-K_v l} \tag{4-13}$$

将上式两边积分，

$$\int (I_v)_t dv = \int (I_v)_0 e^{-K_v l} \tag{4-14}$$

$$I_t = \int (I_v)_0 e^{-K_v l} dv \tag{4-15}$$

由于用锐线光源，K_v 可视为常数 K_0，而 K_0 实际上是最大吸收波长处的吸收系数，故 K_0 也常称作峰值吸收系数，见式（4-16）：

$$I_t = e^{-K_0 l} \int (I_v)_0 dv = I_0 e^{-K_0 l} \tag{4-16}$$

I_0 与 I_t 是实验上可测得的量，当然，在实验上并非是先将检测系统放在原子化器前测 I_0，而后再将其放在原子化器后测 I_t，而是将其始终放在原子化器后，进样前，测量得到 I_0，进样后，测量得到 I_t。根据实验上测得的 I_0 和 I_t，很容易得到吸光度 A：

$$A = \lg \frac{I_0}{I_t} = -\lg T \tag{4-17}$$

上式中透光率 $T = \frac{I_t}{I_0}$，将式（4-16）I_0 和 I_t 代入上式，得到：

$$A = \lg \frac{I_0}{I_0 e^{-K_0 l}} = \lg e^{K_0 l} \tag{4-18}$$

$$A = 0.434 K_0 l \tag{4-19}$$

由于 K_v 此时为峰值吸收系数 K_0，由式（4-11）可知，$K_0 = an_i$，则 $A = 0.434aln_i$。在原子吸收测量中，一般检测的是待测元素的基态原子，即上式中的 n_i 为 n_0，则得到：

$$A = 0.434aln_0 \tag{4-20}$$

根据波尔兹曼方程：

$$n_i = n_0 \frac{g_i}{g_0} e^{-\frac{E_i}{kT}} \tag{4-21}$$

则可计算出第一激发态与基态原子密度的比值 n_1/n_0。表 4-1 是一些元素共振线的 n_1/n_0 值。

表 4-1　一些元素共振线的 n_1/n_0 值

元素	λ/nm	g_1/g_0	E_1/eV	n_1/n_0		
				2000K	3000K	5000K
Na	588.995	2	2.104	9.96×10^{-6}	5.83×10^{-4}	1.50×10^{-2}
Ba	553.548	3	2.239	6.83×10^{-7}	5.19×10^{-4}	1.65×10^{-2}
Ca	422.673	3	2.932	1.22×10^{-7}	3.55×10^{-5}	3.30×10^{-3}
Cu	324.754	2	3.817	4.82×10^{-10}	6.65×10^{-7}	2.84×10^{-4}
Mg	285.213	3	4.346	3.35×10^{-11}	1.50×10^{-7}	1.32×10^{-4}
Zn	213.856	3	5.795	7.45×10^{-15}	5.50×10^{-10}	4.20×10^{-6}

上述仅计算了第一激发态与基态原子密度的比值，对于更高的激发态，由于 E 更大，这一比值会更小。可见，在原子化器中，蒸气相中待测元素的激发态原子很少，总原子密度 n_t

近似等于基态原子密度 n_0，即认为 $n_t \approx n_0$。实际工作中，要求测定的并不是蒸气相中的原子密度，而是被分析试样中某被测物的浓度。在给定的实验条件下，被测元素的浓度 c 与基态原子密度 n_0 之间的关系为：

$$n_0 \approx n_t = bc \tag{4-22}$$

式中，b 是与实验条件有关的比例常数，所以：

$$A = 0.434aln_0 = 0.434ablc = k'lc = kc \tag{4-23}$$

式中，k 和 k' 是与实验条件有关的常数。式（4-23）即为用原子吸收光谱法进行定量分析的基本关系式。

4.2 仪器装置

原子吸收光谱仪主要由光源、原子化器、分光系统和检测系统四部分组成，如图 4-3 所示。

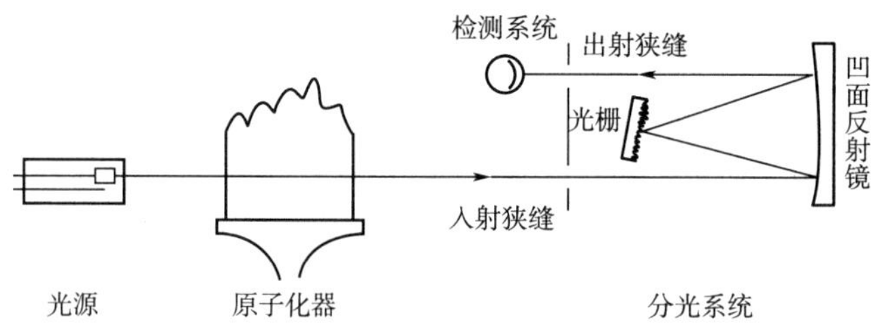

图 4-3 原子吸收光谱仪示意图

4.2.1 光源

原子吸收光谱法的基础是原子化器中产生的自由基态原子对光的吸收，因此辐射光源在原子吸收分光光度计中是最重要的部件之一。光源发射的被测元素的特征谱线的半宽度必须小于吸收谱线的半宽度，且具有足够的强度和稳定性。目前，空心阴极灯（HCL）是原子吸收光谱分析中最常用的锐线光源，其他光源还有无极放电灯、蒸气放电灯、高频放电灯以及激光光源灯等。

4.2.1.1 空心阴极灯

（1）组成。

空心阴极灯是一种低压气体辉光放电灯，它的一般构造如图 4-4 所示。将硬质玻璃管的一端熔接一片能透光的窗口，窗口材料为石英（350nm 以下）或玻璃（350nm 以上），另一端封入两个电极，中间的是阴极，为空心筒状。阴极材料大多为纯金属或合金，而对于一些贵金属，则宜将其制成薄片，衬在支持电极上。阳极是一个焊有钛丝或钽片的钨棒，由于钛及钽等金属具有吸气的功能，故阳极兼具吸气作用，在高温下它可以吸收少量有害气体（如 H_2）。为了防止阴阳极间击穿，在阴阳极间设有绝缘屏蔽层。空心阴极的内径一般为 2~5mm，深 8~12mm。

空心阴极灯在抽真空后充入惰性气体，气体压强为 300~1000Pa。这些气体在辉光放电中

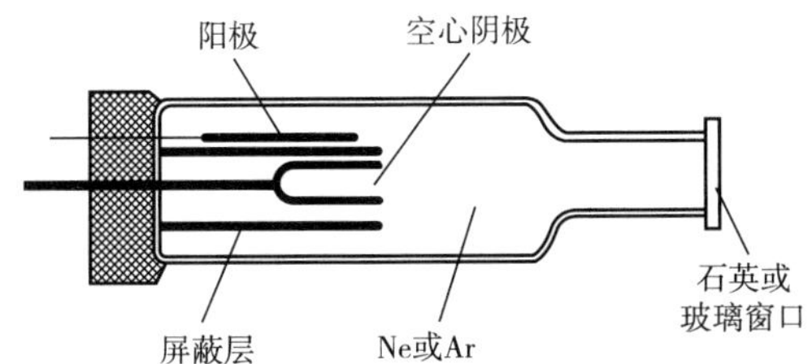

图 4-4　空心阴极灯结构示意图

起着传输电流、溅射阴极材料和激发溅射出来的原子使之发射特征光谱的作用。因此，充入气体的性质对空心阴极灯的质量会有很大影响。表 4-2 是惰性气体的物理常数。

表 4-2　惰性气体的物理常数

气体	原子量	电离能/eV	激发能/eV
He	4.00	24.587	19.918
Ne	20.18	21.565	19.619
Ar	39.95	15.760	11.548
Kr	83.80	14.000	9.915
Xe	131.30	12.130	8.315

由表 4-2 可知，He 具有最高的激发能和电离能，最有利于原子的激发，但它的原子量最小，溅射能力差。Kr、Xe 原子量大，但是电离能和激发能低，难以积聚能量，不利于通过碰撞来激发其他原子。Ne 原子量较大，溅射能力较强，激发能和电离能也较大，激发能力较强，所以可作为充入气体。与 Ne 相比，Ar 的质量稍大，溅射能力更强，但是激发能力较低，也适宜作为充入气体。在大多数情况下，充 Ne 和充 Ar 的灯光强度差不多，一般商品空心阴极灯多充 Ne，这是由于 Ne 放电呈橙红色（Ar 放电呈淡紫色），容易调节光束的位置。

（2）放电机理。

空心阴极灯放电是一种特殊形式的低压辉光放电，放电集中在阴极腔内。当两个电极间施加 200~500V 的电压时，逸出的电子在电场作用下，高速射向阳极，并与周围惰性气体碰撞，发生能量交换，使惰性气体原子电离产生电子和正离子。此时正离子在电场作用下向阴极运动并溅射阴极表面，使阴极表面的原子获得能量从金属表面溅射出来。被溅射出来的这些自由原子再与电子、惰性气体原子、正离子等相互碰撞而获得能量被激发，从而发射出元素的特征光。图 4-5 表示了 Cu 元素空心阴极灯的放电机理。

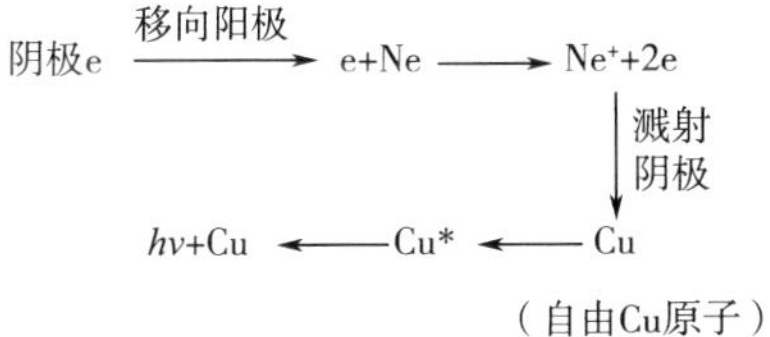

图 4-5　Cu 元素空心阴极灯的放电机理示意图

评价空心阴极灯的性能主要看其是否体现了原子吸收光谱测量中对光源发射的光要求的“锐、强、稳”等特点。元素在阴极中的多次溅射和被激发，使空心阴极灯的发光较强；灯的工作电流较小，一般只有5~20mA，因此阴极温度较低，一般为500~600K，热变宽很小；灯内填充气体压力较低，一般为数百帕，压力变宽也很小；由于阴极附近的蒸气相金属原子密度小，同种原子碰撞而引起的共振变宽也很小；此外，由于蒸气相原子密度低，自吸变宽几乎不存在。因此，空心阴极灯能发射出谱线很窄的待测元素的特征辐射。空心阴极灯发射谱线的半宽度一般为10^{-4}nm，而元素吸收线的半宽度一般为10^{-3}nm。在适宜的工作条件下，空心阴极灯的稳定性较好。空心阴极灯的供电采用脉冲和直流两类，目前以脉冲为多。脉冲供电方式可以改善放电特征，同时便于使有用的原子吸收信号与原子化器中气态原子发射的直流发射信号区分开。空心阴极灯有单元素灯和多元素灯之分。阴极物质只含一种元素，为单元素灯；若阴极物质含多种元素，则为多元素灯。多元素灯的辐射强度较单元素灯弱，且易产生干扰，使用前应检查测定的波长附近有无单色器不能分开的非待测元素的谱线。

空心阴极灯是原子吸收光谱仪上的重要部件，应注意正确使用和仔细维护。使用空心阴极灯时，注意灯的极性不要接反，接反时阴极发光很弱而阳极辉光很强。为了使灯的发光强度稳定，一般需在工作电流下预热10~30min。灯长期不用，应定期点燃处理，即在工作电流下点燃1h。若长期搁置的空心阴极灯有杂质存在，可以采取反接去气法，即颠倒极性用大电流点灯30min左右，灯的性能可以恢复。

4.2.1.2 无极放电灯

有些元素，如As、Se、Cd、Sn等的分析，一般采用无极放电灯（EDL），这是因为空心阴极灯发射的能量相对太低。无极放电灯由一个密封的石英管组成，内含待测元素或盐，抽真空并充入几百帕氩气后封闭，将其放入微波谐振腔中，微波可使灯内的充入气体放电，气体放电可使灯内金属或其盐解离出自由原子并发射出待测元素的特征光。在无极放电灯中，经常首先观察到的是充入气体的发射光谱，然后随着金属或其盐的气化和原子化，再过渡到待测元素光谱。由EDL产生的发射往往比HCL的强。

4.2.2 原子化器

原子化器的作用是利用高温使各种形式的待测物转化成基态自由原子蒸气。入射光在原子化器里被基态原子吸收，所以也可以将原子化器看作是“吸收池”。常用的原子化器有火焰原子化器和非火焰原子化器。不同类型的原子化器都有其各自的优缺点，应根据不同的样品、不同的被测元素及含量、不同的分析要求来选择合适的原子化器。

4.2.2.1 火焰原子化器

火焰原子化器具有操作简单、快速、准确、重现性好等优点，被广泛使用。

（1）结构。

在火焰原子吸收光谱分析中，火焰可按燃料气体的混合方式分为预混合型火焰和非预混合型火焰两种。前者燃料气和助燃气在未进入燃烧器前已得到充分混合，后者是燃烧器和助燃气分开引入火焰，在刚进入火焰前的瞬间进行混合。由于非预混合型火焰噪声大，火焰不稳定，现在市售的火焰原子吸收光谱仪均采用预混合型原子化器，该系统主要是由雾化器、雾化室和燃烧器三部分组成，如图4-6所示。

①雾化器。

雾化器的作用是将分析试样雾化。通常采用气动同心雾化器。具有一定压力的压缩空气

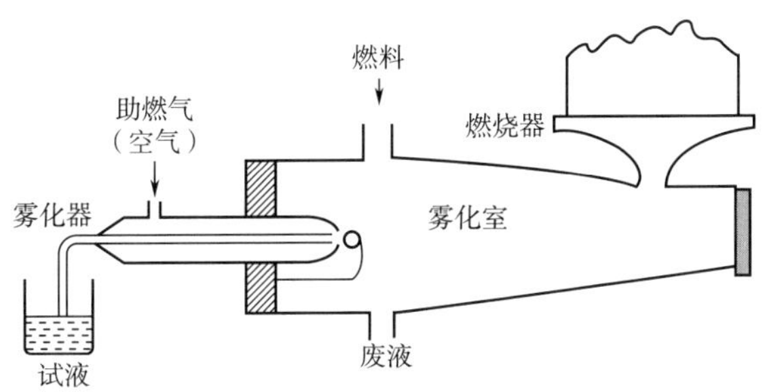

图 4-6 火焰原子化器

作为助燃气进入雾化器，从试样毛细管周围高速喷出，在毛细管出口处形成负压，试液沿毛细管吸入再喷出，被通入的助燃气分散成雾滴（气溶胶）。雾滴越细越易干燥、熔化、气化，生成的自由原子也就越多，测定灵敏度也就越高。

②雾化室。

雾化室的作用是使试液雾滴进一步细化并与燃气均匀混合，以获得稳定的层流火焰。为达此目的，常在雾化室设有撞击球、扰流器及废液排出口等装置。大雾滴或液滴凝聚后由废液口排出，只有直径小而均匀的细小雾粒被引进燃烧器。

③燃烧器。

燃烧器的作用是产生火焰并使样品原子化。被雾化的试液进入燃烧器，在燃烧的火焰中蒸发、干燥形成干气溶胶雾粒，再经熔化、受热解离成基态自由原子蒸气。燃烧器应能使火焰燃烧稳定，原子化程度高，并能耐高温、耐腐蚀。燃烧器有单缝和三缝两种，常用的燃烧器是单缝的，对空气—乙炔火焰，其缝长 10~12cm，缝宽 0.5~0.7mm；也有三缝火焰，它可增加火焰的宽度。

（2）火焰及其性质。

预混合型燃烧器中的气体流动呈层流状，因此形成的火焰闪动较小，噪声小，称为层流火焰。火焰是由燃料气和助燃气按一定比例混合后燃烧而形成的，它的功能是把待测原子转变为自由的气态基态原子。在火焰中，被测物经历了去溶剂、挥发、离解、激发和电离等复杂的物理化学过程。为了避免激发态原子、离子和分子等不吸收辐射粒子的产生，而尽可能多地产生出能够吸收辐射的气态基态自由原子，必须根据待测元素的性质选择适宜的火焰。原子吸收光谱分析中，一般用乙炔、H_2、丙烷等作燃气，以空气、N_2O、氧气作助燃气。火焰的组成决定了火焰的温度及氧化还原特性，直接影响化合物的解离和原子化效率。选择适宜的火焰条件是一项很重要的工作，可根据试样的具体情况，通过实验或查阅有关的文献资料来确定。一般来说，选用火焰的温度应使待测元素恰能分解成基态自由原子为宜。若温度过高，会增加原子电离或激发，而使基态自由原子数减少，导致分析灵敏度降低。下面介绍几种常用的火焰。

①空气—乙炔火焰。原子吸收测定中应用最广泛的一种火焰，火焰的温度为 2100~2400℃。该火焰燃烧速度低，对于大多数元素有足够高的灵敏度，能用于测定 35 种以上的元素，但它在短波紫外区有较大吸收，不适宜测定吸收波长<230nm 的元素（如 As、Se、Zn、Pb）。

②N_2O—乙炔火焰。是 1965 年 Willis 提出的一种高温火焰，温度可达 2600~2800℃，还原性强，适于测定难熔的元素，用它可测定的元素达 73 种之多。但它极易发生回火爆炸，不能直接点燃，应先点燃空气—乙炔焰，待火焰建立后，并调节乙炔的流量，达到富燃性状态，

然后迅速将空气转化为 N_2O。熄灭时也应将 N_2O 先换成空气，建立空气—乙炔焰后，降低乙炔流量，再熄灭火焰。此外，N_2O—乙炔火焰具有较强的发射背景，噪声大，必须使用专用燃烧器，不能用空气—乙炔燃烧器代替。

③空气—氢气火焰。温度较其他类型火焰的低，为 2000~2100℃，适于易电离的金属元素，紫外区背景发射低，透光性好，特别适用于碱金属元素及共振线位于远紫外区的元素如 As（193.7nm）、Se（196.0nm）等元素的测定。点燃空气—氢气火焰时，应让两种气体混合约半分钟后再点火，燃烧速度比较快，所以应注意回火。

火焰类型不同，氧化还原特性不一样，即使对于同类火焰，由于燃气和助燃气的比例不同，火焰的特性也不一样。按燃助比（燃料气与助燃气的物质量比）的不同，可将火焰分为三类。

①中性火焰。燃气和助燃气的比例，与它们之间化学反应的计量关系相近，也称化学计量火焰。这种火焰呈淡蓝色、透明、分区明显，火焰温度高，且具有稳定、噪声小、背景低等特点，适合于许多元素的测定。

②富燃火焰。其燃助比大于化学反应计量比，它是燃气量加大，助燃气量减小时形成的火焰。这种火焰呈黄色，分区不明显，温度低于中性火焰，层次模糊，火焰的还原性较强，背景高，适合于易氧化或氧化物熔点较高的元素的测定。

③贫燃火焰。燃助比小于化学反应计量的火焰。这种火焰氧化性较强，燃烧充分，火焰瘦弱，蓝锥缩小，温度较高，适于熔点高但不易氧化的元素的测定，如碱金属及碱土金属等。

火焰原子吸收法虽然得到了广泛的应用，但是，火焰法仍然有它的局限性。首先，雾化效率低，到达火焰的样品溶液仅为提取量的 5%~15%，大部分样品作为废液排掉了。其次，火焰气体的流量大，这一方面由于稀释作用使原子浓度降低，另一方面，使原子在吸收区停留时间很短，大约是毫秒级，限制了火焰法的灵敏度。最后，样品用量较大、一般不能分析固体样品，这也使其应用受到了限制。

4.2.2.2 石墨炉

石墨炉是非火焰原子化器，是电热原子化器中目前已被广泛应用的一种。该原子化器是 1959 年由 L'vov 首先提出的，它克服了用火焰原子化器时灵敏度低的缺点。石墨炉原子化器的实质就是石墨电阻加热器，它是利用大电流加热高阻值的石墨管，产生高温，温度可达 3000℃，使置于其中的少量试液或固体试样熔融，可获得瞬态自由原子。

（1）结构。

虽然有多种形式的电热原子化器，但商品中通用的是采用石墨制成的圆筒形管，称为石墨炉。石墨炉装置一般包括石墨管、炉体和电源三大部分，如图 4-7 所示。

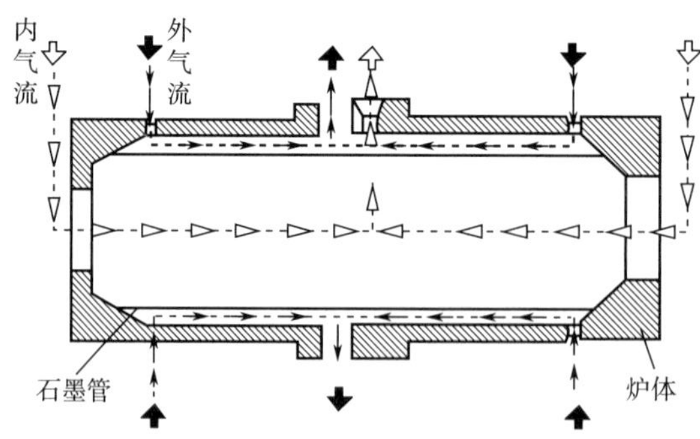

图 4-7 高温石墨炉装置示意图

①石墨管。目前商品仪器所用的石墨管的尺寸一般长为28mm，外径为8mm，内径为6.5mm，管中央开一小孔，用于试样的注入和使保护气体通过。

②电源。使用交流电源，电压较低，一般8~12V；电流较大，一般为300~450A。电源提供的电流稳定以保证炉温恒定。它是通过炉体将电能传递给石墨管。

③炉体。炉体与石墨管间的接触必须良好。为了使石墨在高温下不被氧化，炉体必须设有通惰性气体的气路保护系统；为了炉体温度不致很高及断电后可很快降至室温，炉体还设有水冷却系统。保护气体一般为Ar。气路保护系统由内外保护气路组成。外气路中Ar是保护石墨管不被高温烧蚀；内气路中惰性气体从管两端流向管中心，然后由管中心孔处流出，这样可以有效地使基体蒸气除去，并保护了基态自由原子不再被氧化。但是在原子化阶段应该停止通气，这是为了延长原子在吸收区内的平均停留时间，并且可以避免对原子蒸气的稀释。

（2）操作程序。使用石墨炉时，样品通常以溶液形式（1~100μL）引入石墨管中，在惰性气体气氛中分几个升温程序进行加热。这个程序一般包括干燥、灰化、原子化及净化四步（图4-8），主要控制温度和时间。

①干燥。目的是除去溶剂，但待测物不损失，可将温度迅速升至略低于沸点，再缓慢升至略高于沸点，通常在100℃左右干燥，一般保持10~20s。

②灰化。目的是除去有机物和易挥发基体，而待测物不损失。在保证不损失待测物的情况下，尽可能选用较高温度，并保持一定时间，以使共存物尽可能多地去除掉。一般灰化温度在100~1800℃，灰化时间为10~30s。

③原子化。使被测物原子化，在保证使被测物完全或尽可能多地变成自由原子情况下，选择尽可能低的原子化温度和短的原子化时间，以便延长石墨管寿命。原子化的温度一般在1800~3000℃，原子化时间为5~10s。

④净化。在高温下，如3000℃，加热3~5s，以除去石墨管中的样品残渣，以减少和避免记忆效应。注意净化时间要短，以防止损坏石墨炉，净化后对石墨炉进行冷却。

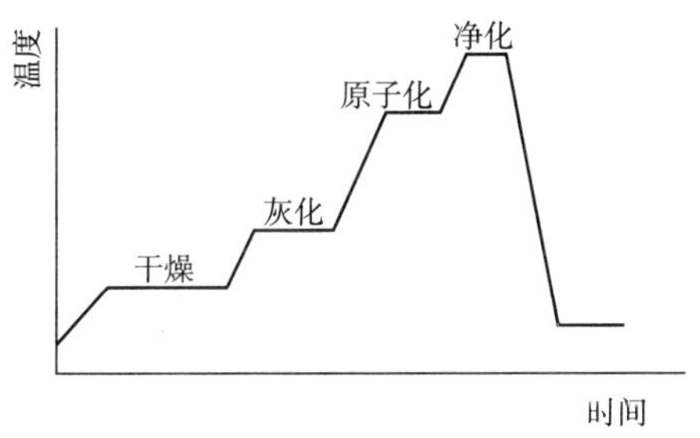

图4-8　石墨炉程序升温示意图

普通石墨管有易形成碳化物、寿命短、样品易渗入管内等缺点，为了改进分析性能，现常使用热解涂层石墨管，通过在高温下向管内通 CH_4 和 N_2，可在管壁上沉积一层C而制得热解涂层石墨管。热解涂层石墨管寿命更长，样品不易渗入管壁，但仍可形成碳化物。

（3）石墨炉原子化法特点。

与火焰原子化法相比，它的主要优点有以下几点。

①检测限低，灵敏度高。因气态被测物原子在石墨炉中平均停留时间比在火焰中长100~

1000 倍，原子化的效率高。

②用样量少。液体试样 5~100μL（火焰一般是 1mL），固体样品 20~40μg。

③可分析固体、悬浮体。对于火焰法来说，直接进行固体粉末分析是较难实现的。

石墨炉原子化法的不足之处是测量精密度较低，相对标准偏差一般为 2%~5%，而火焰法的一般<1%；基体干扰比火焰法严重；记忆效应比较严重；背景吸收较大。另外，石墨炉操作也不及火焰法简便快速，石墨管的使用寿命有限，质量也不很稳定。

4.2.2.3 化学原子化

化学原子化又称低温原子化，它是通过化学反应将样品溶液中的待测元素转变成易挥发的金属氢化物或低沸点纯金属，这样可使该元素在较低温度下实现原子化。常用的有氢化物原子化法和汞低温原子化法。

（1）氢化物原子化法。

适用于测定易形成氢化物的元素，如 Ge、Sn、Pb、Bi、As、Sb、Se、Te 等。这些元素在常温酸性介质中能被强还原剂 $NaBH_4$ 还原，生成极易挥发、易分解的氢化物，如 AsH_3、SnH_4、TeH_4 等。然后用载气将氢化物引入火焰原子化器或电热原子化器中，可以在较低温度下（<1000℃）实现原子化。

该法的一个显著特点是还原效率可达 100%，被测元素转化为氢化物后全部进入原子化器，测定灵敏度高；样品中的基体不被还原，对测定的影响很小。此原子化法的实现大大提高了原子吸收光谱法的应用范围。

（2）汞低温原子化法。

可以测定元素汞。因为汞在常温下有一定的蒸气压，沸点低（357℃），可用空气直接将经过化学预处理（汞离子还原为金属汞）后的汞蒸气送入吸收池内测定其吸光度。这就是环境监测中测定水中有害元素汞时常用的冷原子吸收法。现已有专门的测量仪器出售。

4.2.3 分光检测系统

分光系统的色散元件为棱镜或光栅，目前商品仪器都是用光栅作色散元件，其作用是将待测元素的分析线与邻近的谱线分开。转动光栅，各种波长的单色谱线按顺序从出射狭缝射出，被检测系统接收。

4.2.4 原子吸收光谱仪的类型

按光束形式分类，原子吸收光谱仪可分为单光束型、双光束型，按通道数目分类，又有单道、双道之分。单道是指仪器只有一个单色器和一个检测器，只能同时测定一种元素，而双道是指由两个光源，两套独立的单色器和检测系统，能同时测定两种元素。目前最常见的原子吸收光谱仪为单道单光束、单道双光束两种类型。

4.2.4.1 单道单光束型

早期生产的原子吸收光谱仪一般都是单道单光束型。来自光源的特征辐射通过火焰原子化器，部分辐射被基态原子吸收，透过部分经分光系统，使所需的辐射通向检测器，将光信号变成电信号并经放大而读出。

该类型仪器结构简单、操作方便，价格低廉，能满足日常分析工作的要求。缺点是不能消除光源波动引起的基线漂移，使用前空心阴极灯要预热一段时间，并在测量时经常校正零点。

4.2.4.2 单道双光束型

单道双光束型仪器现在使用较多，基本结构如图 4-9 所示。双光束是指从光源发出的光被可交替反射和透射光的切光器 1 分成两束强度相等的光，反射束为样品光束，经原子化器被基态原子部分吸收，透射束为参比光束，不通过原子化器，光强度不被减弱，两光束不是同时到达切光器 2，而是顺序交替到达切光器 2，而后又顺序交替地经分光系统后进入检测器，检测器系统将按接收到的信号进行同步检波放大，最后在显示器或记录仪上读出两光束信号比。单道双光束型仪器由于两束光均由同一光源发射，检测器的信号是对两束光进行比较的结果，因此校正了光源及检测器不稳定引起的输出信号的不稳定。但由于参比光束不通过原子化器，原子化器不稳定无法校正。

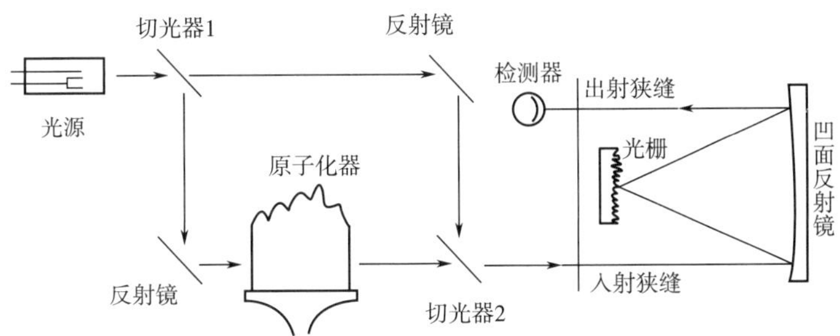

图 4-9　单道双光束型原子吸收光谱仪的光学系统

4.3 定量分析

原子吸收光谱法主要用于元素的定量分析，分析时要首先了解原子吸收光谱分析法的性能指标，才能在正确的操作条件下，获得准确的分析结果。

4.3.1 分析性能指标

4.3.1.1 灵敏度

灵敏度表示被测元素浓度或质量改变 1 个单位所引起的测量信号的变化，即分析校准曲线的斜率。但是在原子吸收光度分析中，常用特征浓度或特征质量来表征灵敏度。特征浓度或质量是指能产生 1%吸收时所对应的待测元素的浓度 c 或质量 m。

吸光度 A 与被测组分的含量 c 或质量 m 之间的关系符合吸收定律，见式（4-24）：

$$A = k_c c \text{ 或 } A = k_m m \tag{4-24}$$

其中，c 的单位为 μg/mL、ng/mL 或 pg/mL；m 的单位为 μg、ng 或 pg。当产生 1%吸收时：

$$A = \lg \frac{I_0}{I_t} = \lg \frac{100}{99} = 0.0044 \tag{4-25}$$

即：

$$A = 0.0044 = kS_A \tag{4-26}$$

$$S_A = \frac{0.0044}{k} \tag{4-27}$$

S_A 有特征浓度 S_c 和特征质量 S_m 之分，分别可表示为：

$$S_c = \frac{0.0044}{k_c} \tag{4-28}$$

$$S_m = \frac{0.0044}{k_m} \tag{4-29}$$

显然，特征浓度或特征质量越小，测定的灵敏度越高。

例题

用某一原子吸收分光光度计测定 Mg 的灵敏度，若用浓度为 2.0μg/mL 的水溶液，测得的吸光度为 0.3011，试计算 Mg 的特征浓度。

解：因为 $A = k_c c$

所以 $k_c = \frac{A}{c} = \frac{0.3011}{2.0} = 0.1505$（mL/μg）

特征浓度的表达式为：

$$S_c = \frac{0.0044}{k_c}$$

故

$$S_c = \frac{0.0044}{k_c} = \frac{0.0044}{0.1505} = 0.0292\ \mu g/mL$$

4.3.1.2 检出限

检出限是指能以适当的置信度被检出的待测元素的最低浓度或含量。检出限的定义是指能产生 3（或 2）倍噪音信号所对应的待测物的浓度或质量。也可以这样认为，在原子吸收光谱分析中，待测元素的吸收信号等于空白溶液测量标准偏差的 3（或 2）倍时对应的浓度（c_L）或质量（m_L）。

检出限不但与仪器的灵敏度有关，还与仪器的稳定性（噪声）有关，它比灵敏度的意义更为明确，使反映分析方法和仪器性能的综合指标。从使用角度看，提高仪器的灵敏度，降低噪声，是降低检出限，提高信噪比的有效手段。表 4-3 列出了一些元素的检出限（c_l 和 m_l）和特征量（S_c 和 S_m），表 4-3 的检出限是按照能产生相当于 2 倍空白标准偏差的吸光度所对应的数值。

表 4-3 原子吸收法的检出限和特征浓度

元素	λ/nm	火焰法		石墨炉法	
		S_c/ng·mL^{-1}	c_L/ng·mL^{-1}	S_m/pg	m_L/pg
Ag	328.1	30	3	2	0.2
Al	309.3	340	30	10	2
As	193.7	500	200	20	10
Au	242.8	80	20	10	10
Ca	422.7	20	1	1	0.5
Cd	228.8	9	1	0.5	0.2

续表

元素	λ/nm	火焰法		石墨炉法	
		$S_c/ng\cdot mL^{-1}$	$c_L/ng\cdot mL^{-1}$	S_m/pg	m_L/pg
Cr	357.9	40	4	6	0.6
Cu	324.8	25	2	3	12
Fe	248.3	50	6	10	5
Hg	253.6	4000	500	200	100
Mg	285.2	3	0.2	0.4	0.04
Mn	278.5	20	2	1	0.2
Mo	313.3	20	5	20	5
Na	589.0	5	0.2	1	0.4
Ni	232.0	50	3	20	10
Pb	217.0	60	8	5	2
Sn	235.5	720	15	40	100
V	318.4	500	25	100	20
Zn	213.9	10	1	0.2	0.1

4.3.1.3 线性范围

原子吸收光谱法的线性范围一般为2~3个数量级。在吸光度为1.5~2.0时呈平台。造成非线性的原因主要有吸收系数的变化、杂散辐射、待测原子密度的非均匀性等。

4.3.1.4 精密度

火焰原子吸收法的精密度一般小于1%，而石墨炉原子吸收法的精密度一般为2%~5%。

4.3.2 分析方法

在原子吸收分析中常用标准曲线法和标准加入法进行定量分析。

4.3.2.1 标准曲线法

标准曲线法又称为工作曲线法，该法适用于对样品比较了解，且样品组成比较简单的情况。用纯物质配制一系列浓度合适的标准溶液，用试剂空白溶液作参比，在选定的操作条件下，将标准溶液由低浓度到高浓度依次引入原子化器中，分别测出各溶液的吸光度A，以A为纵坐标，被测元素浓度c为横坐标，绘制$A-c$标准曲线；然后在相同条件下，引入含待测元素的试样溶液，测定其吸光度，从标准曲线上查出该吸光度所对应的浓度，从而求得试样中被测元素的含量。标准曲线最好为直线过原点，但也可不过原点，不是直线。使用标准曲线法时应尽量使分析样品时的操作条件与系列标准溶液时的操作条件相同，且标准系列溶液与未知试样溶液的基体组成应尽量一致；标准溶液的浓度应适当，尽可能使吸光度在0.2~0.8之间，保证测量的相对误差较小，而且应使待测组分的吸光度值处于标准曲线的直线部分内；在分析样品时应随时对标准曲线进行校正，以减少由于实验条件变化对测定的影响。

4.3.2.2 标准加入法

当试样组成复杂，共存成分有干扰，无法配制与试样组成相匹配的标准试样时，可使用标准加入法。此法的优点是能够消除基体效应。标准加入法可分为加一次标准加入法和曲线外推法。

（1）单点标准加入法。

首先取未知浓度（c_x）的待测试液 V_x 进行原子吸收测定，得到其吸光度为 A_x；然后加入浓度为 c_s、体积为 V_s 的被测物质的标准溶液，在与上相同的条件下，再次进行测定，测得吸光度为 A，则：

$$A_x = kc_x \tag{4-30}$$

$$A = k\frac{V_x c_x + V_s c_s}{V_x + V_s} \tag{4-31}$$

由上列二式求得：

$$c_x = \frac{V_s c_s A_x}{A(V_x + V_s) - V_x A_x} \tag{4-32}$$

式中，V_s、c_s、V_x 为已知，A 和 A_x 由实验测得，则 c_x 很容易求出。

（2）多点标准加入法。

将试样溶液分成体积相同的若干份，其中一份不加入被测元素的标准溶液，其余各份试样中分别加入同一浓度不同体积的被测元素的标准溶液，用溶剂稀释至相同体积，于相同实验条件下分别测它们的吸光度 A，绘制吸光度 A 对加入的被测元素浓度的曲线。如果试样中不含被测元素，在正确校正背景后，曲线应过原点；如果曲线不通过原点，说明含有被测元素，截距所对应的吸光度就是被测元素的贡献。外延曲线与横坐标轴相交，交点至原点的距离所相应的浓度 c_x，即为所求的被测元素的含量。

该方法要求相应的标准曲线是一条过原点的直线，被测元素的浓度应在线性范围内；制作标准加入法曲线的点应不少于 4 个点，且加入标准溶液的量不能过高或过低。一般使第一个标准加入所产生的吸收值为试样吸收值的 1/2 左右。

4.3.3 定量分析实验条件的选择

原子吸收光谱分析方法的灵敏度、检出限和准确度除了受仪器的性能影响之外，还与测定条件密切相关。

4.3.3.1 分析线

每一种元素都有若干条吸收谱线，实际工作中通常可选用共振线做分析线，但应视实验需要而定，有时也选择次灵敏线作为分析线。如测定元素 Zn 时，一般选择 213.9nm 的共振线，但当测定高含量的 Zn 时，为避免试样浓度过度稀释而引入误差，可选用灵敏度较低的非共振线吸收线为分析线。

4.3.3.2 空心阴极灯的工作电流

灯电流的大小直接影响放电的稳定性和光强输出。灯电流过小，透射光太弱，需提高光电倍增管灵敏度的增益，将使噪声增加。灯电流过大，发射谱线变宽，导致灵敏度下降，灯寿命缩短。空心阴极灯上都标有最大工作电流（额定电流，一般为几十毫安），选用灯电流一般原则是在保证有足够强且稳定的光强输出的条件下，尽量使用较低的工作电流。对大多数元素，日常分析的工作电流常以空心阴极灯上标明的额定电流的 40%～60% 为工作电流。也可由实验来确定，在保持其他条件不变的情况下，改变工作电流，记录吸光度值，并绘制吸光度-灯电流的关系曲线，选择最大吸光度值所对应的最小灯电流值。

4.3.3.3 光谱通带

选择光谱通带实际就是选择单色器的狭缝宽度（$W=DS$）。调节不同的通带，测定吸光度随其的变化，当有其他谱线或非吸收光进入光谱通带内，吸光度将会减小。不引起吸光度减小的最大狭缝宽度，即为应选取的狭缝宽度。对大多数元素，光谱通带为0.4~4nm。

4.3.3.4 试液提升量

用火焰原子化器时，通常试液提升量一般选择3~6mL/min。试液提升量较小时，雾化效率高，但测定灵敏度下降；若提升量太大时，对火焰会产生冷却效应，原子化效率降低，灵敏度不会得到提高。

4.3.3.5 火焰类型

火焰类型是影响原子化效率的主要因素。不同元素可选择不同的火焰，一般原则是对易电离、易挥发的元素，可使用低温火焰，如空气—丙烷火焰；对难挥发和易生成氧化物的元素，可使用高温火焰，如氧化二氮—乙炔火焰；对其余绝大多数元素多采用空气—乙炔火焰。对于空气—乙炔火焰，大多数元素用化学计量火焰。

4.3.3.6 燃烧器的高度

光源光束通过火焰的不同部位对测定的灵敏度和稳定性有一定的影响，因此，应调节燃料器的高度，以使来自空心阴极灯的光束从自由原子密度最大的火焰区通过。试验的方法是在其他测定条件不变的情况下，引入待测元素的标准溶液，改变燃烧器高度，测定吸光度，绘制吸光度对燃烧器高度的关系曲线，找出最佳燃烧器高度。

4.3.3.7 光电倍增管的工作电压

对于光电倍增管，增加其负高压能使信号增加，但是噪声增大，稳定性差；降低负高压，会使信号降低，但可提高信噪比，测定稳定性好，并能延长光电倍增管的使用寿命。常选择的工作电压为最大工作电压的1/3~2/3范围内。

4.4 干扰及其消除方法

火焰原子吸收分析法与经典发射光谱法相比，总的来说干扰较小，分析结果的精密度与化学分析法相当。但是，在测定中有时必须了解干扰，并想办法消除这些干扰，以减小测量误差。

4.4.1 光谱干扰

光谱干扰包括谱线干扰和背景吸收干扰两大类。主要来自于光源和原子化器，也与共存元素有关。

4.4.1.1 谱线干扰

光谱通带内存在着光源发射的非吸收线（如铬空心阴极灯氢的357.7nm与铬的357.9nm吸收线）、待测元素的分析线与共存元素的吸收线相重叠（如Ge的分析线422.66nm与共存元素 Ca 的 422.67nm 吸收线重叠）以及原子化器内的直流发射等是主要的谱线干扰。为了消除谱线干扰，可采用减少狭缝宽度与降低灯电流、另选分析线以及采用对光源进行机械调制或脉冲供电等方法。

4.4.1.2 背景吸收

背景吸收是一种非待测原子的吸收，是一种非选择性吸收，主要包括分子吸收和光散射，干扰的结果往往使吸光度增大。光散射是指吸收池内未挥发的固体颗粒，会对入射光产生散射而使部分入射光未进入单色器，偏离光路而不为检测器所检测，造成假吸收。高温石墨炉在原子化过程中会生成烟雾与固体颗粒，光散射比火焰原子化器严重得多。光散射一般可通过仪器调零来解决。分子吸收是一种带吸收，常见的分子吸收有三种类型。

（1）金属化合物的分子吸收。这是由于原子化器的温度低或金属化合物难解离，使一些金属化合物仍以分子形式存在，不同分子具有不同的吸收带。当某一待测元素测定波长正好落在分子吸收带内时，必然产生干扰。

（2）无机酸的分子吸收。当波长小于 250nm 时，H_2SO_4 有较强的吸收，H_3PO_4 与 H_2SO_4 类似，也在此波长区内有强的吸收。HNO_3、HCl 和 $HClO_4$ 等无机酸即使在波长小于 250nm 处，吸收也较小。因此，在原子吸收分析中，试样处理尽量采用 HNO_3、HCl 和 $HClO_4$，而避免使用 H_2SO_4 和 H_3PO_4。

（3）火焰气体的吸收。火焰的成分主要有 N_2、CO、H_2、H_2O、CO_2、NO、CN、C_2 等。这些分子必然在一定波长处产生吸收，对测定产生干扰。虽然火焰气体吸收及引入空白试液时引起的散射和分子吸收可通过仪器调零来校正，但是由于试样中附随物所引起的背景吸收却必须通过扣除背景吸收进行校正。背景校正方法一般有邻近线背景校正法、氘灯背景校正法和塞曼背景校正法等。

①邻近非共振线背景校正法。当分析线附近的背景吸收变化不大的情况下，可采用此法。用分析线测量待测元素吸收与背景吸收的总和，在分析线邻近选择一条非共振线，非共振线不会产生待测元素的共振吸收，此时测出的是背景吸收，从总和中扣除背景吸收，就得到了待测元素的吸收值。可以选择待测元素（待测元素在非共振线处的吸收几率低，可以忽略）或其他元素的非共振线。例如，用 324.75nm 谱线测 Cu，可以用 324.75nm 的测量值（原子吸收与背景吸收的总和）减去其在 323.12nm（Cu 的非共振线）的测量值（背景吸收），就得到扣除背景后的结果。

②氘灯背景校正法。由于分子吸收和光散射属于宽带吸收，其波长范围一般远比单色器的通带宽。而原子吸收为谱线吸收，线宽只有 10^{-3}nm 数量级，单色器的通带通常选为 0.2～1.0nm，因此当空心阴极灯的辐射通过原子化器时，其辐射不仅为原子吸收，也同时为背景吸收，测定的是原子吸收和背景吸收的总吸光度 A，即：

$$A = A_a + A_b \tag{4-33}$$

式中，A_a 和 A_b 分别表示待测元素的原子吸收和背景吸收。氘灯是最常用的连续光源，当用氘灯在同一波长进行测定时，待测元素的基态原子对氘灯连续光谱的吸收可忽略不计，这时测定的吸光度 A_D 仅为背景吸收值，即：

$$A_D \approx A_b \tag{4-34}$$

因此不难得出：

$$A_a = A - A_D \tag{4-35}$$

空心阴极灯测量的吸光度值与氘灯测量的吸光度值之差就是待测元素校正了背景后的吸

光度值。氘灯校正背景法设备简单，已经得到了广泛的应用，但是仍然有一定的局限性，如在上面的推导中，假设了分析线波长处的背景吸收值与单色器通带内的平均背景吸收值近似相等，这将会带来一定的误差。

③塞曼背景校正法。当使用石墨炉原子化法时，常利用塞曼效应进行背景校正。塞曼效应是指将自由原子置于强磁场中时，自由原子的能级会发生分裂，从而其发射和吸收光的波长会改变，即可引起原子光谱线的分裂。对应于单重态跃迁的谱线的分裂最为简单，它分裂为 3 条谱线，中心的 π 线和对称分布在中心波长两侧的两条谱线 σ^+ 和 σ^-。正常塞曼效应的 π 线的波长位置与共振线完全一样，而 σ^+ 和 σ^- 线的波长位置对称分布在共振线的两侧，随着磁感应强度的增大，偏离增大。

塞曼效应扣除背景的原理是根据原子谱线的磁效应和偏振特性使原子吸收和背景吸收分离来进行背景校正。加磁场于光源，称光源调制法；也可加磁场于原子化器上，称吸收池调制法。吸收池调制法应用较广，如图 4-10（a）所示，当对原子化器施加恒定的强磁场，且使光束方向垂直于磁场，由于塞曼效应，原子吸收线分裂为 π 和 σ^+ 和 σ^- 三个组分，π 组分只能吸收与磁场平行的偏振光，而 σ^+ 和 σ^- 组分只能吸收与磁场垂直的偏振光，而且很弱。而引起背景吸收的分子，则对偏振光没有选择性，完全等同地吸收平行与垂直的偏振光。由光源发射的光通过旋转偏振器后分解为平行磁场的偏振光 $p_{//}$ 和垂直于磁场的偏振光 $p_{\perp}$。随着偏振器的旋转，两束光将交替通过原子化器，在某一时刻平行于磁场的 $p_{//}$ 通过原子化器时，在 λ_0 处被待测原子吸收线的 π 组分及背景分子吸收，测得原子吸收和背景吸收的总吸光度［图 4-10（b）］；另一时刻当 $p_{\perp}$ 通过原子化器时，由于它垂直于磁场，在 λ_0 处不被原子吸收线的 π 组分吸收，且原子吸收线的 σ^+ 和 σ^- 组分的波长已不在 λ_0 处，也不吸收 $p_{\perp}$，而仅被背景吸收［图 4-10（c）］。两次测定吸光度之差，便是校正了背景吸收之后的净原子吸收的吸光度值。

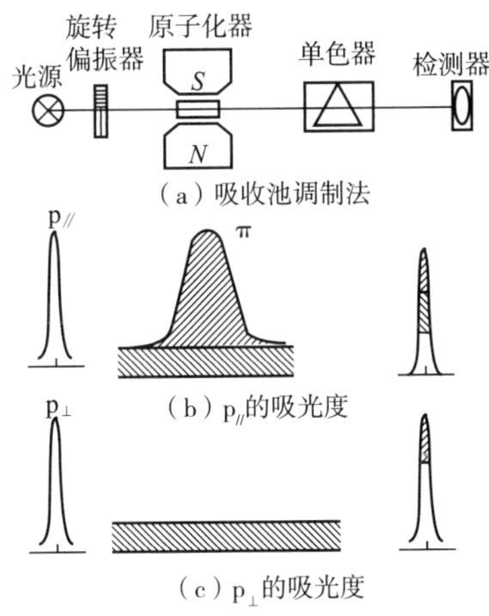

图 4-10　恒定磁场调制方式塞曼背景校正

塞曼背景校正法可以校正吸光度高达 1.5~2.0 的背景。该方法只用一个空心阴极灯，但起到两个光束的作用，可以缩小仪器的体积，操作简便。而且背景的测量恰好在分析线波长处，因此背景扣除非常有效，其准确度较高。其主要缺点是灵敏度有一定损失（大约下降 20%），且仪器设备费用较贵。

4.4.2 物理干扰

由分析试样一些物理性质发生变化而引起吸光度变化带来的干扰称为物理干扰。物理干扰是基体干扰。消除物理干扰最常用的方法是配制标准溶液时应使标准溶液的组成与分析试样组成相似，并保证测定条件一致。当无法获知待分析试样的组成时，可用标准加入法。此外，在消化处理试样时，尽可能避免使用浓度大的硫酸或磷酸。

4.4.3 化学干扰

化学干扰是指被测元素不能全部从它的化合物中解离出来或者被测元素的原子与干扰组分发生了化学反应，使原子化器中基态原子数目降低的现象。消除化学干扰可通过化学分离、使用高温火焰、加入释放剂、加入保护络合剂或缓冲剂、使用基体改进剂等方法来实现。例如，在空气—乙炔火焰中，PO_4^{3-} 干扰钙的测定，当改用 N_2O—乙炔火焰后，提高了温度，就可以消除此类干扰。例如，测定 Mg^{2+}时铝盐会与 Mg^{2+}生成 $MgAl_2O_4$ 难熔晶体，使镁难于原子化而影响测定，当向试液中加入释放剂 $SrCl_2$，其可与铝结合生成稳定的 $SrAl_2O_4$ 而将镁释放出来。在石墨炉原子吸收光谱法中，加入某种化学物质使基体形成易挥发化合物，在原子化前除去，从而避免与待测元素的共挥发，这种物质为基体改进剂。例如，硝酸铵是测定镉时消除 NaCl 基体干扰的基体改进剂，它能使 NaCl 转变成易挥发的氯化铵和硝酸钠，在灰化阶段除去加以消除。

4.4.4 电离干扰

待测元素在火焰中吸收能量后，除生成自由原子外，还可发生电离，从而使参与原子吸收的基态原子数减少，吸光度降低，这种干扰称为电离干扰。原子化器温度越高，电离干扰越严重。为抑制电离干扰，可采用降低温度的方法，还可向试液中加入消电离剂，如 1%的 CsCl（或 KCl）溶液等。

4.5 原子荧光光谱法

1964 年，Winefordner 首先提出了原子荧光光谱法。原子荧光光谱法是通过测量原子蒸气在特定波长光激发下所产生的荧光发射强度来测物质含量的一种方法。虽然原子荧光光谱法是一种发射光谱分析法，但它与原子吸收光谱法密切相关，所用仪器与原子吸收光谱仪相近，所以在本章讨论。

原子荧光光谱法的主要特点是灵敏度高、谱线简单、线性范围宽和可进行多元素同时测定等。但它的应用不如原子发射光谱法和原子吸收光谱法广泛。

4.5.1 基本原理

4.5.1.1 荧光分类

原子荧光是原子吸收光子后被激发到较高能态，经约 10^{-8}s 后，又跃迁回到低能态所发射的光。常见的原子荧光有共振荧光、直跃线荧光、阶跃线荧光和敏化荧光等类型。

（1）共振荧光。

原子吸收光子后，从低能态跃迁到高能态，并以直接跃迁方式回到较低能态而辐射的光，叫共振荧光。特征是原子被激发和发射所涉及的上下能级都相等，产生过程如图 4-11（a）所示，荧光的波长与入射光的波长相同。

（2）直跃线荧光。

当涉及激发和发射的上能级相同而下能级不同时，会发生直跃线荧光，如图 4.11（b）所示。如果 $\lambda_{激发} < \lambda_{荧光}$，称为 Stokes 直跃线荧光；如果 $\lambda_{激发} > \lambda_{荧光}$，称为反 Stokes 直跃线荧光。

（3）阶跃线荧光。

当荧光的上能级与激发的上能级不同时，所对应的荧光称为阶跃线荧光。产生过程如图 4-11（c）所示。阶跃线荧光也是根据 $\lambda_{激发}$ 与 $\lambda_{荧光}$ 的相对长短分为 Stokes 阶跃线荧光和反 Stokes 阶跃线荧光。

（4）敏化原子荧光。

A 原子被光激发到激发态后，并非发出荧光回到基态，而是与 B 原子发生非弹性碰撞，将激发能转移给 B 原子，并使其激发，B 原子随后发射的荧光称为敏化荧光。这一过程可用表示为式（4-36）~式（4-38）：

$$A+h\nu=A^{*} \tag{4-36}$$

$$A^{*}+B=B^{*}+A \tag{4-37}$$

$$B^{*}=B+h\nu \tag{4-38}$$

共振荧光最强，分析时常用。敏化荧光很少用于分析。

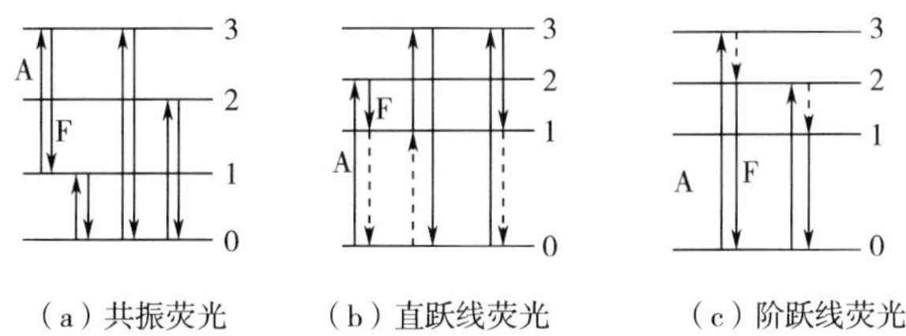

图 4-11 原子荧光的类型

A—吸收 F—荧光，虚线表示无辐射跃迁

4.5.1.2 荧光强度

照射到原子蒸气上的入射光强度为 I_0，透过光的强度为 I_t，荧光强度为 I_f。

I_t 的方向与激发光束 I_0 的方向相同，而 I_f 向四周发射，除入射激发光方向外，可在任何方向检测 I_f，但一般在与激发光束成直角方向进行的检测。

I_f 与吸收光强度 I_a 的关系为，见式（4-39）：

$$I_f = \phi I_a = \phi(I_0 - I_t) \tag{4-39}$$

式中，ϕ 为荧光量子效率，其定义为式（4-40）：

$$\phi = \frac{\phi_F(\text{发射的荧光光子数})}{\phi_A(\text{吸收激发光的光子数})} \tag{4-40}$$

将（4-16）代入式（4-39），并根据式（4-11），$K_0 = an_i$，且常检测基态原子，$n_i = n_0$，所以 $K_0 = an_0$ 则得到式（4-41）：

$$I_f = \phi(I_0 - I_0 e^{-an_0 l}) = \phi I_0(1 - e^{-an_0 l}) \tag{4-41}$$

基于数学公式 $1-e^{-x}=x$（$x\to 0$），当 $n_0 l\to 0$ 时，且根据 $n_0\approx n_t$ 和 $n_t=bc$，式（4-41）可

简化式（4-42）：

$$I_f = \phi I_0 a n_0 l = I_0 a' n_0 = a'' n_0 = a'' n_t = a'' bc = kc \quad (4-42)$$

式中，a′、a″、b、k 均为常数，n_t 为能吸收光的总原子密度。式（4-16）说明，只有在低浓度条件下，I_f 与被测物浓度成正比。

4.5.2 仪器装置

原子荧光光谱仪的仪器结构和许多部件与原子吸收光谱仪并无本质差异，如原子化器、检测器、切光器等，主要不同之处在于以下 3 点。

（1）对于原子荧光光谱仪，光源、原子化器与分光检测系统不在一条直线上。原子荧光光谱仪的光源、原子化器与分光检测系统一般成直角配置，如图 4-12 所示，这主要是为了避免光源对检测原子荧光信号的影响。而原子吸收光谱仪的光源、原子化器与分光检测系统在一条直线上。

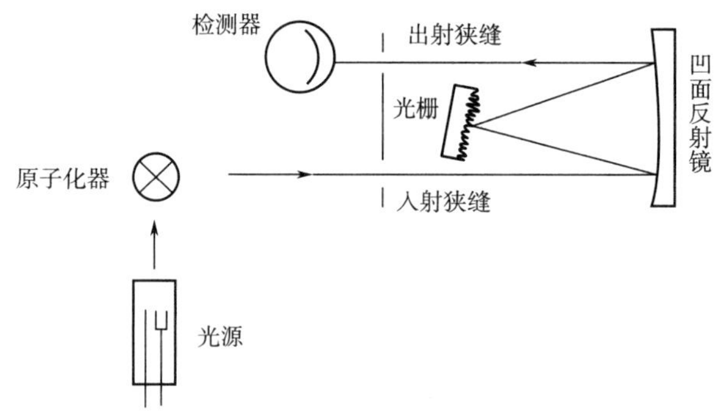

图 4-12　原子荧光光谱仪示意图

（2）光源应具有更高的发光强度和稳定性。如式（4-42）所示，原子荧光的强度与照射的激发光强度成正比，因此仪器需要使用高强度的光源，如高强度空心阴极灯，以增加荧光信号，提高灵敏度。

（3）原子荧光光谱仪对分光系统的要求不高，甚至可不用光栅，而用非色散型滤光片。这是因为在原子光谱分析中，光谱干扰的顺序为：原子发射光谱法>原子吸收光谱法>原子荧光光谱法。所以，原子荧光对分光系统的要求不像原子吸收和原子发射光谱法那样高。

4.5.3 应用

原子荧光光谱分析法具有很高的灵敏度，校准曲线的线性范围也较宽。对于低浓度的待测物，荧光强度与待测元素的含量成正比，可采用标准曲线法进行定量分析，能进行多元素同时测定，因此在冶金、地质、石油、农业、生物医学、地球化学、环境化学等各个领域获得了广泛的应用。

企业应用案例

课后习题

(1) 原子吸收光谱仪测定铍灵敏度时，若配制铍浓度为 2.00μg/mL 的水溶液，测得其透光率为 35%，试计算铍的灵敏度。

(0.0193μg/mL)

(2) A 和 B 两个分析仪器厂生产的原子吸收光谱仪，对浓度为 0.200μg/mL 的镁标准溶液进行测定，吸光度分别为 0.042、0.056。试问哪一个厂生产的原子吸收光谱仪测定 Mg 的特征浓度低。

(B)

(3) 用原子吸收光谱法测定铅含量时，以 0.10μg/mL 质量浓度的铅标准溶液测得吸光度为 0.24，连续 11 次测得空白值的标准偏差为 0.012，计算检出限。

(0.015μg/mL)

(4) 平行称取两份 0.500g 金矿试样，经溶解后，向其中的一份试样加入 1.00mL 浓度为 5.00μg/mL 的金标准溶液，然后向每份试样都加入 5.00mL 氢溴酸溶液，并加入 5.00mL 甲基异丁酮，由于金与溴离子形成络合物而被萃取到有机相中。用原子吸收法分别测得吸光度为 0.37 和 0.22。求试样中金的含量（μg/g）。

(14.7μg/g)

(5) 用原子吸收光谱法测定某溶液中 Cd 的含量时，测得吸光度为 0.141。在 50.00mL 这种试液中加入 1.00mL 浓度为 1.00×10^{-3}mol/L 的 Cd 标准溶液后，测得吸光度为 0.235，而在同样条件下，测得蒸馏水的吸光度为 0.010，试求未知液中 Cd 的含量和测定 Cd 的特征浓度。

(2.66×10^{-5}mol/L，5.20×10^{-7}mol/L)

(6) 用原子吸收光谱法测定矿石中的钼含量。制备的试样溶液每 100.00mL 含矿石 1.23g，而制备的钼标准溶液每 100.00mL 含钼 2.00×10^{-3}g，取 10.00mL 试样溶液于 100.00mL 容量瓶中，另一个 100.00mL 容量瓶中加入 10.00mL 试样溶液和 10.00mL 钼标准溶液，用水移至刻度后摇匀，测得吸光度分别为 0.421 和 0.863，求矿石中钼的含量。

(0.155%)

(7) 用石墨炉原子吸收光谱法测定食品中稀土元素镧。称取试样 10.000g，经处理后，稀释至 100.00mL。取 10.00mL 试样溶液放入 50.00mL 容量瓶中，稀释至刻度。在另一个 50.00mL 容量瓶中，加入 9.00mL 试样溶液和 1.00mL 10.00μg/mL 的标准镧溶液，稀释至刻度。分别测定吸光度为 0.288 和 0.626。计算食品试样中镧的含量。

(7.85×10^{-4}%)

(8) 用原子吸收光谱法测定自来水中的镁。取不同体积镁标准溶液（1.00μg/mL）及 20.00mL 自来水样于 50.00mL 量瓶中，分别加入 5%锶盐溶液 2.00mL 后，用蒸馏水稀释至刻度。然后与蒸馏水交替进行测量其吸光度。数据如下表所示，求自来水中镁的含量（mg/L）。

指标	1	2	3	4	5	6	7
镁标准溶液体积/mL	0.00	1.00	2.00	3.00	4.00	5.00	自来水样 20.00mL
吸光度	0.043	0.092	0.140	0.187	0.234	0.234	0.135

(0.0955mg/L)

（9）用原子吸收光谱法分析 0.0500mg/L 的 Co 标准溶液，用石墨炉原子化器的原子吸收光谱法，每次以 5.0μL 标准溶液与去离子水交替连续测，共测 10 次，测得吸光度如下表。计算该原子吸收光谱法测 Co 的检出限。

测定次数	1	2	3	4	5
吸光度	0.165	0.170	0.166	0.165	0.168
测定次数	6	7	8	9	10
吸光度	0.167	0.168	0.166	0.170	0.167

（8.22×10^{-3} ng）

（10）用标准加入法测定样品溶液中 Ca 的浓度，标准溶液中 Ca 的浓度为 0.100mg/mL，实验中测得数据如下。试计算样品溶液中 Ca 的浓度。

溶液	*A*	溶液	*A*
5.00mL 样品稀释至 50.00mL	0.475	5.00mL 样品+3.00mL 标准，稀释至 50.00mL	1.150
5.00mL 样品+1.00mL 标准，稀释至 50.00mL	0.699	5.00mL 样品+4.00mL 标准，稀释至 50.00mL	1.375
5.00mL 样品+2.00mL 标准，稀释至 50.00mL	0.922	5.00mL 样品+5.00mL 标准，稀释至 50.00mL	1.597

（0.042mg/mL）

（11）简述空心阴极灯的放电机理。

（12）在原子吸收光谱仪中为什么不采用连续光源（如钨丝灯或氘灯），而在紫外—可见分光光度计中则可采用连续光源？

（13）原子化器的种类有哪些？与火焰原子化器相比石墨炉原子化器有哪些优点？

（14）试比较原子吸收光谱仪与原子荧光光谱仪的异同点。

（15）原子吸收光谱仪中，若产生下述情况而引致误差，应采用什么措施来降低或消除？

（a）光源强度变化引起基线漂移；

（b）火焰发射的辐射进入检测器（发射背景）；

（c）待测元素吸收线和试样中共存元素的吸收线重叠。

5 紫外可见吸收光谱法

本章资源

紫外—可见分光光度法（UV-vis）是目前世界上历史最悠久、使用最多、覆盖面最广的分析方法之一。它已在生命科学、材料科学、环境科学、农业科学、计量科学、食品科学、医疗卫生、化学化工等各个领域的科研、生产、教学等工作中得到了非常广泛的应用。它可作定性定量分析、纯度分析、结构分析；特别在定量分析和纯度检查方面，在许多领域更是必备的分析方法，特别是在食品等行业中的产品质量控制。随着人们生活水平的提高，保障食品安全和人民身体健康，已经成为大众关注的焦点。近年来，随着一些食品安全事件的曝光，食品安全问题受到广泛关注。目前，我国食品安全问题主要表现在食品掺假制假、食品添加剂与非法添加物的滥用，残留农（兽）药、微生物、重金属等有害物质的含量超标，以及食品加工过程产生的毒素等几个方面，食品安全分析是其中一项重要内容。随着分析试剂的发展，尤其是具有识别能力的特效显色剂以及金属离子显色剂等的发展，使得可见区的分光光度食品分析法将可能出现一个迅速发展阶段。另外，随着化学计量学的发展，将化学计量学方法应用于食品光度分析，将是解决多组分测定以及复杂样品快速测定的有效途径。采用 UV-vis 结合偏最小二乘法建立大米和自来水中福美锌、福美铁和代森锰等 3 种杀菌剂的测定方法，并用 UV-vis 结合人工神经网络建立苯甲酸钠等 6 种食品添加剂的含量分析方法。采用 UV-vis 结合偏最小二乘回归建立合成色素柠檬黄和日落黄的分析方法。这些研究使得 UV-vis 的应用领域进一步扩大。总之，紫外可见分光光度法基本可以满足广大中小食品企业食品检测分析的需要。随着科学技术的发展，紫外可见分光光度计还可和其他分析仪器联机，使其应用范围更加广泛，能在更多的领域发挥作用。

5.1 比尔定律

5.1.1 吸光度与被测物浓度的关系

当一束单色光透过一厚度为 b 的介质后，光的强度 I_v 被减弱的程度可表示为：

$$dI_v = -k_v I_v db \tag{5-1}$$

式中，k_v 为比例系数，与入射光频率有关。经过厚度为 b（吸收光程）的介质后，入射光强度为 $(I_v)_0$ 被减弱，而透射光的强度为 $(I_v)_t$，$(I_v)_t$ 和 $(I_v)_0$ 的关系可通过积分上式得到式（5-2）和式（5-3）：

$$\int_{(I_v)_0}^{(I_v)t} dI = \int_0^b -k_v I_v db \tag{5-2}$$

$$(I_v)_t = (I_v)_0 e^{-k_v b} \tag{5-3}$$

这就是在上一章讨论原子吸收光谱时导出的吸收定律式（4-2）。在原子吸收光谱法中，k_v 与气相中被测原子密度的关系一般要在理论上进行推导。这一吸收定律同样适合于分子吸收，但在分子吸收光谱法中，k_v 与被测物在溶液中的浓度关系一般不进行理论推导而直接利用 $k_v = k'_v c$，k'_v 与浓度无关，将此 k_v 代入式（5-3）得到式（5-4）：

$$(I_v)_t = (I_v)_0 e^{-k_v bc} \tag{5-4}$$

这就是比尔（Beer）定律。应用此比尔定律的前提是所照射的光是单色光。但在紫外可见光谱的测量中，所用的光源为连续光源，即进行吸收测量的入射光为复色光，设入射光的强度为 I_0，透射光的强度为 I_t，则可得式（5-5）和式（5-6）：

$$I_0 = \int_{\nu_1}^{\nu_2} (I_v)_0 \mathrm{d}v \tag{5-5}$$

$$I_t = \int_{\nu_1}^{\nu_2} (I_v)_t \mathrm{d}v \tag{5-6}$$

在原子吸收测量中，入射光和透射光的积分强度所涉及的频率范围实际上应当包括光源发出的光谱线所涉及的整个频率范围，因为谱线很窄。但在紫外可见光谱测量中，积分强度所涉及的频率范围应从 ν_1 至 ν_2，因为用连续光源，光源所发射的是连续光谱，只能通过调节光谱仪的狭缝宽度来控制分子吸收光谱测量所涉及的光谱频率范围。将式（5-4）两边积分见式（5-7）：

$$\int_{\nu_1}^{\nu_2} (I_\nu)_t \mathrm{d}v = \int_{\nu_1}^{\nu_2} (I_\nu)_0 e^{-k'_v bc} \mathrm{d}v \tag{5-7}$$

分子吸收谱是带光谱，谱带较宽，在一定频率范围内，特别是在吸收峰所对应的频率范围内，k'_v 可看作常数，用 k 来表示，见式（5-8）和式（5-9）：

$$\int_{\nu_1}^{\nu_2} (I_\nu)_t \mathrm{d}v = e^{-kbc} \int_{\nu_1}^{\nu_2} (I_\nu)_0 \mathrm{d}v \tag{5-8}$$

$$I_t = I_0 e^{-kbc} \tag{5-9}$$

在吸收光谱测量中，更普遍的是测量吸光度（A）和透光率（T），因为在实验中，I_0 和 I_t 是可以测得的量，见式（5-10）和式（5-11）：

$$A = -\lg T = -\lg \frac{I_t}{I_0} = \lg \frac{I_0}{I_t} = \lg \frac{\mathrm{I}_0}{I_0 e^{-kbc}} = \lg e^{kbc} \tag{5-10}$$

$$A = 0.434kbc = abc \tag{5-11}$$

式中，c 为浓度，当 c 的单位为 g/L 和 b 的单位为 cm 时，a 叫作吸收系数，其单位为 L/（g · cm）；当 c 的单位为 mol/L 和 b 的单位为 cm 时，a 用 ε 表示，叫摩尔吸收系数，单位为 L/（mol · cm）。这就是在分子吸收光谱中比尔定律常见的表达式。这一定律说明吸光度 A 不仅与光程长度 b 有关，而且与被测物浓度有关，是分子吸收光谱法定量分析的基础。当 a 用 ε 表示时，比尔定律表示为式（5-12）：

$$A = \varepsilon bc \tag{5-12}$$

这是一个常用的公式。

吸收光谱法定量分析的基础是吸收定律。吸收定律成立的基础是照射光为单色光，但在实验上，很难满足这一条件。为了在实际中应用吸收定律，在原子吸收光谱法中，应用窄线光源。由第 4 章讨论可知，在原子吸收光谱中，吸收系数不仅与被测物的密度有关，而且与谱线的线型函数有关，由于线型函数是吸收系数随波长变化的函数，且原子吸收光谱线很窄，在谱线波长范围内，吸收系数随波长的变化有很大的变化，所以在原子吸收光谱中，要用窄线光源，使吸收系数在测量波长范围内为常数，不随波长而变。而在分子吸收光谱法中，吸收系数与被测物浓度无关，且由于分子吸收光谱是一谱带，谱带很宽，在这一谱带中吸收系

数 a 或 ε 在较宽波长范围内可视为常数，所以可以采用连续光源，而用光谱仪狭缝来控制入射光的波长范围，从而使吸收系数在这一波长范围内可视为一常数，不随波长而变。这也说明，吸收定律虽然是在假设单色入射光的条件下成立的，但可通过控制在入射光的波长范围内吸收系数为常数来应用吸收定律。

5.1.2 吸光度的加和性

用一束波长为 λ 强度为 I_0 的光照射试液，若试液中不仅一种物质在此波长下吸收光，而有多种物质同时在此波长下吸收光，则由于第一种物质吸收光使光减弱后，透射光强度为 I_t^1，同样由于第二、第三等物质吸收光后，使强度分别减弱至 I_t^2、I_t^3 等，那么，由于各种物质吸收光而使透光率分别为 $T_1 = \frac{I_t^1}{I_0}$、$T_2 = \frac{I_t^2}{I_0}$、$T_3 = \frac{I_t^3}{I_0}$ 等，总的透光率 T 当然等于各透过率的乘积，见式（5-13）~式（5-15）：

$$T = T_1 \times T_2 \times T_3 \cdots \times T_n \tag{5-13}$$

$$-\lg T = -\lg T_1 \times T_2 \times T_3 \cdots \times T_n = -\lg T_1 - \lg T_2 - \lg T_3 \cdots - \lg T_n \tag{5-14}$$

$$A = A_1 + A_2 + A_3 \cdots + A_n \tag{5-15}$$

这就是吸光度的加和性。

5.1.3 比尔定律应用的局限性

比尔定律是根据一些假设建立的。这些假设包括入射光线是平行和单色的、吸收粒子（分子、原子、离子）的吸收行为是独立的以及吸收介质是均匀的且不散射光。由式（5-12）可知，吸光度与试液中被测物浓度和光程长度成正比，当吸收池厚度固定，以吸光度对浓度作校准曲线，应当得到一条过原点的直线。但有时发现此校准曲线呈非线性或不过原点。这是由于所用测量条件使导出比尔定律的一些假定失效而造成的。产生非零截距的主要原因是使用不适当的参比造成的，因参比由参比池及其中的参比液构成，这二者在使用上要适当，才可使截距为零。产生非线性的原因主要有下列几种。

5.1.3.1 化学平衡

在比尔定律中，c 常常指的是待测物的分析浓度（总浓度），且认为待测物为一种形态，即使有几种形态，这些形态也应有相同的 ε。但若待测物有两种以上形态，且各种形态的 ε 不一样，那么就会观察到校准曲线偏离线性。例如，一个经典的例子是 Cr（Ⅵ）在水溶液中存在下列平衡：

$$Cr_2O_7^{2-} + H_2O \rightleftharpoons 2HCrO_4^- \rightleftharpoons 2H^+ + 2CrO_4^{2-}$$

由于 $Cr_2O_7^{2-}$、$HCrO_4^-$ 和 CrO_4^{2-} 在大多数波长处 ε 不相同，在某一固定波长处检测，即使严格地控制 pH，但由于上述平衡与 Cr（Ⅵ）的分析浓度有关，即不同 Cr（Ⅵ）总浓度下，上述 Cr（Ⅵ）的三种形态的比例会有差别，使测得的吸光度与 Cr（Ⅵ）总浓度间的校准曲线产生非线性。

5.1.3.2 复色光

由于很难做到用单色光作光源进行吸收测量，所以要求在照射光波长范围内摩尔吸收系数相等，若 ε 不等，显然不符合比尔定律。复色光是由许多波长光组成的，为了简化，假定复色光的波长由 λ_1 和 λ_2 组成，则根据比尔定律：

$$I'_t = I'_0 10^{-\varepsilon' bc}\ (\text{在}\ \lambda_1\ \text{处})$$

$$I''_t = I''_0 10^{-\varepsilon'' bc}\ (\text{在}\ \lambda_2\ \text{处})$$

实验上可测得的量为（$I'_0 + I''_0$）和（$I'_t + I''_t$），而由此得到的吸光度 A：

$$A = \lg \frac{(I'_0 + I''_0)}{(I'_t + I''_t)} = \lg \frac{(I'_0 + I''_0)}{(I'_0 10^{-\varepsilon' bc} + I''_0 10^{-\varepsilon'' bc})} \tag{5-16}$$

显然，A 与 c 间不呈线性关系，若 $\varepsilon' = \varepsilon'' = \varepsilon$，且一般情况下 $I'_0 = I''_0$，很容易得到：

$$A = \varepsilon bc$$

此式说明当复色光中不同波长处的摩尔吸收系数相同时，A 与 c 间的关系符合比尔定律。若 $\varepsilon' \neq \varepsilon''$，吸收定律失效，$A$ 与 c 之间不呈线性关系，且 ε' 与 ε'' 之间差别（$\Delta\varepsilon$）越大，偏离线性也越大。这说明在选择吸收波长时，应注意吸收光谱的形状，以选择合适的波长。如图 5-1 所示，若选择波长 λ_1 处，则在 $\Delta\lambda_1$ 范围内 ε 基本不变，得到的校准曲线就是直线；若选择波长 λ_2，由于在 $\Delta\lambda_2$ 内，ε 变化大，得到的校准曲线就会偏离线性。一般要求 $\Delta\varepsilon/\varepsilon$ 小于 1%，且常在最大吸收波长处进行测量，因在此波长处，$\Delta\varepsilon$ 一般最小。

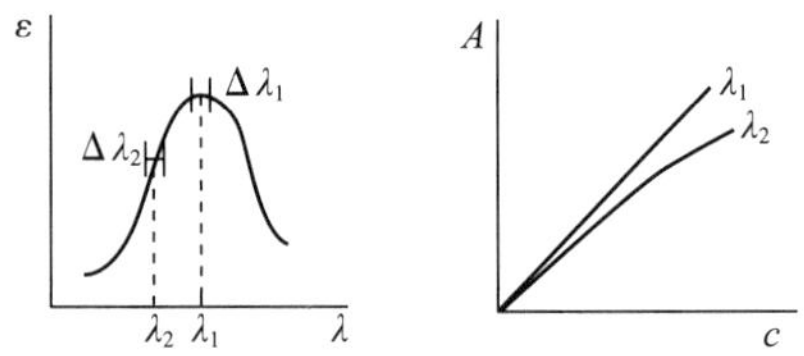

图 5-1　复色光对吸收定律的影响

此外，吸收介质不均匀和散射光等因素也会影响比尔定律的正确应用。

5.2　常用术语

5.2.1　生色团和助色团

凡能吸收紫外可见光而使电子由一个轨道（通常是含一对孤对电子的 n 轨道或成键轨道）向另一个轨道（通常是反键轨道）跃迁的基团称为生色团（或发色团）。但常常将生色团称为在 200~750nm 波长范围内吸收光的不饱和基团，如 C=O、C=N、C=C 等。助色团是在生色团上的取代基且能使生色团的吸收波长变长或吸收强度增加（常常两者兼有）的基团，助色团一般是含杂原子的饱和基团。如—Cl、—NHR、—OR、—OH、—Br 等。

5.2.2　红移和蓝移

加入基团或改变溶剂等实验条件使化合物的最大吸收波长（λ_{max}）发生变化的现象叫红移或蓝移（紫移）。红移是使最大吸收波长向长波移动（深色移动），如加入—Cl，—NH_2、—OR 基团可使最大吸收波长向长波移动。蓝移是使最大吸收波长向短波移动（浅色移动），也叫紫移，如加入—CH_3、—C_2H_6 基团可使最大吸收波长向短波方向移动。当助色团与不饱和碳碳键（如 C=C，C≡C）上碳原子相连时，$\pi-\pi^*$ 跃迁吸收带向长波方向移动，且吸收强度增加，而当助色团与含杂原子的不饱和键（如 C=O，C=N）上碳原子相连时，$n-\pi^*$ 跃迁吸收带向短波方向移动，而 $\pi-\pi^*$ 跃迁吸收带是向长波方向移动还是向短波方向移动与具体化合物有关，如 5.3.4 所讨论的酸、酯中，所涉及 $\pi-\pi^*$ 跃迁吸收带与所对应的醛、酮相比就向短波长方向移动了。

5.2.3 增色和减色效应

增色是使吸收强度增加的效应。减色是使吸收强度降低的效应。

5.3 有机化合物的吸收光谱

分子的吸收光谱基本可分为三类，即转动、振动和电子光谱。纯粹的转动光谱只涉及分子转动能级的改变，发生在远红外和微波区。振动光谱反映了分子振动和转动能级的改变，主要在0.75~50μm的波长区。分子或离子吸收光子后使电子跃迁，即产生电子光谱，常研究的电子光谱在200~750nm波长内。分子电子跃迁主要包括σ、π和n电子跃迁、d和f电子跃迁以及电荷转移跃迁。本部分重点讨论与σ、π和n电子跃迁相关的有机化合物的吸收光谱。电子光谱源于电子跃迁，但电子跃迁时必然伴随着振动和转动能级的跃迁。与电子能级相比，振动和转动能量间隔很小，加上环境对电子跃迁影响较大，所以一般观察到的电子吸收光谱不是由一系列靠得很近的吸收线组成，而是呈现为一平滑曲线，即带状吸收光谱。电子光谱的波长主要位于紫外可见波长区。电子光谱常叫作紫外可见吸收光谱。紫外可见吸收光谱常用图来表示，如图5-2所示，在短波长处，随着波长蓝移，吸收增加，但由于仪器波长范围的限制，吸收曲线在上升但未成峰的部分称为末端吸收。吸收最大的峰称为最大吸收峰，它所对应的波长为最大吸收波长（λ_{max}），相应的摩尔吸收系数为最大摩尔吸收系数（ε_{max}），吸收次于最大吸收峰吸收的吸收峰称为次峰。在吸收峰上叠加的小的吸收峰称为肩峰。相邻两峰间的吸收最低点是吸收谷，吸收谷所对应的波长为最小吸收波长（λ_{min}）。图的横坐标可用波长、波数或频率，因为频率和波数与能量成正比，所以用频率和波数做横坐标更适用于物理或物理化学的相关研究。但在与分析化学有关的书及文献中，紫外可见吸收光谱的横坐标常用波长，因波长比较直观。纵坐标可用摩尔吸收系数（ε）、lgε、吸光度（A）或透光率（T）表示，A适合于定量分析，而ε和lgε更适合于理论研究，因其值与浓度无关，用lgε时，可将强弱吸收带显示在一张图上，在分析化学中，特别是定量分析中，纵坐标常用A。描述紫外可见吸收光谱常用λ_{max}（反映吸收能量的大小）及ε_{max}（反映能级间电子能级跃迁的几率）两个参数，λ_{max}的单位常用nm，而ε_{max}的单位是L/（mol·cm）。有的需要指出吸收谷的λ_{min}和ε_{min}，这对识别一个化合物或检查物质纯度有参考价值。当然，形状也是一个描述紫外可见吸收光谱的参数，但形状很难用一个或几个具体数字来描述，一般也不像原子光谱那样用半峰宽来描述。

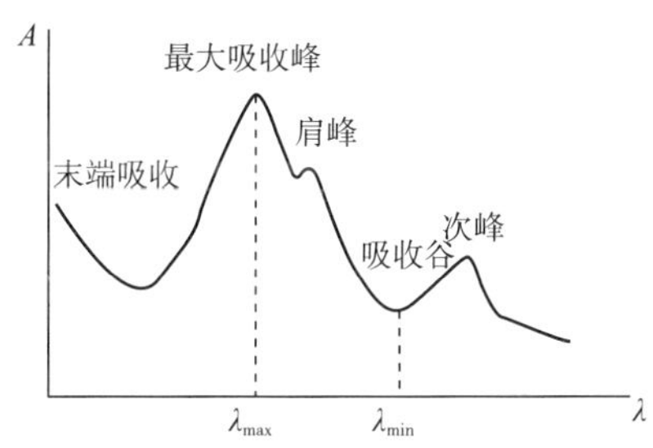

图5-2 紫外可见吸收光谱

5.3.1 有机物电子跃迁类型

基态有机化合物的价电子包括成键的σ电子和π电子以及非键的n电子，这些电子占据相应的分子轨道，也称为σ、π和n轨道。分子的空轨道包括反键σ^*轨道和反键π^*轨道，这些轨道的能量高低顺序为

$$\sigma^* > \pi^* > n > \pi > \sigma$$

吸收光子后，价电子可由低能级跃迁至高能

级，即由成键或非键轨道跃迁至反键空轨道，电子跃迁的类型见图 5-3。

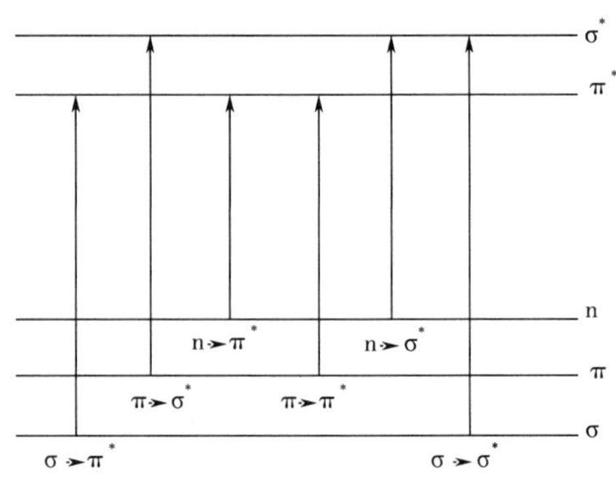

图 5-3　电子跃迁的类型

显然，可能的电子跃迁有 6 种，即 $\sigma\rightarrow\sigma^*$、$\sigma\rightarrow\pi^*$、$\pi\rightarrow\pi^*$、$\pi\rightarrow\sigma^*$、$n\rightarrow\sigma^*$ 和 $n\rightarrow\pi^*$，但其中 $\sigma\rightarrow\sigma^*$ 和 $\pi\rightarrow\pi^*$ 跃迁属于强烈允许跃迁；$n\rightarrow\sigma^*$ 和 $n\rightarrow\pi^*$ 跃迁虽然在理论上也属禁阻跃迁，而在实验上仍能观察到所对应的吸收峰，但较弱；而 $\sigma\rightarrow\pi^*$ 和 $\pi\rightarrow\sigma^*$ 属于禁阻跃迁，ε 太小，一般都不考虑。

5.3.1.1　$\sigma\rightarrow\sigma^*$ 跃迁

电子由 σ 轨道跃迁至 σ^* 轨道时，由于能级间隔大，需要吸收能量高、波长短（λ_{max} 一般小于 150nm）的远紫外光，超出了一般紫外分光光度计的测量范围。

5.3.1.2　$n\rightarrow\sigma^*$ 跃迁

电子由 n 轨道向 σ^* 轨道跃迁属禁阻跃迁，其 ε_{max} 一般不高［$\varepsilon=10^2\sim10^3$L/（mol · cm）］，其 λ_{max} 一般在 160~260nm。

5.3.1.3　$\pi\rightarrow\pi^*$ 跃迁

电子由 π 轨道向 π^* 轨道跃迁属于允许跃迁，在共轭体系中由 $\pi\rightarrow\pi^*$ 跃迁产生的吸收常称为 K 吸收带，其 ε_{max} 较高，一般大于 10^4L/（mol · cm），而 λ_{max} 一般在 200~500nm。

5.3.1.4　$n\rightarrow\pi^*$ 跃迁

$n\rightarrow\pi^*$ 跃迁属禁阻跃迁，由 $n\rightarrow\pi^*$ 跃迁产生的吸收带也称为 R 吸收带。其 ε_{max} 较小，一般在 10 至 10^2L · mol · cm^{-1} 之间，因为与其他跃迁比，电子由 n 轨道向 π^* 轨道的跃迁所需能量最低，所以吸收光的波长较长，一般在 250~600nm。所以 $n\rightarrow\pi^*$ 跃迁也是紫外可见吸收光谱常研究的对象。

5.3.2　饱和化合物

饱和烃类分子中只含有 σ 键，因此只有 $\sigma\rightarrow\sigma^*$ 跃迁。饱和烃化合物吸收峰的 λ_{max} 一般小于 150nm，如 CH_4 的 λ_{max} 为 125nm，而 C_2H_6 的 λ_{max} 为 145nm。含杂原子的饱和化合物由于有孤对电子，所以这类化合物既可发生 $\sigma\rightarrow\sigma^*$ 跃迁，也可发生 $n\rightarrow\sigma^*$ 跃迁。$n\rightarrow\sigma^*$ 跃迁吸收的能量较 $\sigma\rightarrow\sigma^*$ 跃迁吸收的能量低，因此与 $n\rightarrow\sigma^*$ 跃迁所对应的吸收峰的 λ_{max} 也更长一些。表 5-1 列出了一些 $n\rightarrow\sigma^*$ 跃迁吸收的 λ_{max} 和 ε_{max}。由表 5-1 不难看出，一般来说，含 Br、I、

N 和 S 的饱和化合物 n→σ* 跃迁吸收峰的 λ_{max} 大多位于 200nm 以上，而含 F、Cl 和 O 的不饱和化合物 n→σ* 跃迁吸收峰的 λ_{max} 一般小于 200nm。

表 5-1 一些 n→σ* 跃迁的吸收

化合物	λ_{max}/nm	ε_{max}/（$L \cdot mol^{-1} \cdot cm^{-1}$）	溶剂
CH_2F_2	97	—	蒸气
CH_3Cl	169	200	蒸气
CH_3Br	204	200	蒸气
CH_3I	258	365	蒸气
H_2O	167	1480	蒸气
CH_3OH	184	150	蒸气
$(CH_3)_2O$	184	2520	蒸气
CH_3NH_2	215	600	蒸气
$(CH_3)_3N$	227	900	蒸气
$(CH_3)_2S$	210	1020	乙醇
C_2H_5SH	193	1450	乙醇
$C_2H_5N-S-S-NC_2H_5$	258	4000	己烷

5.3.3 烯烃和炔烃

在不饱和的烃类分子中，如烯烃类分子，除含 σ 键外，还含有 π 键，可以产生 σ→σ* 和 π→π* 两种跃迁。如乙烯的 λ_{max} 为 165nm，ε_{max} 为 15000$L \cdot mol^{-1} \cdot cm^{-1}$，但当两个或多个 π 键组成共轭体系时，吸收峰的 λ_{max} 向长波方向移动，而 ε_{max} 也增加，如丁二烯的 λ_{max} 为 217nm，而 ε_{max} 为 21000$L \cdot mol^{-1} \cdot cm^{-1}$。随着多烯分子中共轭双键数目的增加，吸收光谱的 λ_{max} 逐渐移向更长波长，ε_{max} 值也逐渐增大（表 5-2）。由图 5-4 可知，丁二烯原来有 4 个轨道，2 个成键轨道、2 个反键轨道，2 个成键轨道中各有一对电子。由于共轭前后轨道数目和电子数目都不变，共轭后，产生两个成键轨道 π_1 和 π_2 和两个反键轨道 π_3^* 和 π_4^*。2 对电子位于 π_1 和 π_2 轨道，其中 π_2 比共轭前 π 轨道能级高，而 π_3^* 比共轭前 π* 轨道的能级低，所以使 π→π* 跃迁所涉及轨道间（π_3^* 与 π_2）能量降低了，相应的波长红移，ε_{max} 也增大了。

表 5-2 一些共轭烯的吸收特性

化合物	λ_{max}/nm	ε_{max}/（$L \cdot mol^{-1} \cdot cm^{-1}$）
乙烯	165	15000
丁二烯	217	21000

续表

化合物	λ_{max}/nm	ε_{max}/（$L \cdot mol^{-1} \cdot cm^{-1}$）
己三烯	268	35000
辛四烯	304	64000
癸五烯	334	121000

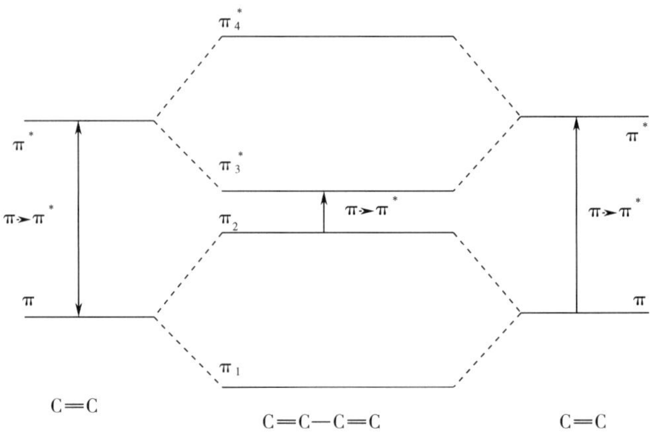

图 5-4　丁二烯的能级图及电子跃迁

乙炔在 173nm 有一个弱的 π→π* 跃迁吸收带，共轭后，λ_{max} 红移，ε_{max} 增大。共轭多炔有两组主要吸收带，每组吸收带由几个亚带组成。如图 5-5 所示，短波处的吸收带较强［$\varepsilon_{max}>10^5$L/（mol · cm）］，长波处的吸收带较弱［$\varepsilon_{max}<10^3$L/（mol · cm）］。

表 5-3 列出了 $CH_3\text{-}(C\equiv C)_n\text{-}CH_3$ 类化合物强吸收带及弱吸收带中有代表性亚带的 λ_{max} 和 ε_{max}。

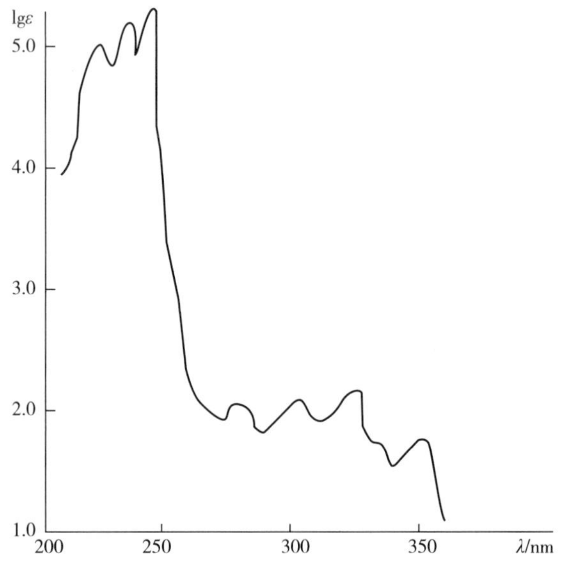

图 5-5　$CH_3\text{-}(C\equiv C)_4\text{-}CH_3$ 的紫外吸收光谱

表 5-3　共轭多炔 $CH_3 \leftarrow C \equiv C \rightarrow_n CH_3$ 的吸收特性

n	λ_{max}/nm	ε_{max}/（$L \cdot mol^{-1} \cdot cm^{-1}$）	λ_{max}/nm	ε_{max}/（$L \cdot mol^{-1} \cdot cm^{-1}$）
2	—	—	250	160
3	207	145000	306	120
4	234.5	281000	354	105
5	260.5	352000	394	120

5.3.4　羰基化合物

5.3.4.1　醛和酮

饱和醛和酮中含有 σ 电子、π 电子和 n 电子。可能产生四种跃迁，即 $\sigma \to \sigma^*$、$n \to \sigma^*$、$n \to \pi^*$ 和 $\pi \to \pi^*$ 跃迁。不考虑 $\sigma \to \sigma^*$ 跃迁，其余三种跃迁所对应的吸收带的 λ_{max} 大约值见表 5-4。

表 5-4　饱和羰基化合物的跃迁

跃迁	λ_{max}/nm
$\pi \to \pi^*$	160
$n \to \sigma^*$	190
$n \to \pi^*$	270~300

显然，电子 $n \to \pi^*$ 跃迁所产生的吸收带的 λ_{max} 在紫外可见区，丙酮和乙醛的吸收特性见表 5-5。

表 5-5　丙酮和乙醛的吸收特性

化合物	跃迁	λ_{max}/nm	ε_{max}/（$L \cdot mol^{-1} \cdot cm^{-1}$）
丙酮	$n \to \pi^*$	279	14
乙醛	$n \to \pi^*$	290	17

α、β 不饱和的醛、酮类化合物中均含有与羰基共轭的烯键，与上述共轭烯烃相同，对于 π-π 共轭，$\pi \to \pi^*$ 的跃迁能下降，λ_{max} 向长波移动；羰基的 n 电子能级基本保持不变，而 π_3^* 的能量下降，使 $n \to \pi^*$ 的跃迁能量降低，λ_{max} 也向长波移动，如图 5-6 所示。

如巴豆醛，其 $\pi \to \pi^*$、$n \to \pi^*$ 跃迁所涉及的 λ_{max} 向长波移动。其中 $\pi \to \pi^*$ 跃迁所引起吸收的 λ_{max} 为 217nm，而由 $n \to \pi^*$ 跃迁所引起吸收的 λ_{max} 为 321nm，与表 5.4 所列 $\pi \to \pi^*$ 和 $n \to \pi^*$ 跃迁对应的 λ_{max} 相比，显然红移了许多。

5.3.4.2　酸和酯

当羟基和烷氧基在羰基碳上取代生成羧酸和酯时，与相应的醛和酮相比，由于取代基中—OH 和—OR 的孤对电子与羰基 π 轨道产生 n-π 共轭，产生两个成键 π 轨道 π_1 和 π_2 以

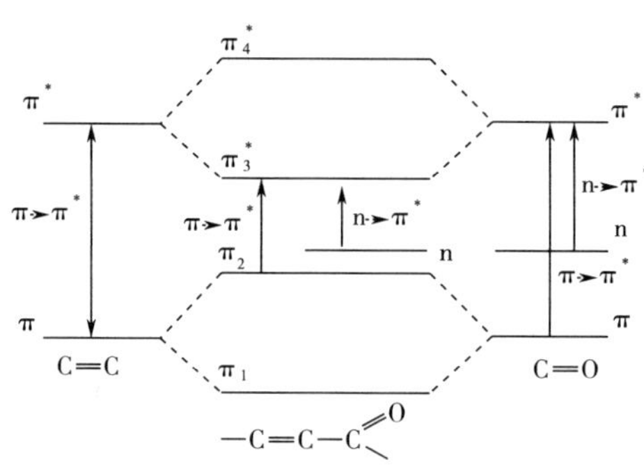

图 5-6　不饱和醛、酮共轭后轨道能级和电子跃迁示意图

及一个反键轨道 π_3^*，如图 5-7 所示。其中 π_2 比共轭前孤立羰基 π 轨道的能级高，π_3^* 比孤立羰基 π^* 轨道能级也高，但升高的程度后者大于前者，所以使 $\pi\to\pi^*$ 的跃迁能上升，λ_{max} 蓝移。由于共轭后，原来羰基的 n 轨道能级略有下降，所以使 $n\to\pi^*$ 的跃迁能增加，λ_{max} 蓝移。类似地，α，β 不饱和羧酸和脂的 $\pi\to\pi^*$ 和 $n\to\pi^*$ 跃迁能增加，而由这些跃迁产生的吸收峰 λ_{max} 与相应的 α，β 不饱和醛、酮相比也发生蓝移。

由图 5-7 可知，C=O 上的 n 电子不参与共轭，而产生 $n\to\pi^*$ 跃迁，而 OR 上的 n 电子参与共轭，不产生 $n\to\pi^*$ 跃迁。酸和酯的 $n\to\pi^*$ 跃迁所产生的吸收带的 λ_{max} 见表 5-6。

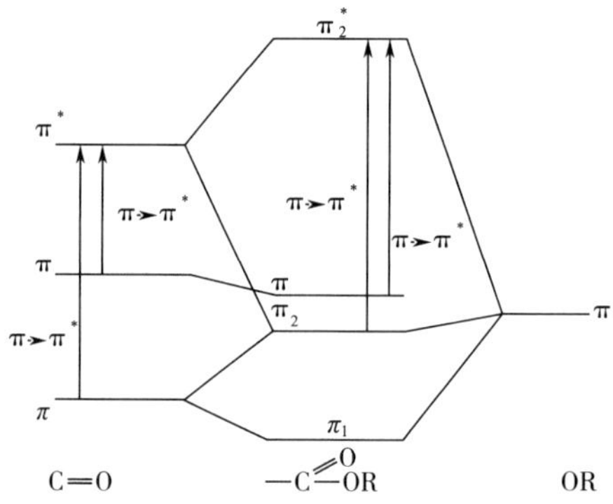

图 5-7　n—π 共轭后轨道能级和电子跃迁示意图

表 5-6　酸和酯对应于 $n\to\pi^*$ 跃迁的 λ_{max}

化合物	λ_{max}/nm
R—C(=O)—O—	205
R—C(=O)—OH	205

将表 5-6 所列 λ_{max} 与表 5-5 所列丙酮和乙醛的相比，可知，由于 n—π 共轭，而使羰基 n 电子的 $n\to\pi^*$ 跃迁所对应的 λ_{max} 蓝移了。

5.3.5 芳香族化合物

苯是最简单的芳香族化合物，苯有三个吸收带，它们都是由 $\pi \rightarrow \pi^*$ 跃迁引起的。这三个吸收带分别称为 E_1 带、E_2 带和 B 带，如图 5-8 所示。当苯环上有取代基时，苯的三个特征谱带都有变化，特别是 E_2 带和 B 带。当烷基取代时，这种变化不大，若含有非键 n 电子和 π 电子的基团取代时影响就较明显，使有精细结构的 B 吸收带简化并发生红移，吸收强度也增加了。稠环芳烃，均显示苯的三个吸收带，且随着苯环数目的增多，吸收波长红移更明显，吸收强度也相应增加，如表 5-7 所列。

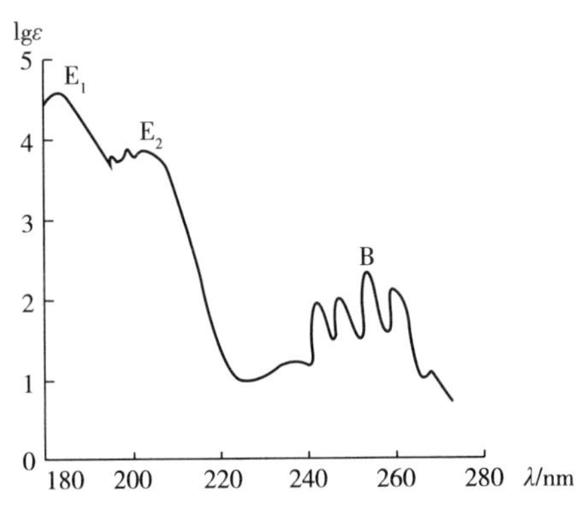

图 5-8　苯在乙醇中的紫外吸收光谱

表 5-7　几种稠环芳烃的吸收光谱

化合物		E_1 吸收带		E_2 吸收带		B 吸收带	
		λ_{max}/nm	ε_{max}/(L·mol^{-1}·cm^{-1})	λ_{max}/nm	ε_{max}/(L·mol^{-1}·cm^{-1})	λ_{max}/nm	ε_{max}/(L·mol^{-1}·cm^{-1})
苯		184	4.7×10^4	204	7900	254	200
萘		221	11×10^4	275	5600	314	316
蒽		252	22×10^4	375	8500	被掩盖	—
并四苯		278	18×10^4	471	12500	被掩盖	—

5.4 无机化合物的吸收光谱

5.4.1 电荷转移吸收光谱

电荷转移跃迁是分子吸收光子后，分子中的电子从分子中某一基团的轨道转移至另一基团的轨道，其中一个基团为电子给予体，另一个基团为电子接受体，此种跃迁叫电荷转移跃迁，产生的吸收光谱叫电荷转移吸收光谱。这种光谱的摩尔吸收系数一般较大［约 10^4L/（mol · cm）］，分为三种类型。

5.4.1.1 配体——→金属的电荷转移

这一过程配体是电子给予体，而金属是电子接受体，相当于金属离子被还原，如：

$$Fe^{3+}SCN^{-} \xrightarrow{h\nu} Fe^{2+}SCN$$

5.4.1.2 金属——→配体的电荷转移

这一过程金属是电子给予体，相当于金属离子被氧化，而配体是电子接受体，如：

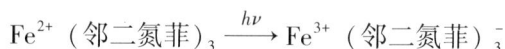

$$Fe^{2+}（邻二氮菲）_3 \xrightarrow{h\nu} Fe^{3+}（邻二氮菲）_3^-$$

5.4.1.3 金属——→金属的电荷转移

配合物中含有两种不同氧化态的金属时，电子可在两种金属间转移，如普鲁士蓝 K^+Fe^{3+}［Fe^{2+}（CN^-）$_6$］，在光吸收过程中，分子中电子由 Fe^{2+}转移到 Fe^{3+}。

5.4.2 配位场吸收光谱

d 轨道在配位场作用下，能级会变化，当配合物形状为球形时，能级能量升高，但是简并的，而当配合物形状不是球形如为八面体时，能级会分裂，分裂能量差用 Δ 表示（图 5-9）。吸收光子后，d 电子就会由低能级轨道向未充满的高能级轨道跃迁并产生吸收光谱。对于 d-d 跃迁，轨道上未充满电子时，才能产生跃迁，Δ 与中心离子有关，同族元素的同价离子中，Δ 随原子序数增加而增大。分离能 Δ 还与配体有关，对于同种中心离子，Δ 按以下次序递增：

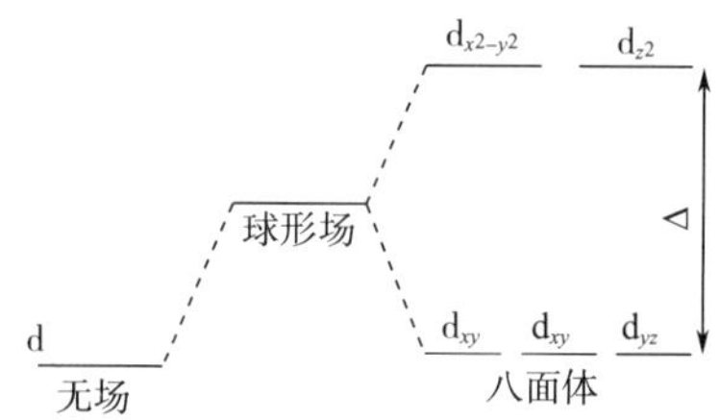

图 5-9 八配体场中 d 轨道的能级分裂

I^-<Br^-<SCN^-≈Cl^-<NO_3^-<F^-≈OH^-<$C_2O_4^{2-}$≈H_2O<NCS^-<EDTA<NH_3<乙二胺<邻菲罗啉<CN^-，这一序列叫光谱化学序列。因 d-d 跃迁电子跃迁是禁阻跃迁，因此这种跃迁所产生的吸收光谱摩尔吸收系数较小，ε_{max} 为 0.1～100L/（mol · cm），所以较少应用于定量分析，但可用于研究配合物。

f-f 电子跃迁属于允许跃迁，因此由 f-f 电子跃迁产生的吸收光谱，其摩尔吸收系数较大，且不易受溶剂和配位体种类的影响，吸收带较窄。

5.5 溶剂

溶剂对紫外可见吸收光谱的影响比较复杂。紫外可见光谱带的形状、最大吸收波长和吸收强度都因所用溶剂种类的变化而不同。如苯酚在正庚烷中出现精细结构（图 5-10），而在乙醇中精细结构消失，说明了溶剂对谱带形状的影响。

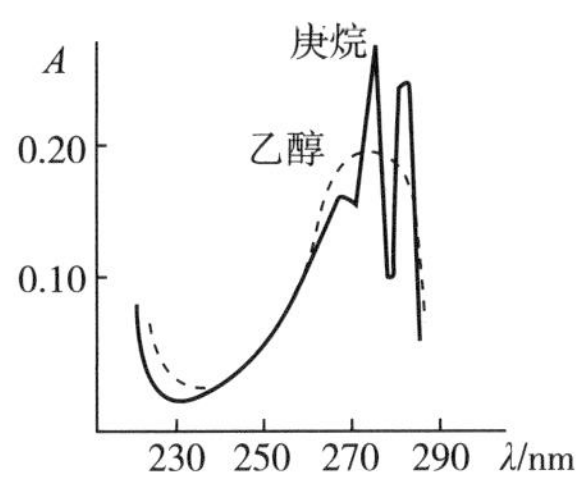

图 5-10　苯酚的吸收带

溶剂对吸收谱带另外的影响是改变最大吸收的波长和强度。如在不同溶剂中，化合物异丙叉丙酮 $H_3C-\overset{\overset{O}{\|}}{C}-\underset{\underset{H}{|}}{C}=C(CH_3)_2$ 随溶剂极性增加，$\pi\rightarrow\pi^*$ 跃迁的 λ_{max} 向长波方向移动（红移），$n\rightarrow\pi^*$ 跃迁的 λ_{max} 向短波方向移动（蓝移），且 ε_{max} 也改变（表 5-8）。

表 5-8　溶剂极性对异丙叉丙酮 λ_{max} 和 ε_{max} 的影响

溶剂	$\pi\rightarrow\pi^*$		$n\rightarrow\pi^*$	
	λ_{max}	ε_{max}/（$L\cdot mol^{-1}\cdot cm^{-1}$）	λ_{max}	ε_{max}/（$L\cdot mol^{-1}\cdot cm^{-1}$）
正己烷	229.5	12600	327	97.5
乙醚	230	12600	326	96
乙醇	237	12600	315	78
甲醇	238	10700	312	74
水	244.5	10000	305	60

对于最大吸收波长产生红移和蓝移可简单地根据轨道的极性来解释。对于 $\pi\rightarrow\pi^*$ 跃迁，由于激发态的极性比基态更大，所以极性 $\pi^*>\pi$；而对于 $n\rightarrow\pi^*$ 跃迁，n 电子基态时靠近 O，而在 π^* 轨道中，n 电子靠近 C，所以 O 周围电子的密度下降，而极性 $\pi^*<n$。由此可知，由于轨道的极性 $n>\pi^*>\pi$，与极性溶剂作用时，极性大的轨道能量下降更大些。所以，在由极性小到极性大的溶剂中，能量下降的顺序为 $n>\pi^*>\pi$。对于 $\pi\rightarrow\pi^*$ 跃迁产生的吸收带，由于在极性大溶剂中的 π 与 π^* 轨道能量之差（ΔE_p）小于在极性小溶剂中的 π 与 π^* 轨道能量之差（ΔE_n），所以 λ_{max} 红移，而根据同样的道理可知，对于 $n\rightarrow\pi^*$ 跃迁，$\Delta E_p>\Delta E_n$，所以 λ_{max} 产生蓝移（图 5-11）。

测量化合物的紫外可见吸收光谱一般要配成溶液，所以选择合适的溶剂很重要。选择溶剂时既要考虑被测物在溶剂中能达到一定溶解度以及与溶剂不发生反应外，还要考虑溶剂的截止波长。截止波长是溶剂允许使用的最短波长，低于此波长时，溶剂的吸收不可忽略。截止波长与所用吸收池厚度、参比（如空气或水）和溶剂本身的纯度等有关，所以不同文献中

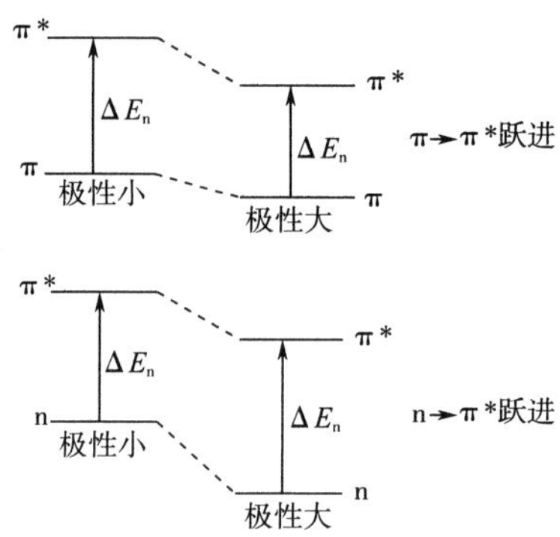

图 5-11 溶剂极性对 π→π*、n→π* 跃迁能量的影响

所给出的截止波长也不同。且截止波长的定义也有差别，一般规定溶剂以水（或空气）为参比，样品池为 1cm 厚的条件下，吸光度为 1.0 时所对应的波长即为截止波长。水是常用的溶剂，以空气为参比时，水的截止波长为 190nm，表 5-9 列出了用 1cm 吸收池，以蒸馏水为参比，当吸光度 $A=1.0$ 时得到的一些其他溶剂的截止波长。在紫外可见光谱测量中，对照空白一般是溶剂，虽然低于截止波长时也可抵消溶剂吸收的影响，但由于溶剂吸收使通过的光减弱，噪音增大，影响准确度，所以最好不在低于截止波长处进行测量。

表 5-9 常用溶剂截止波长

溶剂名称	截止波长/nm	溶剂名称	截止波长/nm
乙酸	260	庚烷	197
丙酮	330	己烷	210
乙腈	190	异丁醇	230
苯	280	甲醇	210
乙酸丁酯	254	丁酮	330
二硫化碳	380	硝基甲烷	380
四氯化碳	265	戊烷	210
氯仿	245	异丙醇	210
环己烷	210	吡啶	330
二氯乙烷	226	四氯代乙烯	290
二氯甲烷	235	甲苯	286
二氧六环	220	二甲苯	290
乙醇	210	2，2，4-三甲基戊烷	215
二甲亚砜	265	异辛烷	210
乙酸乙酯	255	乙醚	218
甘油	207	甲基异丁酮	335
甲酸甲酯	265	四氢呋喃	220

5.6 分光光度计

5.6.1 主要部件

5.6.1.1 光源

在紫外可见吸收分光光度计中，对光源的要求是在宽的光谱区内发射足够强度的连续光谱，有较好的稳定性和较长的使用寿命，且要求辐射强度随波长没有明显的变化。钨灯和碘钨灯是在可见区最常用的连续光源，它的发射光谱的波长范围是 320~2500nm。钨灯通过电能加热灯丝而发光，其光谱分布与灯丝温度有关，钨灯的一般工作温度是 2400~2800K（钨的熔点为 3680K）。高温有利于光谱向短波长方向移动，但不利于灯的寿命，为了减少钨的蒸发，常加入 He、Ne、Ar、Ke 等气体。卤钨灯是在钨丝灯内壳充入一定量卤素或卤化物（碘钨灯内加入纯碘，溴钨灯内加入 HBr），蒸发的钨与卤素生成易挥发的卤化物，该卤化物向灯丝扩散，并在灯丝处分解成钨。与钨灯相比，卤钨灯寿命更长一些。氢灯和氘灯是常用的紫外区的连续光源，光谱范围在 180~370nm。氢灯有高压和低压两种。常用低压氢灯，所用电压一般为 40~80V，氢灯灯管用石英制成，内充几十至几百帕的 H_2。工作时，气体放电，氢分子被激发，而后再分解，即

$$H_2 \longrightarrow H_2^* \longrightarrow H+H+h\nu$$

虽然 H_2^* 的能量是不连续、量子化的，但 2 个 H 的动能是连续的，因而发射光谱为连续光谱。当灯管内用氘代替氢做填充气时，称作氘灯。氘灯寿命比氢灯长约 1 倍，光强强 3~5 倍，而它的发射光谱与氢灯类似。

5.6.1.2 吸收池

吸收池用于放置试样溶液。在可见区测量时用玻璃制成的吸收池，在紫外区测量时用石英制成的吸收池，吸收池的厚度即光程长度可以从几至几十毫米，但常用吸收池的厚度为 1cm。

5.6.1.3 分光元件

分光元件的主要作用是由连续光源中分离出所需要的窄带光束，现在市售的仪器几乎都用光栅作为分光元件。

5.6.1.4 检测器

现在常用的检测器是光电检测器，它的作用是检测光信号，并将光信号转变为电信号。在紫外可见分光光度计中可用光电管、光电二极管阵列和光电倍增管。

光电倍增管的结构和工作原理见第 3 章，光电倍增管比光电管和光电二极管阵列更灵敏，有放大作用，在中高档紫外可见分光光度计中，采用光电倍增管作检测器。

5.6.2 分光光度计类型

紫外可见分光光度计的类型很多，但可分为单波长和双波长分光光度计，单波长分光光度计从光路又可分为单光束和双光束分光光度计。

5.6.2.1 单波长单光束分光光度计

单波长单光束分光光度计的光路示意图如图 5-12 所示。仪器结构比较简单，价格也比较便宜。样品池和参比池交替置于光路中。若置参比池，检测器测的光强度为 I_0，而置样品池时，测得的光强度为 I_t，则吸光度 A 为 $\lg\frac{I_0}{I_t}$。

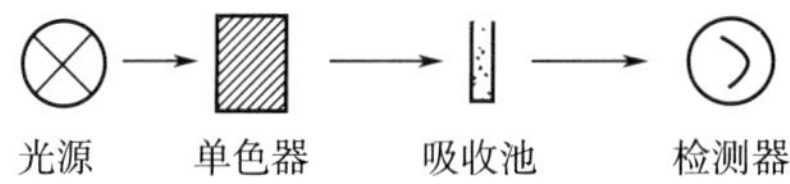

图 5-12 单波长单光束分光光度计光路示意图

5.6.2.2 单波长双光束分光光度计

单波长双光束分光光度计工作原理如图 5-13 所示。经单色器分光后的光通过切光器 1 交替通过样品池和参比池，用切光器 2 使两束光交替进入检测器。若通过参比池的光强度为 I_0，而通过样品池的光强度为 I_t，则测得的吸光度 A 为 $\lg\frac{I_0}{I_t}$，由于切光器旋转速度较快，I_0 和 I_t 几乎可同时测得，所以用双光束光度计可消除光源和检测器不稳定的影响。

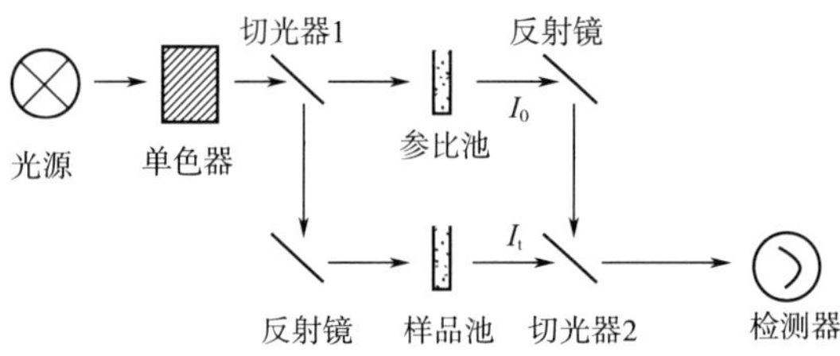

图 5-13 单波长双光束分光光度计原理图

5.6.2.3 双波长分光光度计

双波长分光光度计用两个单色器（图 5-14），光源的光束经过两个单色器后分别形成波长为 λ_1 和 λ_2 两束光，两束光经切光器后交替进入吸收池，通过吸收池后被检测。实验上只能测得通过吸收池后的光强度 $I_t^{\lambda_1}$ 和 $I_t^{\lambda_2}$，假定入射吸收池的光强度为 $I_0^{\lambda_1}$ 和 $I_0^{\lambda_2}$，同时调节仪器，使 $I_0^{\lambda_1}$ 和 $I_0^{\lambda_2}$ 相等，可以得到式（5-17）。

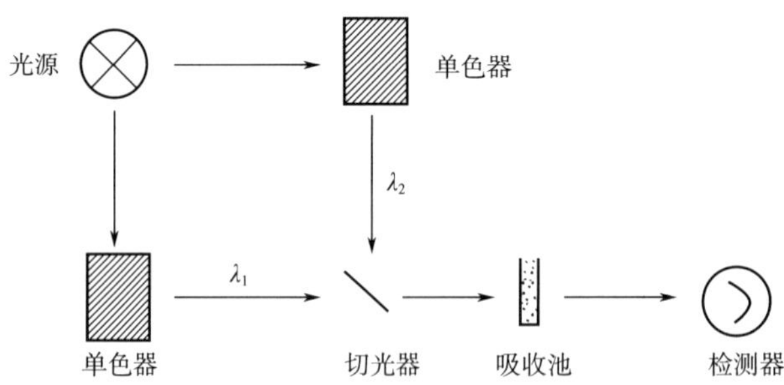

图 5-14 双波长分光光度计光路示意图

$$\lg \frac{I_t^{\lambda_1}}{I_t^{\lambda_2}} = \lg \frac{I_t^{\lambda_1} I_0^{\lambda_2}}{I_t^{\lambda_2} I_0^{\lambda_1}} = \lg \frac{\dfrac{I_0^{\lambda_2}}{I_t^{\lambda_2}}}{\dfrac{I_0^{\lambda_1}}{I_t^{\lambda_1}}} = \lg \frac{I_0^{\lambda_2}}{I_t^{\lambda_2}} - \lg \frac{I_0^{\lambda_1}}{I_t^{\lambda_1}} = A^{\lambda_2} - A^{\lambda_1}$$

$$A^{\lambda_1} = \varepsilon^{\lambda_1} bc + A_s^{\lambda_1}$$

$$A^{\lambda_2} = \varepsilon^{\lambda_2} bc + A_s^{\lambda_2}$$

$$\Delta A = A^{\lambda_2} - A^{\lambda_1} = \varepsilon^{\lambda_2} bc - \varepsilon^{\lambda_1} bc = (\varepsilon^{\lambda_2} - \varepsilon^{\lambda_1}) bc \tag{5-17}$$

式（5-17）是双波长分光光度计定量分析的基础，式中 $A_s^{\lambda_1}$ 和 $A_s^{\lambda_2}$ 是空白吸收，这些空白吸收主要由背景吸收和光散射所引起，由于用同一个溶液且 λ_1 和 λ_2 接近，可以认为 $A_s^{\lambda_1} = A_s^{\lambda_2}$。与前述单波长法相比，双波长法不用参比溶液，只用一个试液，因而完全扣除了背景，即消除了溶液混浊、吸收池差别等引起的误差，可分析混浊试样，分析准确度高，可进行双组分同时测定，且可测得导数光谱。

5.6.2.4　多通道分光光度计

光学多通道分光光度计的工作原理如图 5-15 所示。光源发出的光经单色器后，不同波长的光从不同方向照到光电二极管阵列检测器的不同位置上，即不同的二极管上，经光电转换后变成电信号，并经过数据处理就可得到吸光度随波长变化的光谱图。这一仪器最大的优点是可同时得到很宽波长范围内的光谱信息。

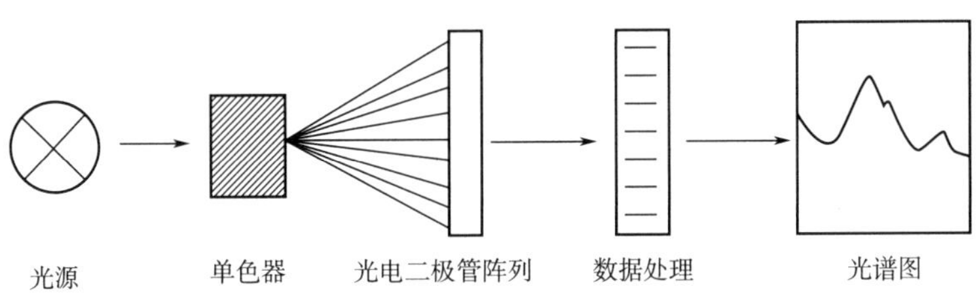

图 5-15　多通道分光光度计工作原理示意图

5.7　定性分析

用紫外可见光谱法进行定性分析时一般有两种方法。

（1）将实验所得未知物的谱图与标准的对照，主要对比 λ_{max}、ε_{max} 以及峰数目是否一致。

（2）用经验公式计算 λ_{max}，与实验结果对照。

5.8　分子结构的推断

紫外可见吸收光谱法可以得到各吸收带的 λ_{max} 和 ε_{max}，它反映了分子结构的特征，与分子结构有关。

（1）化合物在220~400nm无吸收，说明该化合物是直链烃、环烷烃或其他饱和的脂肪烃，也可能是非共轭烯烃。

（2）化合物在210~250nm有强吸收［ε_{max}≥10000L/（mol·cm）］，说明分子中含有两个共轭双键；若在260~300nm有强吸收带，说明分子中含有3个及以上共轭双键。

（3）化合物在300nm以上有高强吸收带，说明化合物含有较大的共轭体系；若高强度吸收具有明显的精细结构，说明为稠环芳烃及其衍生物。

（4）化合物在270~350nm有弱的吸收［ε_{max}=10~100L/（mol·cm）］，说明该化合物为含有n电子的化合物，且没有共轭体系，如醛、酮等。弱吸收峰是由$n\rightarrow\pi^*$跃迁引起的。

（5）化合物在200~250nm有中等强度的吸收带［$\varepsilon_{max}=10^3\sim10^4$L/（mol·cm）］，再结合在250~290nm有弱吸收带［ε_{max}=100~1000L/（mol·cm）］，且有一定的精细结构，说明分子中有苯环存在，前者为E_2带，后者为B带，B带为芳环的特征谱带。

紫外可见吸收光谱除可用于推测分子所含官能团外，还可用于某些同分异构体的判别。例如，1，2-二苯烯具有顺式和反式两种异构体。

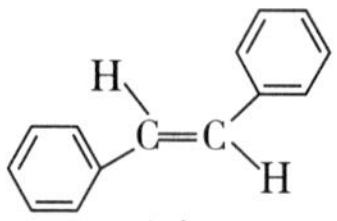

反式	顺式
λ_{max}=295nm	λ_{max}=280nm
ε_{max}=27950L/（mol·cm）	ε_{max}=10450L/（mol·cm）

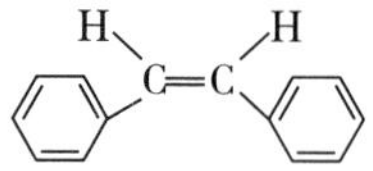

与反式异构体相比，在顺式异构体中由于位阻效应而影响平面性，使共轭程度降低，而使$\pi\rightarrow\pi^*$跃迁能量较高，所以λ_{max}较短，ε_{max}较小。某些化合物在溶液中存在互变异构现象。例如，乙酰乙酸乙酯在溶液中存在酮式与烯醇式的平衡：

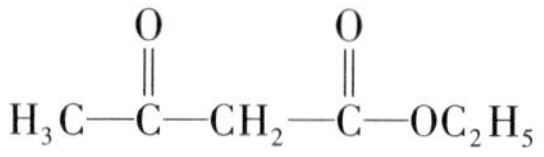

$$H_3C-\overset{O}{\overset{\|}{C}}-CH_2-\overset{O}{\overset{\|}{C}}-OC_2H_5 \qquad H_3C-\overset{OH}{\overset{|}{C}}=CH-\overset{O}{\overset{\|}{C}}-OC_2H_5$$

酮式 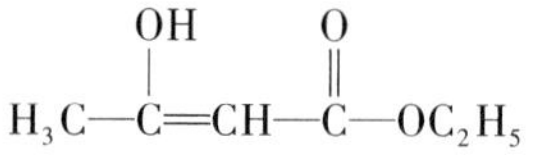　　　　烯醇式

在极性溶剂中，$n\rightarrow\pi^*$跃迁所对应的λ_{max}=272nm，ε_{max}=16L/（mol·cm），说明两个C═O未共轭，以酮式存在，这样酮式异构体与极性溶剂如水形成氢键，使体系能量下降而达到稳定状态。而在非极性溶剂如正己烷中，不能形成分子间氢键，易形成分子内氢键，C═C和C═O共轭，形成烯醇式。$\pi\rightarrow\pi^*$跃迁能量较低，在λ_{max}=243nm处出现强峰［ε_{max}=18000L/（mol·cm）］。

5.9　定量分析

应用紫外可见吸收光谱法进行定量分析的理论依据是比尔定律，即$A=\varepsilon bc$（c的单位是mol/L）或$A=\alpha bc$（c的单位是g/L）。

5.9.1　单波长单组分定量测定

测定试样中某一组分，常采用标准曲线法。在选定波长和最佳实验条件下，测量含有不同浓度c被测物标准溶液的吸光度A，绘制A相对于c的标准曲线，而后根据试样溶液的吸光度A_x，求出试样中被测物的浓度c_x。

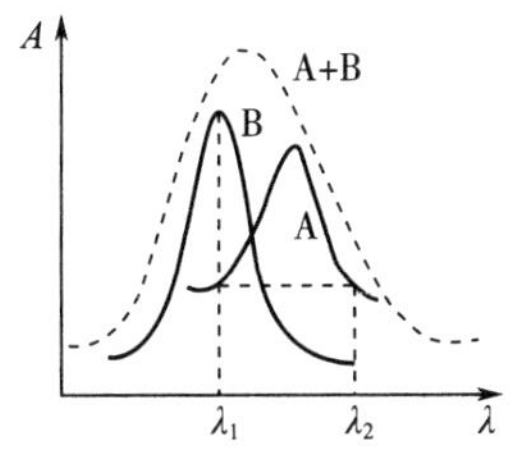

图 5-16 双波长测定示意图

5.9.2 双波长单组分定量测定

若测定试样中 B 组分，而 A 组分的吸收光谱与 B 组分的重叠，见图 5-16。为了消除 A 组分的干扰，选择对 A 组分有相同吸收的 λ_1 和 λ_2，以 λ_1 为测量波长，λ_2 为参比波长，根据式（5-15）吸光度加和原理，

$$A_{\lambda_1} = A_{\lambda_1}^{A} + A_{\lambda_1}^{B}$$

$$A_{\lambda_2} = A_{\lambda_2}^{A} + A_{\lambda_2}^{B}$$

$$\Delta A = A_{\lambda_1} - A_{\lambda_2} = (A_{\lambda_1}^{A} + A_{\lambda_1}^{B}) - (A_{\lambda_2}^{A} + A_{\lambda_2}^{B})$$

$$\Delta A = (A_{\lambda_1}^{B} - A_{\lambda_2}^{B}) + (A_{\lambda_2}^{A} - A_{\lambda_1}^{A})$$

因为
$$A_{\lambda_1}^{A} = A_{\lambda_2}^{A}$$

所以
$$\Delta A = A_{\lambda_1}^{B} - A_{\lambda_2}^{B} = \varepsilon_{\lambda_1}^{B} bc_{B} - \varepsilon_{\lambda_2}^{B} bc_{B}$$

$$\Delta A = (\varepsilon_{\lambda_1}^{B} - \varepsilon_{\lambda_2}^{B}) bc_{B}$$

$$\Delta A = \Delta\varepsilon^{B} bc_{B}$$

这说明组分 A 的干扰消除了，且 ΔA 与 c_B 成正比。

5.9.3 多组分同时测定

若同一试样中有两个组分需测定，这两个组分的吸收峰相互重叠，如图 5-17 所示，在选定的 λ_1 和 λ_2 处分别测量，得到吸光度为 A_{λ_1} 和 A_{λ_2}，根据式（5-15）吸光度加和定理，

$$A_{\lambda_1} = \varepsilon_{\lambda_1}^{A} bc_{A} + \varepsilon_{\lambda_1}^{B} bc_{B}$$

$$A_{\lambda_2} = \varepsilon_{\lambda_2}^{A} bc_{A} + \varepsilon_{\lambda_2}^{B} bc_{B}$$

假设 $b=1\text{cm}$

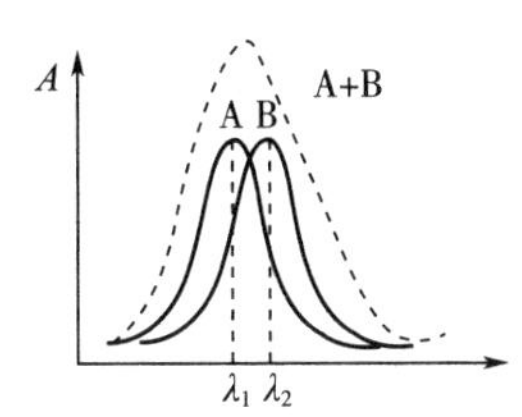

图 5-17 两个组分的吸收曲线

$$\begin{cases} A_{\lambda_1} = \varepsilon_{\lambda_1}^{A} c_{A} + \varepsilon_{\lambda_1}^{B} c_{B} \\ A_{\lambda_2} = \varepsilon_{\lambda_2}^{A} c_{A} + \varepsilon_{\lambda_2}^{B} c_{B} \end{cases} \tag{5-18}$$

先分别用含纯 A 和纯 B 的溶液求得 $\varepsilon_{\lambda_1}^{A}$、$\varepsilon_{\lambda_2}^{A}$、$\varepsilon_{\lambda_1}^{B}$ 和 $\varepsilon_{\lambda_2}^{B}$，并由实验测得 A_{λ_1} 和 A_{λ_2}，将 A_{λ_1}、A_{λ_2}、$\varepsilon_{\lambda_1}^{A}$、$\varepsilon_{\lambda_2}^{A}$、$\varepsilon_{\lambda_1}^{B}$ 和 $\varepsilon_{\lambda_2}^{B}$ 代入式（5-18）可求出 c_A 和 c_B。这一方法可推广应用到测多个组分。

5.10 紫外—可见光谱分析在食品企业中的应用案例

5.10.1 酸奶中维生素 A 的测定

酸奶中含有一定量的维生素 A，作为人体必需的营养元素，分析测定维生素 A 的含量具有重要的意义。采用紫外分光光度法分析测定酸奶中维生素 A 的含量。样品经过皂化、提取、除溶剂等步骤后，于 328nm 处测定其吸光度，测得维生素 A 的回收率为 103.3%，平均

值的标准偏差为0.32；同时进行了维生素D对维生素A测定的干扰试验，结果表明，维生素D的存在不影响维生素A的测定结果。

5.10.2 磷脂酰胆碱的测定

磷脂酰胆碱俗称卵磷脂，可以预防和治疗动脉硬化、防衰老、保护肝脏，对糖尿病、胆结石患者有一定帮助。但若过量则可能会引起毒性弥漫性甲状腺肿病和坏血病。用紫外—分光光度法测定脑维营养麦片中添加的卵磷脂含量，此方法比较简单，无需消解、显色。以292nm作为选择波长，以正己烷作为溶剂，用紫外—分光光度法测定了卵磷脂保健食品中磷脂酰胆碱的含量。

5.10.3 重金属的测定

食品重金属污染问题已引起全世界的高度重视和深入研究。在国家标准中规定了食品添加剂中砷的测定方法，采用二乙氨基二硫代甲酸银比色法；铅的测定采用双硫腙比色法。采用高频电场激发氧灰化溴代卟啉分光光度法，测定了鄱阳湖野生藜蒿中铅的含量。在碱性介质中，铅与溴代卟啉试剂形成橙黄色配合物，最大吸收波长在479nm，铅量在0.04~0.48g/mL内符合比尔定律。采用碘—四氯化碳萃取光度法间接测定食品中的痕量铜方法，在酸性介质中，Cu^{2+}氧化I^-定量析出I^{2-}，碘—四氯化碳萃取后分光光度法间接测定食品中的痕量铜。铜质量浓度在5.0~25.0μg/mL范围内，符合比耳定律，检出限为5.0μg/mL。研究了新试剂2-［2-（4-甲基喹啉）偶氮］-5-二乙氨基苯酚（QADP）与镉的显色反应。QADP与镉反应生成2∶1稳定络合物。体系最大吸收波长590nm，猪肝、面粉等食品样品中的镉用强阴离子交换固相萃取柱固相萃取预分离和富集后，用分光光度法测定，结果满意。将大米等食品样品中的镉、铜进行微萃取分离后，利用紫外可见分光光度法测定得到满意结果。

5.10.4 农药残留的测定

农药具有高效、广谱等特点，被广泛应用于农业、医药等领域。国家标准GB 2763—2021规定了食品中农药最大残留限量。分光光度法是国标中检测蔬菜、水果中农药残留量的方法之一。该法具有灵敏度高，仪器设备简单，操作简便等特点。在国家进出口商品检验行业标准中规定了大米、白菜中百草枯的紫外可见分光光度法测定，样品经提取、净化、显色后测定，检出限为20μg/kg。报道了快速检测蔬菜中3种有机磷农药的碱水解—分光光度法，结果表明：3种农药的检出限分别为乙酰甲胺磷0.359mg/kg、氧化乐果0.420mg/kg、乐果0.386mg/kg，相对标准偏差分别为乙酰甲胺磷3.5%、氧化乐果3.46%、乐果4.62%。

5.10.5 甜蜜素的测定

测定食品中甜蜜素的方法很多，国内外文献报道的红外分光光度法、气相色谱等方法的主要缺点是操作繁琐、费时，不利于推广。利用紫外分光光度计对测定食品中的甜蜜素进行了探索。研究结果表明：甜蜜素的质量浓度在0.2~1.0g/L范围内符合比尔定律，回收率为95.0%~102.7%，食品中共存的苯甲酸、山梨酸、糖精钠在0~10.0g/L范围内，色素在0~2.06g/L范围内不影响测定。该方法简便准确。

5.10.6 硝酸盐的测定

在国家农业行业标准中规定蔬菜、水果中的硝酸盐用紫外可见分光光度法测定。研究发现用普通紫外分光光度法测硝酸盐时，硝酸盐的最大吸收波长在203nm左右，而亚硝酸盐的最大吸收波长在208nm左右，二者的吸收光谱有很大部分重叠，亚硝酸盐对硝酸盐的测定有很大干扰。运用一阶导数紫外分光光度法直接测定食品中的硝酸盐。亚硝酸盐在208nm处的一阶导数值为0，而此点又接近硝酸盐一阶导数的最大吸收峰，故选择208nm作为硝酸盐的测定波长，既可排除亚硝酸盐的干扰，又可提高灵敏度。该法最低检出限为2ng/mL，灵敏度较高；加标回收试验和盲法测标准品试验均表明准确度良好，可作为测定食品中硝酸盐的参考方法。

5.10.7 食品中几种防腐剂的测定

5.10.7.1 过氧化氢的测定

较简便的检测过氧化氢的仪器分析法有钛溶液分光光度法。原理是过氧化氢在酸性溶液中，与钛离子生成稳定的橙色络合物，其吸光度与样品中过氧化氢含量在一定范围内成线性关系，可计算出样品中过氧化氢的浓度。利用这一原理研究分光光度法用于测定鲜牛奶中的过氧化氢的最佳实验条件，过氧化氢的含量在0~200μg范围内，采用406nm波长，该方法的平均回收率在91%~104%，检测限为0.29mg/L。结果表明该方法简单易行、准确可靠，可以作为没有用过氧乙酸消毒的鲜牛奶中过氧化氢的检测。

5.10.7.2 苯甲酸的测定

防腐剂苯甲酸的测定，通常采用乙醚提取碱滴定法和水蒸气蒸馏紫外分光光度法测定，这两种方法测定程序复杂且周期长，回收率也较低。采用乙醚萃取紫外分光光度法在223nm处，测定食品中苯甲酸的吸光度，通过标准曲线从而确定苯甲酸含量。样品中若含有酯类物质干扰时，可用 $K_2Cr_2O_7$、H_2SO_4 氧化法消除。经样品处理检验，该方法最小检出限为0.0010mg/mL，回收率达98%，测定全过程在1h左右即可完成。

5.10.7.3 亚硫酸盐的测定

亚硫酸盐是一种传统、常用的食品添加剂，具有抗菌、防变质、防褐化和漂白等作用。Monzir利用 SO_3^{2-} 在有 NH_3 存在的偏碱性环境下与对苯二醛生成深蓝色络合物的反应，通过测定628nm处吸光度的增加来确定食品中 SO_3^{2-} 的含量。该方法不受 CN^-、S^{2-} 等的干扰，用于检测果酱和酒类食品中的S（Ⅳ），结果良好。AliJabar等以甲基绿为显色剂采用动力学分光光度法测定了柠檬汁和橙汁中的 SO_3^{2-} 的含量，结果与碘滴定标准方法一致。王占玲等利用 SO_3^{2-} 使碱蓝6B褪色的反应建立了白糖、蘑菇等食品中的S（Ⅳ）的检测方法。

5.10.7.4 香兰素的测定

香兰素（3-甲氧基-4-羟基苯甲醛）可广泛用在食品、饮料等产品的生产中。但是食用香兰素含量过多的食品可能会对肝、肾、脾等脏器产生副作用，因此食品中香兰素的含量是评价食品安全的一个重要指标。采用紫外-可见分光光度法测定了几种奶粉中的香兰素含量。在最大吸收波长435nm处，其吸光度与香兰素含量呈正比，线性范围为0.0104~0.1652g/L，加标回收率为98.6%。该方法重现性好，适用于食品中香兰素含量的测定。采用可见分光光度法测定麦片中的香兰素得到满意结果。

课后习题

（1）用氯仿将纯胡萝卜素（分子量为 536）配成浓度为 2.5mg/L 的溶液，在 λ_{max}（465nm）处，吸收池厚度为 1cm，测得吸光度为 0.55，计算胡萝卜素的摩尔吸收系数。

［1.2×10^5L/（mol·cm）］

（2）某亚铁螯合物的摩尔吸收系数为 12000L/（mol·cm）；如果希望把透光率读数限制在 0.200~0.650（吸收池厚度为 1.00cm），问被测物的浓度范围是多少？

（5.83×10^{-5}~1.55×10^{-5}mol/L）

（3）钢中的钛和钒可以以它们的过氧化物络合物的形式进行同时测定，当 1.000g 钢样溶解和显色后，准确稀释至 50.00mL，以同样的方法处理钛，1.00mg Ti 将使 400nm 处吸光度为 0.269，460nm 处的吸光度为 0.144。在类似条件下，1.00mg V 使 400nm 处的吸光度为 0.057，460nm 处为 0.091。而分析钢样时，在 400nm 和 460nm 处测量得到的吸光度分别为 0.393 和 0.215，根据吸光度计算钛和钒的百分含量。

（4）某分光光度计透光率的读数误差 $\Delta T=0.005$。现测量不同浓度的某溶液吸光度值分别为 1.00、0.434、0.100，试计算测定的浓度相对误差各为多少？

（2.17%、1.36%、2.73%）

（5）某有色络合物的 0.0010% 水溶液在 510nm 处，用 2cm 吸收池测得透光率 T 为 0.420，已知此络合物的摩尔吸收收系数为 2.5×10^3L/（mol·cm），试求此有机络合物的摩尔质量。

（142.6g/mol）

（6）某有色溶液置于 1cm 吸收池中，测得吸光度为 0.300。

（a）求入射光强度减弱了多少？

（b）若置于 3cm 的吸收池中，入射光强度又减弱了多少？

（a. 49.9%；b. 87.4%）

（7）以丁二酮肟光度法测定镍，若配合物 $NiDx_2$ 的浓度为 1.7×10^{-5}mol/L，用 2.0cm 吸收池在 470nm 波长下测得的透光率为 30.0%。计算配合物 $NiDx_2$ 在 470nm 波长以下的摩尔吸收系数。

［1.5×10^4L/（mol·cm）］

（8）有一含氧化态辅酶（NAD^+）和还原态辅酶（NADH）的溶液，使用 1.0cm 吸收池，在 340nm 处测得该溶液的吸光度为 0.311，在 260nm 处吸光度为 1.20。请计算 NAD^+ 和 NADH 的浓度各为多少？

已知条件见下表：

辅酶	ε_{260}/（$L\cdot mol^{-1}\cdot cm^{-1}$）	ε_{340}/（$L\cdot mol^{-1}\cdot cm^{-1}$）
NAD^+	1.8×10^4	0.0
NADH	1.5×10^4	6.2×10^3

（NAD^+，2.5×10^{-5}mol/L，NADH，5.0×10^{-5}mol/L）

(9) 电子跃迁有哪几种类型？跃迁所需的能量大小顺序如何？具有什么样结构的化合物产生紫外可见吸收光谱？紫外可见吸收光谱有何特征？

(10) 举例说明发色团和助色团，并解释红移和蓝移。

(11) 引起偏离比尔定律的主要因素有哪些？

(12) 在吸收光谱法中为何用 $A-c$ 曲线而不用 $T-c$ 曲线作标准曲线进行定量分析？

(13) 紫外可见分光光度计从光路分类有哪几类？各有什么特点？

本章资源

6 分子发光光谱法

紫外可见吸收光谱法及红外吸收光谱法都是研究分子通过对特征光的吸收，由低能态跃迁到高能态时产生的吸收光谱。分子发光光谱法则研究高能态分子释放能量回到基态时所发射的光，包括分子荧光、分子磷光和化学发光分析。荧光和磷光均属于光致发光，即分子受一定波长的光激发之后而在更长波长发出的光。分子受激后，由第一电子激发单重态回到基态的任一振动能级伴随的光辐射是分子荧光，而从第一电子激发三重态回到基态伴随的光辐射是分子磷光。如果分子的激发能量是由化学能所提供，其发光现象称为化学发光。

分子光谱的产生涉及分子的各种激发和去活化过程，图 6-1 给出了分子的各种激发和去活化过程。因为在高温下分子易分解，所以分子光谱一般在室温下进行研究。室温下，大多数分子处于分子电子基态的最低振动能级。分子吸收能量（热能、电能、化学能或光能等）后被激发到高能级这一过程叫激发。在分子光谱研究中，激发所需的能量多为化学能和光能，化学发光法中用化学能，而吸收和荧光光谱研究中常用光能。

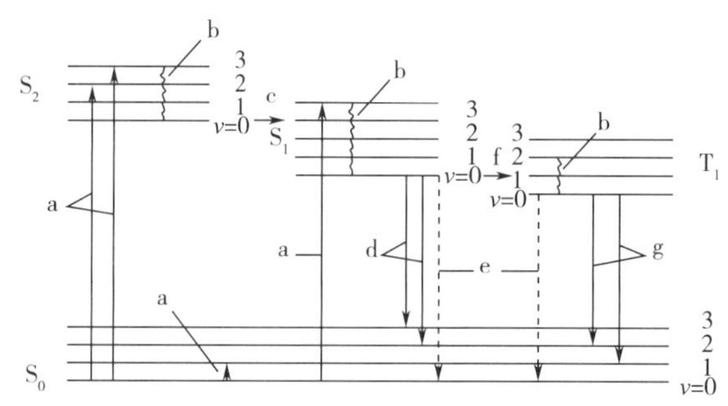

图 6-1 分子的激发和去活化过程

a—吸收 b—振动驰豫 c—内转换 d—荧光 e—外转换 f—体系间交叉 g—磷光

在图 6-1 中，电子基态用 S_0 表示，S_1 和 S_2 表示第一电子激发态和第二电子激发态，v=0，1，2，3，…表示电子基态和激发态的各振动能级。转动能级在图中未标出。

分子内同一轨道中两个电子的自旋方向相反，即自旋配对，若分子中全部轨道中的电子都是自旋配对的，那么该分子处于单重态（或称单线态），用 S 表示。当分子吸收能量后，处于基态的一个电子被激发到高能级，如果该电子的自旋方向没有变化，那么分子仍然为单重态分子；相反地，如果处于激发态的电子自旋方向发生了改变，即分子中有两个电子的自旋方向相同，这时，将分子所处的状态称为激发三重态（或称三线态），用 T 表示。所以 S_0、S_1 和 S_2 分别表示分子的基态、第一电子激发单重态和第二电子激发单重态，T_1 表示分子的第一电子激发三重态。当分子由 S_0 跃迁到 S_1 或者更高的单重态上时，由于处于激发单重态上的电子仍然与基态单重态的电子配对，是允许的跃迁；而分子 S_0 跃迁到 T_1 的过程，存在着电子自旋方向的改变，发生概率只相当于前者的 10^{-6}，属于禁阻跃迁。单重态分子具有抗磁性，三重态分子具有顺磁性。因为处于分子轨道上的非成对电子，平行自旋要比成对自旋更稳定，所以激发三重态的能量较相应的单重态的能量稍低一些。图 6-2 表示了单重态与三重态的差别。

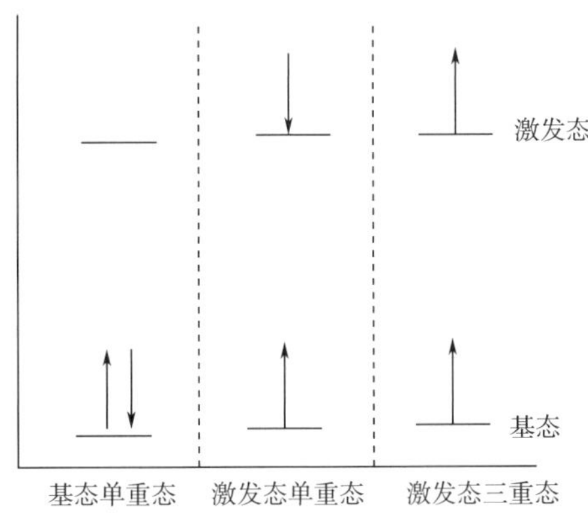

图 6-2 单重态和三重态

（↑和↓表示电子的两种自旋方向）

室温下大多数分子处于电子基态的最低振动能级（S_0，$v=0$），因为由波尔兹曼方程计算可知，假定电子能级间能量间隔为 3.125eV，处于电子激发态分子数目几乎为零，若假定振动能级间能量间隔为 0.125eV，则振动激发态分子也不到 1%。处于基态最低振动能级的分子选择性地吸收光能后，迅速由电子基态跃迁到电子激发态（如 $S_0 \rightarrow S_1$，$S_0 \rightarrow S_2$，跃迁过程经历的时间约 10^{-15}s）或由振动基态跃迁到振动激发态（$v=0 \rightarrow v=1$），因为吸收光（A），这一过程就会产生紫外可见吸收光谱或红外吸收光谱。处于激发态的分子是不稳定的，它将通过辐射跃迁或非辐射跃迁等去活化过程返回基态。辐射跃迁的去活化过程发射荧光（F）和磷光（P），所以会产生荧光光谱和磷光光谱。而无辐射跃迁是指振动弛豫、内转换、外转换、体系间交叉等以热的形式失去过量能量的去活化过程。这些辐射和非辐射跃迁过程使激发态分子去活化回到较低的能级。

振动弛豫（VR）指在同一电子能级中，处于高振动能级的分子迅速失去其过多的振动能量并弛豫回到低的振动能级，将其能量传递给溶剂分子，转变成溶剂分子的热或振动运动。通常，一般完成该过程需要发生许多次，弛豫是逐级进行的。振动弛豫所需时间很短，为 $10^{-14} \sim 10^{-12}$s。

内转换（ic）是指电子在相同多重态的两个电子能级间的无辐射跃迁过程。当两个电子能级靠近时，其振动能级发生了重叠，以致高电子态的较低振动能级与较低电子态的较高振动能级有大致相同的能量时，很可能发生内转换。在两个激发态之间（如 S_2 与 S_1，T_2 与 T_1）或者激发态与基态之间（S_1 与 S_0）可以发生内转换，但若两能级之间的能量相差较大，以致能级并不重叠，则不能充分进行这种转换。激发单重态间的内转换一般需为 $10^{-13} \sim 10^{-11}$s，但是 $S_1 \rightarrow S_0$ 的内转换过程所需时间较长，为 $10^{-12} \sim 10^{-6}$s。这是因为内转换过程中两个能级的能量间隔越大，速率越小，S_0 和 S_1 二者之间的能量差较大所致。

荧光发射多为由处于电子激发单重态（S_1）最低振动能级的分子回到基态（S_0）过程中产生的。荧光发射需 $10^{-9} \sim 10^{-7}$s。由于振动弛豫和内转换所需的时间远比荧光发射所需的短，所以当分子被激发到 S_1 态不同振动能级时，分子会通过振动弛豫回到 S_1 态的最低振动能级，而当分子被激发到 S_2 以上的电子单重态不同振动能级上时，则这一分子会很快发生振动弛豫回到 S_2 态的低振动能级并通过内转换和振动弛豫回到 S_1 态的最低振动能级。而分子由 S_1 态最低振动能级回到电子 S_0 态而发射荧光，发射荧光的能量比分子所吸收的能量要小，所以荧光的特征波长比吸收波长要长。

体系间交叉（isc）是指电子在不同多重态的两个电子态之间的无辐射跃迁过程。激发单重态 S_1 的较低振动能级和激发三重态 T_1 的较高振动能级相重叠，则有可能发生体系间交叉跃迁，这种跃迁是禁阻的，因而其一般需 $10^{-5}\sim10^{-2}$s。

磷光发射发生在体系间交叉跃迁后，处于 T_1 态的分子通过振动弛豫到最低振动能级而去活化，此时的三重态可以通过外转换或体系间交叉跃迁回到基态，还能通过发射光子而去活化，即磷光发射。这个跃迁过程（$T_1 \rightarrow S_0$）也是自旋禁阻的，因此产生磷光需 $10^{-4}\sim10$s。而在光照停止后，磷光仍可持续一段时间。

外转换（ec）是指激发态分子将能量转移给溶剂或其他溶质分子等其他物质的非辐射过程。从最低激发单重态或三重态非辐射地回到基态能级的过程就可能发生外转换。这一过程会使荧光或磷光减弱甚至消失。动态猝灭是外转换的一种主要机理，它涉及在碰撞期间能量由激发态组分向其他分子的非辐射转移。

6.1 分子荧光光谱法

6.1.1 荧光的激发光谱和发射光谱

荧光是一种光致发光现象，分子对光的吸收具有选择性，因此荧光的激发和发射光谱是荧光物质的基本特征。测定激发光谱时，通常是在一定的狭缝宽度下，固定待测物质的发射波长 λ_{em}，然后改变激发光的波长 λ_{ex}，测量不同激发光波长所产生的荧光强度的变化。荧光强度最大处所对应的激发波长即为最适宜激发波长，称为最大激发波长，表示在此波长处，分子吸收的能量最大，能产生最强的荧光。测定发射光谱时，是将激发光波长固定在最大激发波长处，然后不断改变荧光的发射波长，测定不同的发射波长处的荧光强度的变化。在一般情况下，λ_{ex} 和 λ_{em} 分别表示最大激发波长和最大发射波长。激发光谱和发射光谱可用于鉴别荧光物质，并可以作为荧光测定时选择激发波长和测定波长的依据。图 6-3 为 1-萘酚的激发和发射光谱。

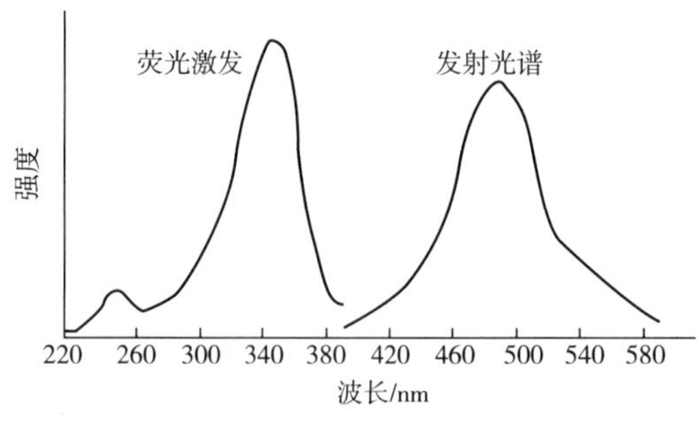

图 6-3　1-萘酚的荧光激发和发射光谱

从理论上讲，某种化合物的激发光谱的形状应与其吸收光谱的形状相同，然而由于测量仪器的光源的能量分布、单色器的透射率和检测器的敏感度都随波长而改变，并随测量仪器而异，测定的激发光谱的形状与吸收光谱的形状一般有所差异。在化合物的浓度足够小，且荧光的量子产率与激发光波长无关的条件下，并校正测量仪器的影响后，激发光谱在形状上将与吸收光谱相同，不同的仅仅是吸收光谱的纵坐标是吸光强度，而激发光谱纵坐标为荧光强度。

6.1.2　荧光发射光谱的特征

6.1.2.1　斯托克斯位移

对于溶液的荧光光谱，所观察到的物质的荧光波长总是大于激发光的长波，这种现象称为斯托克斯（Stokes）位移。这说明了在激发和发射之间存在着一定的能量损失。激发态分子在发射荧光之前和发射之后均发生了能量的损失，其中主要的能量损失来源于发射荧光之前的激发单重态分子到第一激发单重态（S_1）的最低振动能级的过程。在这个过程中，激发单重态分子经历了振动弛豫和内转换的无辐射跃迁，损失了部分能量，所以由第一激发单重态（S_1）的最低振动能级返回到基态（S_0）所发射荧光的能量小于受激发时吸收的能量，因此荧光的发射波长比激发光波长要长。而且，辐射跃迁可能只使激发态分子返回到基态的不同振动能级，然后在不同的振动能级之间通过振动弛豫进一步损失振动能量，这也使发射光波长比激发光波长长。

6.1.2.2　荧光光谱的形状

荧光物质的发射光谱通常只有一个发射带，这与分子吸收光谱不同，分子吸收光谱的吸收带往往可能有几个，这是由于分子吸收了不同能量的光子可以从基态跃迁到不同能级的电子激发态。而对于受到激发的荧光分子而言，由于从较高的激发态通过振动弛豫和内转换回到第一电子激发态（S_1）的概率是非常高的，远远大于从高能级激发态（如 S_2）直接发射光子而回到较低能态或基态（S_0）的概率。所以几乎绝大多数物质在发射荧光时，无论是用那个波长进行激发，电子都是从第一电子激发态的最低振动能级返回到基态的各振动能级的跃迁，因此只能产生一个发射带。但是也有例外，例如 pH 为 9 的吖啶的甲醇溶液中，若以 313nm 或 365nm 的光激发时，观察到的是通常的荧光光谱。但如果用 385nm、405nm 或 436nm 的光激发时，便会观察到光谱的突然红移，形状也有改变，这种现象被认为是与激发态的质子迁移反应有关。

由图 6-4 可见，苝的苯溶液的吸收光谱与其荧光发射光谱之间呈镜像对称关系。多数情况下，分子的荧光光谱和它的吸收光谱呈现这种镜像对称。

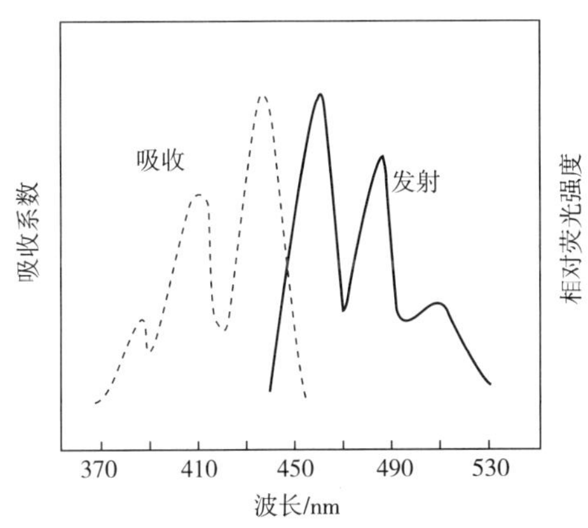

图 6-4　苝的苯溶液的吸收光谱和荧光发射光谱

6.1.3 荧光强度、荧光量子产率和荧光寿命

6.1.3.1 荧光强度与浓度之间的关系

荧光强度是指在一定条件下仪器所测得荧光物质发射荧光大小的一种量度。荧光是向四周发射的，没有固定方向，是各向同性的，因此实际上所测量的是某一方向的荧光强度。荧光是光致发光，而物质吸收光以后再发射光，所以荧光强度（I_f）应与吸收的光强度（I_a）以及荧光量子产率成正比，见式（6-1）：

$$I_f = \phi I_a = \phi(I_0 - I_t) \tag{6-1}$$

式中，I_f 为荧光强度；ϕ 为荧光量子产率；I_0 为照射被测物质的光强度；I_t 为透射光强度。

由第 5 章讨论可知，对于分子吸收，可用式（5-4）来描述 I_t 和 I_0 的关系，即式（6-2）：

$$I_t = I_0 e^{-kbc} \tag{6-2}$$

式中，k 可作为常数；b 为吸收池厚度；c 为待测物质的浓度。

将式（6-2）代入式（6-1），得到式（6-3）：

$$I_f = \phi(I_0 - I_0 e^{-kbc}) \tag{6-3}$$

当 $bc \to 0$，上式可化为式（6-4）：

$$I_f = \phi I_0 kbc \tag{6-4}$$

当 ϕ 和 b 不变时，式（6-4）可表示为式（6-5）：

$$I_f = aI_0 c \tag{6-5}$$

式中，a 为常数。由式（6-5）可知，增加入射光强度可提高荧光强度，当入射光强度 I_0 固定时，荧光强度与浓度之间成正比，但这样的正比关系同样是在被测物的浓度较低时才成立，而随着溶液浓度的进一步增大，将会出现荧光强度不仅不随被测物浓度线性增加，甚至出现随着浓度的增加而下降的现象。这种现象产生的原因主要包括下列几方面。

与紫外可见吸收光谱法相比，分子荧光光谱法的灵敏度更高，一般要高 2~4 个数量级。这首先是由于在紫外可见吸收光谱法中，测量的信号是 I_0 和 I_t（第 5 章）。当被测物浓度很低时，I_t 接近于 I_0，这两个信号都很大。而对于荧光光谱法，测量的信号是 I_f。当没有被测物时，空白信号 I_f^0 很小，接近于零；而当被测物浓度很低时，I_f 也很小，这两个信号都很小。由于噪声一般随信号增加而增大，所以在测量中，区分两个很小信号的微小差别比区分两个很大信号的微小差别更容易。即在荧光光谱法中，由低浓度被测物产生的小信号更容易准确地被测量。其次由于 I_t 与 I_0 同时增强，所以增强 I_0 时对 $\frac{I_t}{I_0}$ 不影响，而 I_f 随 I_0 增强而增强，所以可以通过增强 I_0 来提高荧光光谱法的灵敏度。

（1）内滤光效应。溶液中若存在着能吸收激发光的物质，就会减少观察到的荧光，这种现象被叫作“内滤光效应”。当可吸收激发光物质的浓度过高时对入射光的吸收作用增加，相当于降低了激发光的强度。

（2）再吸收现象。广义地讲，这也是内滤光效应的另一种情况。当荧光物质本身的吸收光谱和它的荧光光谱发生重叠时，且当溶液中荧光物质浓度比较高的时候，一部分荧光在它离开吸收池之前就又被吸收，从而造成荧光强度的下降。

（3）分子间相互作用。在溶质浓度较高的溶液中，可能发生溶质与溶质分子间的相互作用，结果荧光物质的激发态分子与其基态分子发生相互作用形成了二聚物，且荧光物质的激

发态分子与其他溶质的基态分子也可能形成复合物，从而导致荧光强度的下降。甚至当浓度更高时，荧光物质基态分子之间也可能产生聚合体，导致荧光强度的更严重下降。

6.1.3.2 荧光量子产率

荧光量子产率（ϕ）为荧光物质吸光后所发射的荧光的光子数与所吸收的激发光的光子数之比。由于激发态分子的去活化过程包括辐射跃迁和非辐射跃迁，荧光的量子产率将与上述每个过程的速率常数有关。见式（6-6）：

$$\phi = \frac{k_f}{k_f + \sum k} \tag{6-6}$$

式中，k_f 为荧光发射过程的速率常数；$\sum k$ 为其他非辐射跃迁过程的速率常数的总和。可见，荧光量子产率的大小取决于荧光发射过程与非辐射跃迁过程的竞争结果。假设 $\sum k << k_f$，ϕ 的数值便接近于1。如荧光素在NaOH水溶液中和罗丹明B在乙醇溶液中的 ϕ 分别达到0.92和0.97，均接近于1.0，说明这两种物质在去活化过程中的无辐射跃迁很小，可以忽略不计。多数荧光物质的 ϕ 一般都小于1。ϕ 越大，荧光强度越大；当 ϕ 为0时，就意味着该物质不能发射荧光。在荧光检测中，有分析应用价值的荧光物质的 ϕ 应为0.1以上。荧光物质的量子产率的数值大小，主要决定于化合物的结构和性质，除此以外，还与化合物所处的环境因素（介质、酸度、温度等）有关。

6.1.3.3 荧光寿命

荧光寿命（τ）可以用式（6-7）测定：

$$\ln I_f(0) - \ln I_f(t) = t/\tau \tag{6-7}$$

式中，$I_f(0)$、$I_f(t)$ 分别表示时间为0、t 时的荧光强度；τ 为荧光寿命。通过实验测定不同时间的 $I_f(t)$ 值，并作出 $\ln I_f(t)-t$ 的关系曲线，由所得直线的斜率便可计算荧光寿命 τ 值。

激发态的平均寿命 $\bar{\tau}$ 也可以根据式（6-8）估计：

$$\bar{\tau} = 10^{-5}/\varepsilon_{max} \tag{6-8}$$

ε_{max} 为最大吸收波长处的摩尔吸光系数，单位是L/（mol·cm）。由基态 S_0 至第一激发态 S_1 跃迁为允许的跃迁，ε 值一般为 $10^3 \sim 10^4$ L/（mol·cm），因而荧光的寿命为 $10^{-9} \sim 10^{-8}$ s。

6.1.4 荧光与分子结构的关系

在大量的有机和无机物质中，能够发荧光的物质不是很多。这是因为荧光的产生须具备两个条件：首先，物质的分子必须具有电子吸收光谱的特征结构，这是产生荧光的前提。其次，物质的分子吸收光之后，还必须具有高的荧光量子产率。许多吸光物质由于其结构特征，分子的荧光量子产率不高，不一定会发荧光。可见，荧光物质分子的激发、发射性质都与分子结构密切相关。分子是否发荧光与分子结构及测量荧光的环境有关。虽然预测分子是否发荧光是困难的，但是仍然具有一般的规则可循。

第一电子激发单重态（S_1）的性质是决定一个分子荧光特性的关键因素，这是因为荧光和体系间交叉跃迁通常都由此单重态发生。在有机分子中，S_0 和 S_1 间的跃迁包括 $\pi \rightarrow \pi^*$ 跃迁或 $n \rightarrow \pi^*$ 跃迁。最有效的荧光通常涉及 $\pi \rightarrow \pi^*$ 跃迁。

荧光物质往往具有如下特征：

（1）具有大的共轭双键结构。

（2）具有刚性的平面结构。

（3）取代基团为给电子取代基。

当然，应注意到，这些结构上的特征只具有一般意义，有时会有例外。

6.1.4.1 共轭 π 键体系

大量事实表明，荧光分子都含有能发射荧光的基团，习惯称荧光团。荧光团通常含有共轭 π 键，共轭 π 键达到一定程度才会发出荧光。由表 6-1 可以看出，电子共轭体系越大，π 电子越容易激发，一般来说产生的荧光越强（也有例外，如表 6-1 中并四苯与并五苯的量子产率为后者小于前者），同时荧光光谱越移向长波。

表 6-1 几种线状多环芳烃的荧光

化合物	ϕ	λ_{ex}/nm	λ_{em}/nm
苯	0.11	205	278
萘	0.29	286	321
蒽	0.46	365	400
并四苯	0.60	390	480
并五苯	0.52	580	640

6.1.4.2 刚性平面结构

对于具有强荧光的化合物和荧光试剂，仅有大的共轭体系还不够，分子的共轭体系必须具备具有刚性平面结构（图 6-5）。因为这种刚性平面结构增加了 π 电子体系的相互作用和共轭，结果是使分子与溶剂或其他溶质分子的相互作用减小、降低了碰撞去活化的可能性。例如，荧光素和酚酞结构十分相似，荧光素呈平面结构，是强荧光物质。而酚酞没有氧桥，其分子不易保持平面，不是荧光物质。荧光素衍生物常作为生物及医学研究中的分子探针就是基于这类分子的荧光团有很强的荧光发射能力。同样地，偶氮苯不发荧光，而杂氮菲会发荧光。又如，芴和联苯，芴在 0.1mol/L NaOH 溶液中的荧光量子产率接近于 1，而联苯仅为 0.20，这是由于芴中引入亚甲基，使芴刚性增强的缘故。再如，萘和维生素 A 都有 5 个共轭双键，萘是平面刚性结构，维生素 A 为非刚性结构，因而萘的荧光强度是维生素 A 的 5 倍。

刚性的影响也表现在有机配合剂与金属离子配合后荧光大大增强。例如，8-羟基喹啉-5-磺酸在弱碱性介质中无荧光，但是与 Zn（Ⅱ）、Cd（Ⅱ）等离子配合后，能够形成强荧光的配合物，这是喹啉上的羟基和 N 原子与金属离子形成了刚性的分子结构的缘故。

6.1.4.3 取代基效应

在芳香族化合物的芳环上引入不同的取代基对化合物的荧光强度和荧光波长都有很大的影响。通常有以下一些规律。

（1）给电子取代基。给电子取代基使荧光增强，属于这类取代基的有—NH_2，—NHR，—NR_2，—OH，—OR，—CN 等，这是因为取代基上的非键电子 n 几乎与芳环上的 π 轨道平行，产生了 n-π 共轭作用，增强了电子的共轭程度，导致荧光增强，荧光波长红移。表 6-2 列出了部分给电子取代基对苯荧光的影响。

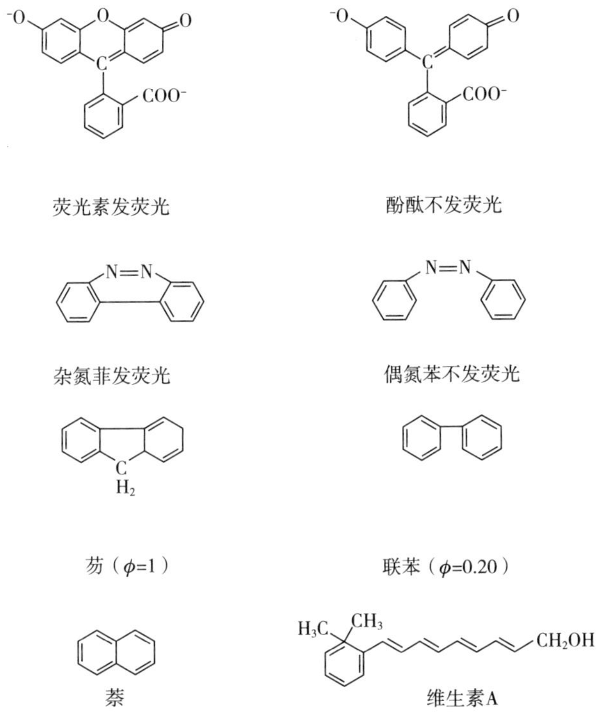

-O
O
O
C
COO-
-O
O
C
COO-
荧光素发荧光
酚酞不发荧光
N=N
N=N
杂氮菲发荧光
偶氮苯不发荧光
C
H2
芴（φ=1）
联苯（φ=0.20）
H3C
CH3
CH2OH
萘
维生素A

图 6-5　刚性平面结构对荧光强度的影响

表 6-2　给电子取代基对苯荧光的影响

化合物	分子式	荧光波长 λ_{em} /nm	荧光相对强度
苯	C_6H_6	270~310	10
苯酚	C_6H_6OH	285~365	18
苯胺	$C_6H_6NH_2$	310~405	20
苯基氰	C_6H_6CN	280~390	20
苯基醚	$C_6H_6OCH_3$	285~345	20

需要注意的是含有这类基团的荧光分子在极性溶剂中易形成氢键，在强酸中易质子化（$—NH_2 \rightarrow —NH_3^+$），在碱性介质中易转化为相应的盐（$—OH \rightarrow —O^-$），会使荧光强度变弱。

（2）吸电子取代基。吸电子取代基有—C ═O，$—NO_2$，—COOH，—CHO，—COR，—N ═N—，卤素（—Cl，Br，I）等。这些取代基取代，荧光体的荧光强度一般会减弱甚至猝灭，虽然这类基团中也都含有 n 电子，但其 n 电子的电子云不与芳环上 π 电子云共平面，不能构成 n-π 共轭，不能扩大电子共轭程度，这类化合物的 $n-\pi^*$ 跃迁属于禁阻跃迁，其摩尔吸收系数小，导致荧光减弱。硝基吸电子能力可以说是最大的，对荧光抑制非常严重，硝基苯无荧光。

$—SO_3H$ 含有不饱和键，表现出吸电子的性能，减弱荧光；同时，它又能解离出 H 带负电荷，又体现出推电子的行为，使荧光增强。增减相抵，它的引入一般无显著的荧光变化，但是却能使试剂的水溶性增加。

（3）取代基的位置。只有一个给电子取代基，取代基位置对芳烃荧光的影响通常是处于空间位阻最小或无空间位阻时，可使荧光增强。例如在下列化合物萘环上引入磺酸基，由于空间障碍使—N（CH_3）$_2$ 与萘之间的键发生了扭转而离开了平面构型，影响了 n-π 共轭作用，导致荧光减弱。

N（CH_3）$_2$　　SO_3^- N(CH_3)$_2$

^-O_3S

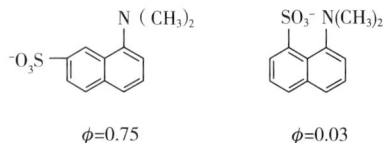

ϕ=0.75　　ϕ=0.03

（4）重原子效应。重原子效应，一般是指在发光分子中，引入质量相对较重的原子时出现磷光增强和荧光减弱的现象。典型的例子是芳烃取代上卤素之后，其化合物的荧光随卤素原子量的增加而减弱，相反磷光则相应地增强（表 6-3）。这种现象一般认为是由于相对较重的原子带有的电磁场对分子中电子自旋的影响要比较轻原子的影响大，因此，在分子中引入相对较重的原子可以造成激发的单重态和三重态在能量上更为接近，这也就减小了单重态和三重态之间的能量差，从而增加了 $S_1 \rightarrow T_1$ 体系交叉跃迁的概率，有利于磷光的发生，荧光的量子产量则降低。

表 6-3　卤素取代的重原子效应

化合物	ϕ_p/ϕ_f	荧光波长 λ_f/nm	磷光波长 λ_p/nm
萘	0.093	315	470
1-甲基萘	0.053	318	476
1-氟萘	0.086	316	473
1-氯萘	5.2	319	483
1-溴萘	6.4	320	484
1-碘萘	>1000	没观察到	488

注　ϕ_p 和 ϕ_f 分别为磷光和荧光量子产率。

（5）饱和烃的取代。此类取代基对荧光体的荧光强度影响不大，但由于饱和烃基的引入，增加了荧光体的振动和转动自由度，因而削弱了荧光激发光谱和发射光谱振动结构的分辨率，使振动结构变得模糊，且荧光峰也略向红移。

了解荧光和物质分子结构的关系，可以帮助我们考虑如何将非荧光物质转化为荧光物质，或将荧光强度不大或选择性较差的荧光物质转化为荧光强度大及选择性高的荧光物质，以提高荧光分析的灵敏度和选择性。

6.1.5　影响荧光强度的环境因素

虽然物质产生荧光的能力主要取决于其分子结构，然而物质所处的环境因素对分子的荧光可能会产生较大的影响。

6.1.5.1　溶剂的影响

溶剂对物质的荧光特性有比较大的影响。同一种荧光物质在不同溶剂中，其荧光光谱的位置和强度可能有明显不同。如硫酸奎宁在 H_2SO_4 中有荧光，而在 HCl 溶液中无荧光。一般来说，许多共轭芳香烃化合物的荧光强度随溶剂极性的增加而增强，且荧光峰波长向长波方向移动。这是因为共轭芳香烃化合物在激发时发生了 $\pi \rightarrow \pi^*$ 跃迁，其激发态比基态的极性更大，随着溶剂极性的增大，对激发态比对基态产生更大的稳定作用，结果使荧光光谱发生了红移。表 6-4 列出了 8-巯基喹啉在不同溶剂中的荧光峰波长和荧光效率，发现它在极性不同的溶剂中，荧光的量子产率、波长均发生了变化，随着极性的增加，溶剂由四氯化碳、氯仿、丙酮到乙腈的荧光量子产率增加，波长红移。

表 6-4　8-巯基喹啉在不同溶剂中的荧光峰波长和荧光效率

溶剂	相对介电常数	荧光峰波长 λ /nm	量子产率 ϕ
四氯化碳	2. 24	390	0. 002
氯仿	5. 2	398	0. 041
丙酮	21. 5	405	0. 055
乙腈	38. 8	410	0. 064

如果溶剂和荧光物质形成了化合物，或者溶剂使荧光物质的电离状态改变，则荧光峰的波长和荧光强度都会发生很大的改变。

在含有重原子的溶剂如碘乙烷和四溴化碳中，与将这些成分引入荧光物中所产生的重原子效应相似，导致荧光减弱。

然而荧光光谱的形状和强度与溶剂之间的关系，似乎没有绝对的规律，而视各种荧光物质与溶剂的不同而异。

6. 1. 5. 2　温度的影响

温度对荧光的影响是很明显的。一般来说，对于大多数荧光物质随着温度的降低，荧光的量子产率和荧光强度将增加；反之，温度升高，则荧光的量子产率和荧光强度下降。这是因为温度降低的时候，溶液中分子的活性减弱，溶液的黏度增大，溶质分子与溶剂分子间碰撞机会减少，降低了各种非辐射去活化概率，使荧光量子产率增加，荧光强度增强。例如，在中性水溶液中，吲哚乙酸的荧光随着温度的增加而减弱。在 20～30℃ 范围内，温度系数大约为 1. 5%，即温度每升高 1℃，荧光降低 1. 5%。又如，荧光素的乙醇溶液在 0℃ 以下每降低 10℃，荧光素的荧光量子产率增加 3%；冷却至 -80℃ 时，荧光量子产率为 100%。也有少数荧光物质例外，如喹啉红在水溶液或乙醇溶液，在 0～100℃ 范围内，其荧光量子产率并不改变。若溶液中有猝灭剂的存在，温度对于荧光强度的影响将更为复杂。在进行荧光测定时，激发光源产生的热量是溶液温度变化最重要的原因，而且分析过程中室温可能发生变化，因此在检测一些温度系数大的样品时，必须使用恒温池，保持溶液温度的恒定。

6. 1. 5. 3　pH 的影响

当荧光物质为有机弱酸或弱碱时，溶液 pH 的改变对荧光强度有很大的影响。无机螯合物的荧光也同样对 pH 很敏感。这是由于它们的分子和离子在电子构型上的差异。例如，苯酚离子化后，其荧光消失：

$$C_6H_5\text{-}OH \underset{H^+}{\overset{OH^-}{\rightleftharpoons}} C_6H_5\text{-}O^-$$

pH≈1,有荧光　　　　pH≈13,无荧光

这说明，苯酚在酸性溶液中以分子形式存在，呈现荧光，但在碱性溶液中，则以其阴离子形式存在。所以，当溶液的酸度降低至强碱时，此时溶液中主要是苯酚的负离子形态，不

发荧光。这种情况是荧光物质在分子状态下有荧光，而在离子状态下无荧光。有些物质则相反，在离子状态下有荧光，而在分子状态下无荧光，如 α - 萘酚，其分子形式无荧光，离子化后显荧光。又如，1-萘酚-6 磺酸在 pH 6.4~7.4 的溶液会发生蓝色的荧光，而当 pH<6.4 时，就不发荧光。

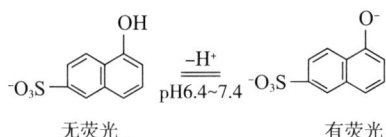

$$^{-}O_3S\text{-C}_{10}H_6\text{-OH} \underset{pH6.4\sim7.4}{\overset{-H^+}{\rightleftharpoons}} {}^{-}O_3S\text{-C}_{10}H_6\text{-O}^-$$

无荧光　　　　有荧光

金属离子与有机试剂所形成的荧光配合物，在溶液 pH 改变时，配合比也要改变，从而影响荧光产生或荧光强度的改变。例如，镓与 2，2-二羟基偶氮苯在 pH 3~4 溶液中形成 1∶1 的配合物，能发出荧光；而在 pH 6~7 溶液中则形成非荧光的 1∶2 配合物。在实际应用中，应考虑溶液 pH 对荧光物质的测定的影响。有时，也可以利用这种影响，通过调节溶液的 pH 值来产生某种所要求的型体。

6.1.5.4 荧光猝灭作用

广义地说，荧光猝灭是指任何可使荧光强度降低的作用。这里讨论的荧光猝灭是指荧光物质分子与溶剂分子或其他溶质分子相互作用，引起荧光强度降低的现象。与荧光物质分子相互作用引起荧光强度下降的物质，称为猝灭剂。荧光猝灭的类型很多，大致有如下几种类型。

（1）动态猝灭。动态猝灭要求激发单重态的荧光分子 M^* 与猝灭剂 Q 间相互接触。激发单重态的荧光分子 M^* 与猝灭剂 Q 相互碰撞后，激发态分子以无辐射跃迁方式返回基态，产生猝灭作用。这是激发态荧光分子在其寿命期间由于扩散而和猝灭剂之间发生的碰撞猝灭。猝灭速度受扩散控制并与溶液的温度和黏度有关。动态猝灭过程是与自发发射过程相竞争从而缩短激发态分子寿命的过程。溶液中荧光物质分子 M 与猝灭剂 Q 相互碰撞而引起荧光猝灭的最简单情况如下：

$$\text{(i) } M + h\nu \rightarrow M^* \text{（吸光过程）}$$

$$\text{(ii) } M^* \rightarrow M + h\nu' \text{（荧光过程）}$$

$$\text{(iii) } M^* + Q \rightarrow M + Q \text{（猝灭过程）}$$

猝灭机理一般是利用 Stern-Volmer 方程进行分析，见式（6-9）：

$$\frac{I_f^0}{I_f} = 1 + k_q\tau_0[Q] = 1 + k_{sv}[Q] \tag{6-9}$$

式中，I_f^0、I_f 分别表示不存在猝灭剂和猝灭剂浓度为［Q］时的荧光强度；k_q 为猝灭速率常数；τ_0 为不存在猝灭剂时荧光物质的平均荧光寿命；k_{sv} 为 Stern-Volmer 猝灭常数，显然，$k_{sv}=k_q\tau_0$。

温度升高，分子间碰撞概率增大，导致非辐射失活的外转换增加，从而加大猝灭的程度；溶剂黏度减小，同样会增大分子间的碰撞概率，增大碰撞猝灭的程度。

（2）静态猝灭。这是基态的荧光分子 M 与猝灭剂分子 Q 生成非荧光配合物 MQ 的过程，即 M+Q=MQ，$K=\frac{[MQ]}{[M][Q]}$，由于与荧光分子 M 生成了一种新的不发光的基态配合物，使荧光分子发出的荧光强度降低。基态配合物的生成也可能与荧光物质的基态分子竞争吸收激发光（内滤光效应）而降低了荧光物质的荧光强度。

静态猝灭过程中荧光强度与猝灭及浓度之间的关系为式（6-10）：

$$\frac{I_f^0}{I_f} = 1 + K[Q] \quad (6-10)$$

发现式（6-10）与动态猝灭过程所获得的关系式相似，只是在静态猝灭的情况下用配合物的形成常数 K（热力学常数）代替了猝灭常数 k_{sv}（动力学常数）。不过应当指出，只有荧光物质与猝灭剂之间形成 1∶1 的配合物的情况下，静态荧光猝灭才符合上述关系式。

（3）动态和静态的联合猝灭。有些情况下，荧光分子与猝灭剂之间不仅能发生动态猝灭，而且同时又能发生静态猝灭，即动态和静态的联合猝灭。这种情况下实验获得的 Stern-Volmer 图不是一条直线，而是一条向纵坐标轴弯曲的上升曲线。

（4）远程猝灭。分子间没有碰撞也可发生能量转移，这种类型的非辐射去活化叫作远程猝灭或 Förster 猝灭。当荧光给体分子和受体分子相隔的距离远大于给体—受体的碰撞直径时，仍然可以发生从给体到受体的无辐射能量转移。这种非辐射的能量转移过程是源于给体和受体间的偶极—偶极作用。当给体的发射光谱与受体的吸收光谱重叠且在重叠波长范围内给体的摩尔吸收系数相当高时，有利于发生远程猝灭。

（5）氧的猝灭作用。氧分子可以说是普遍存在的荧光猝灭剂。它能引起几乎所有的荧光物质产生不同程度的荧光猝灭现象。尤其是对无取代基的芳香化合物的荧光影响较为显著。不过，由于除氧操作麻烦，故在可以满足分析灵敏度要求下，在一般的分析中往往不需要除氧。

（6）荧光物质的自猝灭。在高浓度的荧光物质（浓度超过 1g/L）中，荧光强度因其浓度高而减弱称为自猝灭。自猝灭的原因并不完全一样，最简单的原因是激发态分子在发出荧光之前和未激发的荧光物质分子碰撞而引起的。此外，还有些荧光物质分子在高浓度溶液中生成二聚体或多聚体，使其吸收光谱发生了变化，也会引起荧光的减弱或消失。

综上，荧光猝灭作用在荧光分析中降低了待测物质的荧光强度，从这个角度上看，这种作用在荧光测定中是一个不利的因素，但是，从另一个方面看，人们也可以利用猝灭剂对某一荧光物质的荧光猝灭作用来进行定量分析。一般来说，荧光猝灭法比直接荧光法更为灵敏，并具有更高的选择性。

6.1.6 荧光光谱仪

荧光光谱仪一般由光源、激发单色器、试样池、发射单色器、检测系统、信号显示系统组成，光源用来激发被测物，单色器用来分离出所需要的单色光，检测系统（PMT）是用来把荧光信号转换为电信号。图 6-6 所示为常见的荧光光谱仪结构示意图。

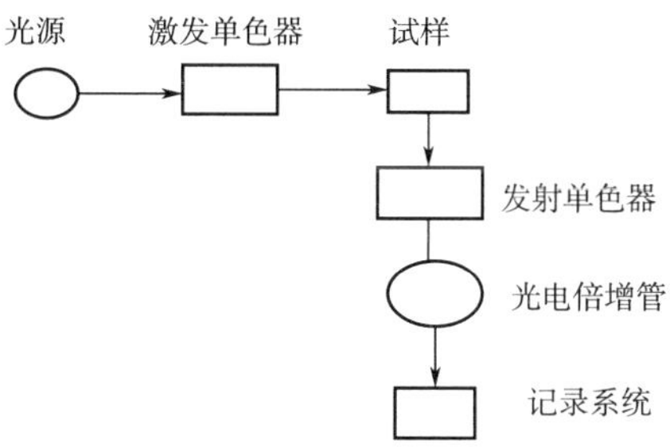

图 6-6　常见的荧光光谱仪结构示意图

从光源发出的光照射到盛有荧光物质的试样池上，产生荧光。荧光将向四面八方发射，为了消除透射光的干扰，通常在与激发光传播方向成90℃的方向上测量荧光。在90℃处进行测量的方法之所以被人们广泛采用，还与通常使用的试样池为矩形有关。在矩形池中以90℃的位置进行测量可使入射光及被测荧光物质均能垂直通过液池壁，这就减少了池壁对入射光及荧光的反射。仪器中的第二单色器的作用是滤去激发光所产生的反射光、溶剂的杂散光和溶液中杂质的荧光，只让被测组分的一定波长的荧光通过，然后到达光电倍增管被检测，再输入记录仪显示记录。

6.1.6.1 光源

光源应具有足够的强度、在所需光谱范围内有连续的光谱、其强度与波长无关、稳定性好等特点。从式（6.4）可见，发射荧光强度与入射光强度成正比，所以光源的强度直接影响其测量的灵敏度；而光源的稳定性则直接影响测定的重复性。最常用的光源是氙灯、汞灯。目前激光器的使用，使荧光分析法的应用更为广泛。

（1）氙灯。高压氙弧灯是目前荧光分光光度计中应用最广泛的一种光源。这种光源是一种短弧气体放电灯，外套为石英，内充氙气，室温时压力为$5 \times 1.013 \times 10^5$Pa，工作时压力约为$20 \times 1.013 \times 10^5$Pa。250~800nm波长区域为连续光谱，450nm附近有几条锐线。氙灯灯光很强，且在250~400nm波段内辐射线强度几乎相等。氙灯需要稳压电源以保证光源的稳定。氙灯无论是在平时或工作时都处于高压之下，存在爆裂的危险，安装时要特别小心。工作者避免直视光源。氙灯使用寿命大约为2000h，目前长寿命的氙灯约为4000h。

（2）汞灯。汞灯是初期荧光计的主要激发光源，它是利用汞蒸气放电发光的光源，它所发射的光谱与灯的汞蒸气压有关，可分为低压汞灯和高压汞灯两种。对于简单的荧光计，低压汞灯是最常用的光源；在商品荧光计中所用的汞灯一般为高压汞灯。高压汞灯产生的是强的线状光谱而不是连续光谱，因而不能用于对入射光波长进行扫描的仪器上。荧光分析中激发光常用的是汞的365nm线，其次是405nm和436nm线，由于大多数荧光化合物可被许多波长的光激发，所以一般至少有一条汞线是合适的。

除了上述两种传统的光源外，还可以用激光光源，正是激光光源的使用，使荧光法成为世界上第一个实现单分子检测的技术手段。但是因为使用激光光源的荧光仪设备复杂、价格昂贵、难以维修，且由于高激发辐照度带来的光解问题等，除了一些特殊用途外，激光目前很少被应用于商品荧光光谱仪中。

6.1.6.2 样品池

荧光分析用的样品池必须用低荧光材料制成，通常用不吸收紫外光的石英材料制成，形状以散射光较少的方形为宜。测定低温荧光时，在石英池之外套上一个装有液氮的透明的石英真空瓶，以便降低温度。

6.1.6.3 单色器

较精密的荧光分析光谱仪均采用光栅做色散元件，有两个单色器，第一个是激发单色器，置于光源和样品池之间，用于选择激发波长；第二个是发射单色器，置于样品池和检测器之间，用于选择荧光发射波长。

6.1.6.4 检测器

荧光的强度比较弱，因此要求检测器有较高的灵敏度，目前几乎所有的普通荧光光谱仪都采用光电倍增管（PMT）作为检测器，并使发射单色器和检测器所确定的方向与激发单色器和光源所确定的方向垂直。

6.1.7 荧光分析法的应用

由于能产生荧光的化合物占被测物的数量是相当有限的，并且许多化合物几乎在同一波长产生光致发光，所以荧光法很少用于定性分析。目前用于定量分析的方法有直接测定法、间接测定法和同步荧光分析法，其中，直接测定法、间接测定法为荧光分析中最常用的方法。

6.1.7.1 直接测定法

（1）标准曲线法。用已知量的标准物质，配成一系列标准溶液，并在一定的仪器条件下测量这些标准溶液的荧光强度，以荧光强度对标准溶液中待测物浓度绘制标准曲线。然后在相同的仪器条件下，测量试样溶液的荧光强度，从标准曲线上查出试样溶液中待测物的浓度。

（2）直接比较法。如果荧光物质的标准曲线通过零点，就可以选择其线性范围内某一浓度的标准溶液，用直接比较法测量。先配制标准溶液测定其荧光强度 I_s，然后在同样条件下测量试样溶液的荧光强度 I_x，由标准溶液的浓度 c_s 和两个溶液的荧光强度的比值，求出试样中被测物的浓度 c_x，即 $c_x = c_s \dfrac{I_x}{I_s}$。

6.1.7.2 间接测定法

许多有机物和绝大多数的无机化合物，它们或者不发荧光，或者因荧光量子产率很低而只有微弱的荧光，无法进行直接的测定，只能采用间接测定的方法。

（1）荧光衍生法。荧光衍生法是通过某种手段使本身不发荧光的待测物转变为发荧光的另一种物质，再通过测定该物质而测定待测物的方法。荧光衍生法根据采用的衍生反应大致可分为化学衍生法、电化学衍生法和光化学衍生法。其中化学衍生法和光化学衍生法用得较多，尤其是化学衍生法用的最多。许多无机金属离子的荧光测定，一般就是通过它们与金属螯合剂反应生成具有荧光的螯合物之后加以测定的。例如 Al^{3+} 不发荧光，但是它与 8-羟基喹啉所生成的配合物，会产生绿色荧光。

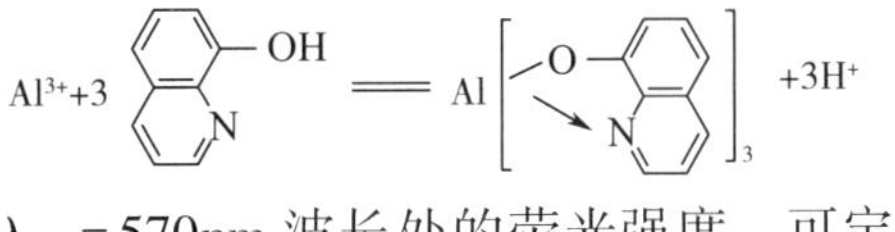

$Al^{3+}+3$ [8-羟基喹啉: OH, N] ══ Al[O, N]$_3$ $+3H^+$

选择 $\lambda_{ex}=520nm$，测定 $\lambda_{em}=570nm$ 波长处的荧光强度，可定量测定浓度范围为 0.002～0.24μg/mL 的铝。利用该法测定的元素已达 60 余种，其中铍、铝、硼、镓、镁及某些稀土元素等常用荧光法进行测定。

某些不发光的有机化合物，也可以通过化学衍生法，将它们转化为荧光物质进行测定。如维生素 B_1 本身不发荧光，但可在碱性溶液中用铁氰化钾等一些氧化剂将它氧化为发荧光的硫胺荧。又如，甘油三酯是生理化验的一个项目，人体血浆中甘油三酯含量的增高被认为是心脏动脉疾病的一个标志。测定时，首先将其水解，再氧化为甲醛，甲醛与乙酰丙酮及氨反应成为发荧光的 3，5-二乙酰基-1，4-二氢卢剔啶，其激发波长为 405nm，发射波长为 505nm，测定浓度范围为 400～4000μg/mL。

（2）荧光猝灭法。如果待测物本身不发荧光，但却具有能使某种荧光化合物的荧光猝灭的能力，由于荧光猝灭的程度与待测物的浓度有着定量关系，则可以通过荧光化合物荧光强度的下降程度，间接地测定该被测物。例如，大多数过渡金属离子与具有荧光性的芳香族配合剂配合后，往往使配合剂的荧光猝灭，从而可间接测定金属离子的浓度。

6.2 磷光分析法

磷光和荧光都是光致发光。磷光的产生伴随着电子自旋多重态的改变，并且磷光在激发光消失后还可以在一定时间内观察到。但对于荧光，电子能量的转移不涉及电子自旋的改变，激发光消失，荧光消失。任何发射磷光的物质也都具有两个特征光谱，即磷光激发光谱和磷光发射光谱。其定量分析的依据是在一定的条件下磷光强度与磷光物质浓度成正比。在仪器和应用方面磷光法与荧光法也是相似的。

6.2.1 磷光分析法原理

6.2.1.1 磷光的特点

磷光是分子由第一激发单重态 S_1 的最低振动能级，经体系间交叉跃迁到第一激发三重态 T_1，并经振动弛豫至最低振动能级，然后跃迁到基态时所发射的光。磷光与荧光的不同如下所述。

（1）磷光辐射的波长比荧光长。这是因为分子的激发三重态（T_1）的能量比单重态（S_1）低。

（2）磷光的寿命比荧光长。因为荧光是 $S_1 \rightarrow S_0$ 跃迁产生的，这种跃迁不涉及电子自旋方向的改变，容易发生，是自旋允许的跃迁，因而这种跃迁通常为 $10^{-9} \sim 10^{-7}$s；磷光是 $T_1 \rightarrow S_0$ 跃迁产生的，这种跃迁要求电子自旋反转，属于自旋禁阻的跃迁，这种跃迁为 $10^{-4} \sim 10$s。所以，当关闭激发光源后，荧光基本上瞬间消失，而磷光还可持续一段时间。

（3）重原子和顺磁性离子对磷光的寿命和辐射强度有很大影响。

6.2.1.2 低温磷光

当分子处于 T_1 态时，使激发态分子发生 $T_1 \rightarrow S_0$ 跃迁发射磷光的速度很慢，需要 $10^{-4} \sim 10$s，所以非辐射去活化过程概率增大，使磷光强度减弱，甚至完全消失。因此在室温下很少观察到溶液中的磷光。为了获得比较强的磷光，通常应在低温下测量磷光。

当溶解在有机溶剂中的样品处于液氮温度（77K）下时，则许多基质形成刚性玻璃体。使振动耦合和碰撞等非辐射去活化过程的概率降低，使处于激发三重态的分子可发射强的磷光。一般来说，大多数具有共轭体系的环状化合物在低温下都会发出较强的磷光。

6.2.1.3 室温磷光

一般情况下，室温下溶液中磷光物质发射的磷光很弱。而低温荧光要求在冷冻条件下进行测量。为了在室温下测量磷光，可采用下列办法。

（1）固体室温磷光。将测定的物质吸附在固体（载体）上，若能将被测物牢固地束缚在表面基质上，则可增加刚性，可降低激发三重态非辐射去活化的概率。用得较多的载体有滤纸、硅胶、氧化铝和玻璃纤维等。

（2）胶束缔合物室温磷光法。在试液中加入适当的表面活化剂，使其与被测物质形成胶束缔合物，以增加被测物的刚性，减小因碰撞引起的去活化过程，从而可在溶液中测量室温磷光。例如，在含有表面活性剂十二烷基磺酸钠溶液中，加入重原子 Tl 或 Pb，用化学法除氧，可测定 $10^{-7} \sim 10^{-6}$mol/L 的萘、芘和联苯等。由此例可看出，采用胶束缔合物室温磷光法时，一般应加入重原子，并除氧。

（3）敏化室温磷光法。在敏化室温磷光法测量中，弱或不发磷光的待测物（给体）被激发后把它的三重态能量转移到具有良好磷光量子产率的一个受体的三重态上，然后测量受体产生的磷光信号。良好的受体有溴代萘和丁二酮，它们即使在室温的溶液中也能发射较强的磷光。

6.2.1.4 重原子效应

如 6.1.4 节所述，在含有重原子的溶剂（如碘甲烷、碘乙烷等）中或在磷光物质中引入重原子取代基都可以提高磷光物质的磷光强度。利用重原子效应是提高磷光分析法灵敏度简单而有效的办法。

6.2.2 磷光光谱仪

磷光光谱仪同荧光光谱仪基本相同，主要区别在于前者在荧光光谱仪上装有特殊样品池(图 6-7)。样品池由样品管、杜瓦瓶和磷光镜组成。杜瓦瓶是一个装有液氮的石英瓶，样品管放在杜瓦瓶中，这样样品被液氮冷却，可在低温下测量磷光。磷光镜实际上由切光器和马达组成，有转筒式和转盘式两种类型。马达带动切光器旋转，此切光器可同时控制两个光路，让一个光路开通，另一个断开，即交替切断光路，使来自激发器的入射光交替照射样品，而由试样发射的光也交替地到达发射单色器。当激发光照射样品时，可将被测物激发到高能态，这时样品池与发射单色器间的光路被切断，磷光、散射光和荧光信号都不能进入检测器；而当激发光单色器与样品池间的光路被切断时，光不照射样品，荧光和反射光随即消失，而磷光寿命长，所以磷光可到达检测器。

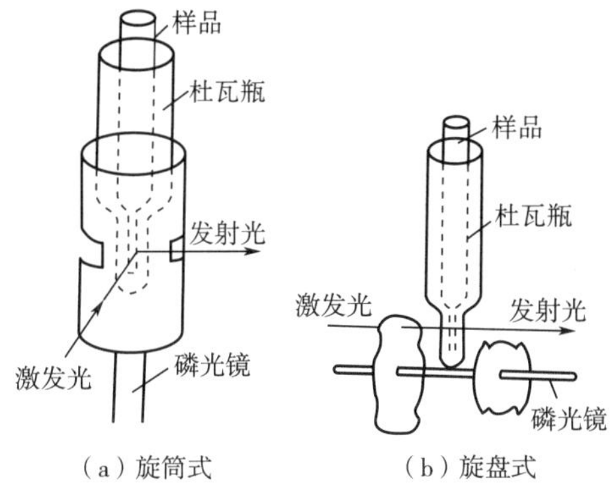

（a）旋筒式　　（b）旋盘式

图 6-7　样品池

6.2.3 磷光分析法的应用

磷光法的应用远不如荧光法普遍。这主要是因为能产生磷光的物质数量少而且测量磷光时一般需要在液氮条件下进行。磷光分析法主要用于测量有机和生物物质，如核酸、氨基酸、石油产物、多环芳烃、农药、医药、生物碱及植物生长激素等。表 6-5 列出了磷光法应用的一些实例。

表 6-5　一些有机组分的磷光法测定

化合物	溶剂	λ_{ex}/nm	λ_{em}/nm
腺嘌呤	水：乙醇（9：1）	278	406
腺苷	乙醇	280	422
6-氨基-6 甲基巯基嘌呤	水：乙醇（9：1）	321	456
2-氨基-4-甲基嘧啶	乙醇	302	438
阿司匹林	乙醇	310	430
盐酸可卡因	乙醇	240	400
蒽	乙醇	300	462
可待因	乙醇	270	505
苯甲醛	乙醇	254	433
二乙酰磺胺	乙醇	280	405
吡啶	乙醇	310	440
3，4-苯并芘	乙醇	325	508
水杨酸	乙醇	315	430
联苯	乙醇	270	385
磺胺基嘧啶	乙醇	305	405
磺胺	乙醇	300	410
色氨酸	乙醇	295	440
多巴胺	乙醇	285	430
维生素 K_1	乙醇	345	570

6.3　化学发光分析法

前述的荧光与磷光分析法均为光致发光，而化学发光是指由化学反应产生能量来激发分子，而此分子由激发态回到基态时发射光。根据化学发光的强度测定物质含量的分析方法叫化学发光分析。

6.3.1　基本原理

6.3.1.1　化学发光反应的基本条件

化学反应要产生化学发光现象，必须满足以下条件：该反应必须提供足够的激发能，即生成激发态分子的效率足够高；化学反应的能量至少能被一种分子吸收生成激发态；处于激发态的分子必须具有一定的化学发光量子产率，或者能将能量转移给另一个分子使之激发并释放出光子。

化学发光量子产率 φ_{CL} 见式（6-11）：

$$\varphi_{CL}=\frac{发射光子数}{反应分子数}$$

即

$$\varphi_{CL}=\varphi_C\cdot\varphi_L \tag{6-11}$$

式中，$\varphi_C=\dfrac{激发态分子数}{反应分子数}$，$\varphi_L=\dfrac{发射光子数}{激发态分子数}$。

6.3.1.2 化学发光强度与反应物浓度的关系

化学发光反应一般可表示为

$$A+B\rightarrow C^*+D,\ C\rightarrow C+h\nu$$

式中，C^* 为反应物 A 和 B 反应产物 C 的激发态；$h\nu$ 为发射的光子。

在时间 t 时，化学发光反应的发光强度 I_{CL}（t）（单位时间发射的光子数）取决于单位时间内参加化学反应分子数 n_A 的变化和反应的化学发光量子产率 ϕ_{CL}。若反应物 B 的浓度恒定，则见式（6-12）：

$$I_{CL}(t)=-\phi_{CL}\cdot\frac{dn_A}{dt}=-\phi_{CL}\cdot\frac{dc_AV}{dt} \tag{6-12}$$

式中，I_{CL}（t）表示 t 时刻的化学发光强度；V 为反应体积；c_A 为反应物浓度。反应体积不变，将上式可写为式（6-13）：

$$I_{CL}(t)dt=V\varphi_{CL}dc_A \tag{6-13}$$

如果积分发光强度用 I_{CL} 表示，即 I_{CL} 为从化学反应开始（$t=0$，$c_A=c_0$）至反应完全（$t=\tau$，$c_A=0$）区间内的积分强度，见式（6-14）和式（6-15）：

$$I_{CL}=\int_0^{\tau}I_{CL}(t)dt=V\phi_{CL}\int_{c_0}^{0}dc_A \tag{6-14}$$

$$I_{CL}=V\phi_{CL}c_0=Kc_0 \tag{6-15}$$

可见，在合适的条件下，化学发光强度与被测物 A 的浓度成正比。

6.3.2 化学发光反应的主要类型

6.3.2.1 自身化学发光反应

被测物质作为反应物直接参加化学反应，利用自身化学反应释放的能量激发产物分子产生光辐射，称为自身化学发光反应。可用反应式表示为

$$A+B\longrightarrow C^*+D\qquad C^*\longrightarrow C+hv$$

这类化学发光反应最多、最普遍。

6.3.2.2 敏化化学发光反应

敏化化学发光是指在某些化学反应中由于激发态产物本身不发光或发光十分微弱，但通过加入某种荧光剂（能量接受体）可导致发光。反应式为

$$A+B\longrightarrow C^*+D（激发步骤）$$

$$F+C^*\longrightarrow F^*+C（能量转移过程）$$

$$F^*\longrightarrow F+h\nu（发光步骤）$$

式中，C^* 为能量给予体，F 为能量接受体。这是一类间接化学发光，弥补了自身化学发光荧光量子产率低的不足，具有广泛的用途。常用的能量接受体有罗丹明 B、荧光素、曙红 Y、吖啶橙、维生素 B_2、二甲基胺苯甲醛、烟鲁绿 B 和酚藏红花等。

例如，罗丹明 6G-抗坏血酸-铈（Ⅳ）体系测定抗坏血酸就属于这一类型，其中罗丹明 6G 为发光能量接受体。

$$\text{抗坏血酸} + Ce(\mathrm{IV}) \longrightarrow A^* + Ce(\mathrm{III})$$

$$A^* + \text{罗丹明 6G} \longrightarrow \text{罗丹明6G}^* + B$$

$$\text{罗丹明6G}^* \longrightarrow \text{罗丹明 6G} + h\nu$$

抗坏血酸被 Ce（Ⅳ）氧化时吸收反应产生的化学能，形成受激中间体 A^*，而 A^* 又迅速将能量转移给罗丹明 6G，并使罗丹明 6G 分子激发，处于激发态的罗丹明 6G * 分子回到基态时，发射出光子。

6.3.2.3 偶合化学发光反应

偶合化学发光反应是将一个化学反应与一个化学发光反应进行偶合。

$$A+B = C \text{（化学反应）}$$

$$C + D \longrightarrow E^* + F \quad E^* \longrightarrow G + h\nu \text{（化学发光反应）}$$

在临床化学中，许多酶促反应都能同化学发光反应相偶合，可用于血液或其他组织中某些成分的测定。

6.3.2.4 光解化学发光反应

光解化学发光是指化学物质在强光照射下分裂成分子碎片，这些分子碎片发生化学反应时发射光。光解表示反应的历程为：

$$A + h\nu_1 \longrightarrow B^* + C$$

$$B^* + C \longrightarrow A^* \longrightarrow A + h\nu_2$$

例如，二氧化氮的光解化学发光机理可表示为：

$$NO_2 + h\nu_1 \longrightarrow NO^* + O \quad NO^* + O \longrightarrow NO_2{}^* \longrightarrow NO_2 + h\nu_2$$

6.3.2.5 火焰化学发光反应

一般化合物在高温下成为气态分子碎片，这些气态分子碎片（如 A 和 B）间发生化学反应时，所发射光，这一化学反应称为火焰化学反应。

$$A + B \longrightarrow C^*; \qquad C^* \longrightarrow C + h\nu$$

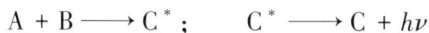

火焰化学发光必须在专门的元素火焰化学发光检测仪上进行。火焰化学发光反应多用于大气中含硫、含氮、含磷等污染物的监测。

6.3.2.6 电致化学发光反应

电致化学发光是指电解的氧化还原产物之间或与体系中某种组分进行化学反应所发射的光。当电极施加正负电位时，分子 A 在正电位下被氧化为 A^+：

$$A = A^+ + e^-$$

在负电位下被还原为 A^-：

$$A + e^- = A^-$$

A^+ 与 A^- 反应生成激发态的 A^*，并产生化学发光：

$$A^+ + A^- \longrightarrow A^* + A$$

$$A^* \longrightarrow A + h\nu$$

如果体系中同时含有还原（R）或氧化（O）性物质时，仅在工作电极上施加正或负电位便可生成激发态的 A^* 而发光：

$$A \rightleftharpoons A^+ + e^- \text{（或 } A + e^- \rightleftharpoons A^- \text{）}$$

$$A^+ + R \longrightarrow A^* + O \text{（或 } A^- + O \longrightarrow A^* + R \text{）}$$

$$A^* \longrightarrow A + h\nu$$

6.3.3 常见的化学发光试剂

化学发光试剂是化学发光分析的基础。研究、开发和合成化学发光量子产率高的化学发光试剂，对提高化学发光分析的灵敏度和扩大其应用范围十分重要。

6.3.3.1 鲁米诺

鲁米诺是化学发光分析中研究和应用最多的试剂之一。以鲁米诺的化学发光反应为基础测定的化合物有许多氧化剂，如 Cl_2，H_2O_2，O_2、MnO_4^- 等。产生化学发光时的量子产率 ϕ_{CL} 介于 0.01~0.05 之间，在水介质中，最大发射波长为 425nm。

鲁米诺在碱性溶液中整个反应历程可表示为：

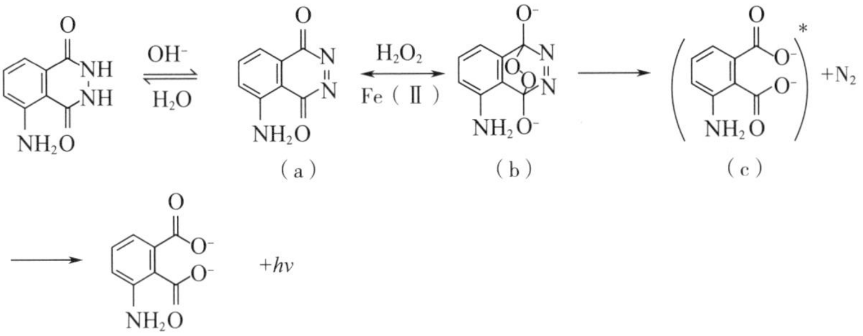

OH⁻ H₂O H₂O₂ Fe（Ⅱ） +N₂ +hν

（a）（b）（c）

关键的中间体为与氧化剂 H_2O_2 作用生成的不稳定的跨环过氧化物（b），此中间体分解的唯一结果是产生激发态而获得发射光。利用该发光反应可检测低至 $10^{-9}mol \cdot L^{-1}$ 的 H_2O_2。近年来，人们合成了一些选择性较好的以及发光量子产率较高的异鲁米诺，并将其用作标记试剂。如将合成的异硫氰酸鲁米诺标记到酵母 RNA 上，通过离心和透析分离后，进行化学发光测定。随着鲁米诺及其衍生物研究的深入，这类发光剂的灵敏度将会得到更大的提高，结合标记技术，它们在氨基酸、肽及蛋白质等生化物质分析方面将有更广阔的应用前景。

6.3.3.2 吖啶衍生物

光泽精是一种吖啶衍生物，是最常见的化学发光试剂之一。它的化学发光反应式为：

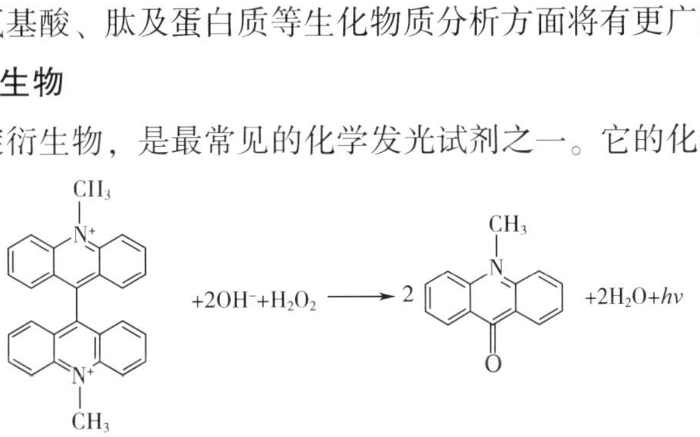

$$+2OH^- + H_2O_2 \longrightarrow 2 \quad +2H_2O + h\nu$$

在碱性条件下光泽精可被氧化而发出波长为 470nm 的光，与鲁米诺一样具有较高的化学发光量子产率，在 0.01~0.02 之间。

6.3.3.3 过氧草酸盐类

过氧草酸盐（酯）类物质自身并不发光，其化学发光为敏化化学发光，化学发光反应可能是，芳香草酸酯通过过氧化氢的氧化作用，形成高能量的中间物 1，2-二氧杂环丁烷二酮。

$$\mathrm{ArO{-}CO{-}CO{-}OAr+H_2O_2 = \underset{O-O}{\overset{O\quad O}{\square}} + 2ArOH}$$

1，2-二氧杂环丁烷二酮可看成是被测物的化学激发源，它与被测物反应并使被测物激发发光。

与鲁米诺比较，过氧草酸盐化学反应的发光效率高，可达到 27%，且在较宽的酸度范围内（pH 4~10）都能发光。但是过氧草酸盐本身难溶于水，这限制了它的应用。

6.3.3.4 多羟基化合物

多羟基化合物，如没食子酸、焦性没食子酸、苏木色精、桑色素、槲皮素等都可以作为化学发光试剂。如没食子酸（3，4，5-三羟基苯甲酸）和焦性没食子酸等在碱性介质中被 H_2O_2 或 O_2 氧化时有化学发光现象，发出蓝色（475~505nm）和红色（643nm）两种光。微量金属离子，如 Co（Ⅱ）、Mn（Ⅱ）、Cd（Ⅱ）、Pb（Ⅱ）等对这一反应有催化作用，据此可以测定这些金属离子。用没食子酸发光体系测定甲醛，发现微量甲醛的存在是没食子酸—H_2O_2 反应的化学发光强度大大提高，且与甲醛含量呈线性关系，因此该发光体系为水中微量甲醛的测定提供了一种灵敏而方便的方法，检出限可达 1.0×10^{-8}mol/L。

6.3.4 化学发光的测量仪器

化学发光分析的测量仪器主要包括样品室、光检测器、放大器和信号输出装置，如图 6-8 所示。

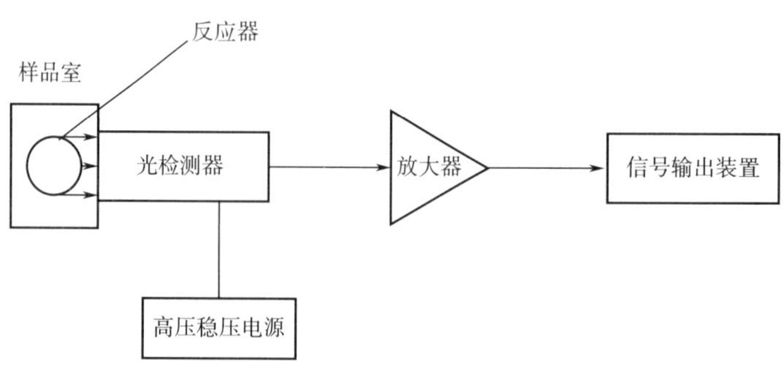

图 6-8 化学发光测量仪器示意图

在样品室中，当试样与有关试剂在反应器中混合后，化学发光反应立即发生，从反应器产生的化学发光直接进入检测系统进行光电转换，再通过放大器处理输出信号。在试样与有关试剂混合过程中应立即测定信号强度，否则就会造成光信号的损失。由于化学发光反应的这一特点，试样与试剂混合方式的重复性就成为影响分析结果精密度的主要因素。按照进样方式，有分立取样式和流动注射式两种发光分析仪。

6.3.4.1 分立取样式化学发光仪

分立取样式化学发光仪是一种在静态下测量化学发光信号的装置。利用移液管或注射器先将试样与试剂加入贮液管中，然后使试样与试剂同时流入到样品室的反应器中混合均匀，根据发光峰面积的积分值或峰高进行定量测定。

分立式仪器具有简单、灵敏度高的特点，还可用于反应动力学的研究。但手动进样重复性差，测量的精密度不高，且难于实现自动化。

6.3.4.2 流动注射式化学发光仪

流动注射分析是一种自动化溶液分析方法，它是基于把一定体积的液体（几十到几百微升）试样注射到一个流动着的、无空气间隔的、由适当液体组成的载流中，试样被载带到反应器中，在此由另一流路引入的反应试剂反应发光，再连续地记录其信号强度。采用流动注射式进样，可以准确地控制试样及有关反应试剂的体积，并可以选择试样准确进入反应器的时间，使其与反应试剂进入反应器的时间相一致。该方法得到了比分立式发光分析法更高的灵敏度和精密度。

6.3.5 化学发光分析法的特点和应用

化学发光分析具有以下特点：

（1）灵敏度高，检出限可达 10^{-15}mol/L。

（2）线性范围宽，一般可达 4~5 个数量级。

（3）设备简单，不需要光源及单色器。

（4）操作方便，易实现自动化。

化学发光分析法可测定的金属离子和其他无机组分各达 30 多种，涉及的分析试样极为广泛。其中，利用金属离子对化学发光反应的催化作用测定无机物的研究报道最多；利用被测无机组分的氧化作用或对化学发光反应的抑制作用或利用偶合反应测定无机物的研究也有报道。所用的发光试剂以鲁米诺最多，采用的分析手段以流动注射为主，或与其他技术联用，其中以毛细管电泳—化学发光联用技术最为引人注目。

相对于无机物的化学发光分析，有机化合物的化学发光分析难度比较大。一般通过三种途径实现化学发光分析：一是有机物作为发光试剂参与化学发光反应直接被测定；二是作为反应物（不是发光剂）、敏化剂、猝灭剂、能量接受体等间接被测定；三是通过酶促反应的产物与发光反应偶合间接被测定。有机化合物及药物的化学发光分析一般都要结合分离技术，如高效液相色谱-化学发光法等。

近年来，活性氧在生物学和生物医学等领域中备受关注，自由基参与的各种发病机理研究越来越受到重视。黄嘌呤氧化酶在氧存在下，催化底物黄嘌呤发生氧化反应产生 $\cdot O_2^-$，$\cdot O_2^-$ 进一步与鲁米诺反应产生化学发光。机体内的超氧歧化酶能消除 $\cdot O_2^-$，所以抑制了鲁米诺的发光，利用此原理可间接测定超氧歧化酶。

化学发光免疫分析是目前研究十分活跃的领域，它是以发光剂标记或酶标记进行测定，使其灵敏度可以赶上或超过放射免疫分析。例如，将新发光免疫试剂 N （β 羟基丙酰基）异鲁米诺标记羊抗原抗体，并基于 $K_3Fe(CN)_6-H_2O_2-Co$（Ⅱ）发光体系可测定 8.75×10^{-13}mol/L 的标记抗体。

化学发光分析技术以其分析快速、操作简单以及无放射性污染等特点在核酸杂交分析中受到关注。例如，吖啶酯类衍生物可以直接标记在核酸探针上，以它作标记物不需催化剂，标记反应不影响其发光的量子产率，并可选择性地分解标记物，产生化学发光，而吖啶酯类衍生物的发光可因其中的苯酚水解而完全猝灭。因此在一定条件下，可以用化学方法将未杂交的吖啶酯水解而破坏，而探针中的吖啶酯因插入碱基对中受到保护。

课后习题

（1）用荧光法测定复方炔诺酮片中炔雌醇的含量时，取药 20 片（每片含炔雌醇应为 31.50~38.50μg），研细溶于无水乙醇中，稀释至 250.00mL，滤过，取滤液 5.00mL，稀释至 10.00mL，得到分析溶液在激发波长 285nm 和发射波长 307nm 处测量荧光强度。炔雌醇标准的乙醇溶液（1.40μg/mL）在同样测定条件下荧光强度为 65，则合格药片的荧光强度应在什么范围内？

（58.5~71.5）

（2）用酸处理 1.00g 谷物试样，分离出核黄素，加入少量 $KMnO_4$，将核黄素氧化，过量的 $KMnO_4$ 用 H_2O_2 除去。将此溶液移入 50.00mL 容量瓶中，稀释至刻度。吸取 25.00mL 放入样品池中测量荧光强度。测得氧化液的读数为 5.0 格。加入少量连二亚硫酸钠（$Na_2S_2O_4$），使氧化态核黄素（无荧光）重新转化为核黄素，这时荧光计读数为 58 格。在另一样品池中重新加入 24.00mL 被氧化的核黄素溶液以及 1.00mL 核黄素标准溶液 0.80μg/mL，这一溶液的读数为 90 格，计算试样中核黄素的含量（μg/g）。

（0.9976μg/g）

（3）烟酰胺腺嘌呤双核苷酸（NADH）的还原形是一种重要的强发荧光辅酶，其最大激发波长为 340nm，最大发射波长为 365nm，用荧光光谱仪测得一系列 NADH 标准溶液的荧光强度值如下表。

NADH 浓度/（$\mu mol \cdot L^{-1}$）	0.100	0.200	0.300	0.400	0.500	0.600	0.700	0.800
相对强度	13.0	24.6	37.9	49.0	59.7	71.2	83.5	95.1

写出回归方程，并计算出以相对荧光强度为 42.3 时未知样品中 NADH 的浓度。

（$I_f = 1.761 + 116.6c$，0.348μmol/L）

（4）试对下列名词进行解释。

（a）单重态；（b）三重态；（c）振动弛豫；（d）内转换；（e）体系间交叉；（f）外转换。

（5）简述分子荧光光谱仪的主要结构。

（6）哪些环境因素会影响荧光波长和强度？

（7）如何利用荧光分析方法测定溶液 Al^{3+} 的含量？

（8）通常情况下，物质荧光强度会随着温度降低而增加，为什么？

（9）当溶剂从苯变为乙醚时，萘产生的荧光波长会发生红移还是蓝移？为什么？

（红移）

（10）试叙述荧光分析方法中，检测器在与激发光呈 90°的方向检测的优越性。

（11）以下两种氨基酸的化学结构，是否可以不经实验判断其荧光强度的大小次序。

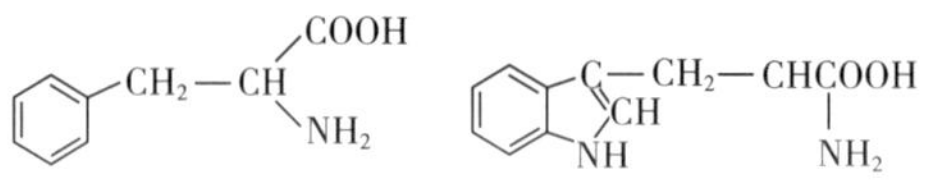

$C_6H_5-CH_2-CH(COOH)(NH_2)$

苯丙氨酸

$C_8H_5NH(C{=}CH)-CH_2-CH(NH_2)COOH$

色氨酸

（12）按荧光强弱顺序排列下列化合物并解释之。

（a） 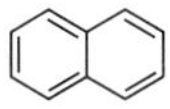　（b）CH_3　（c）COOH

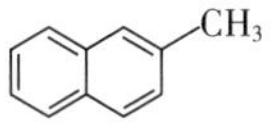

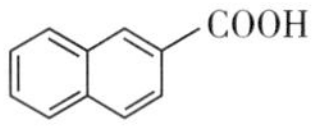

（d）OH　（e）NO_2

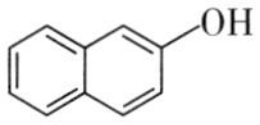

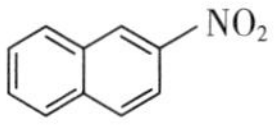

（d>a≈b>c>e）

（13）下列化合物中哪一个磷光最强？

（a）Cl　（b）Br　（c）I

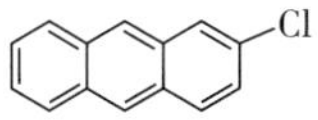

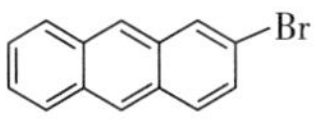

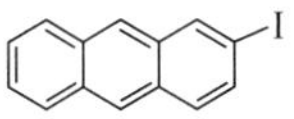

（C）

（14）发生化学发光要满足哪些条件？

7　红外和拉曼光谱法

本章资源

红外和拉曼光谱是由分子振动及转动能级的跃迁而产生的特征光谱，是进行定量、定性和结构分析的两种重要光谱分析法。红外光谱法是根据物质对红外的吸收特性而建立起来的一种分析方法，而拉曼光谱法是根据光通过物质时发生的拉曼散射现象获得物质结构信息的一种分析方法。由于拉曼谱线的数目、位移和强度均与物质分子振动和转动能级有关，因此在物质的结构鉴定、化学组成研究及化学反应的机理研究等方面，拉曼光谱与红外光谱作为两种有效的研究手段得到了广泛的应用。

红外光谱是一种分子吸收光谱，与紫外可见光谱一样，呈现出带状光谱，可在不同波长范围内显示出物质分子中各种官能团的特征吸收峰。两者的主要不同之处见表 7-1。

表 7-1　红外与紫外可见光谱的比较

项目	紫外可见光谱	红外光谱
跃迁类型	电子跃迁	振动跃迁
谱带形状	电子带不合并一般振动、转动 精细结构变得模糊或消失	振动带不合并一般转动 精细结构消失
谱带强度/（$L \cdot mol^{-1} \cdot cm^{-1}$）	$\varepsilon_{max}=10^4 \sim 10^5$	$\varepsilon_{max}=10^2 \sim 10^3$
仪器：光源	卤钨灯，氘灯	硅碳棒
波长选择器	光栅	干涉仪，光栅
检测器	光电倍增管	热电偶，热释电器件
应用	主要是定量，其次是定性	主要是定性，其次是定量
被测物	共轭有机分子	几乎所有有机物

7.1　基本原理

7.1.1　红外光谱

红外光的能量远小于紫外光的能量，当红外光照射到样品时，其能量不能引起分子中电子能级的跃迁，而只能引起分子振动能级和转动能级的跃迁。由分子的振动和转动能级跃迁产生的吸收光谱称为红外吸收光谱。红外吸收光谱区可分为近红外光区、中红外光区和远红外光区三个区域，如表 7-2 所示。

表 7-2 红外光谱区的划分

区域	$\lambda/\mu m$	σ/cm^{-1}	$v/$ Hz
近红外	0.75~2.5	13333~4000	$4.0\times10^{14}\sim1.2\times10^{14}$
中红外	2.5~50	4000~200	$1.2\times10^{14}\sim6.0\times10^{12}$
远红外	50~1000	200~10	$6.0\times10^{12}\sim3.0\times10^{11}$
最常用	2.5~15	4000~667	$1.2\times10^{14}\sim2.0\times10^{13}$

对大多数物质分子产生的振动光谱，主要都集中在中红外区，一般说的红外光谱就是指中红外光谱。如图 7-1 所示，红外光谱图一般是以透光率 T（%）作纵坐标，以波数 σ（cm^{-1}）作横坐标绘制得到的吸收曲线，它反映了物质对不同波长红外光吸收的情况。横坐标单位间距离不同，2000cm^{-1} 处发生变化，因为大部分有用的数据在小于 2000cm^{-1} 处。虽然也可以吸光度为纵坐标，以波长为横坐标，但现在一般以透光率和波数分别为纵坐标和横坐标。虽然能量与频率成正比，但用频率作为标度时，数字太大，不方便，而波数与频率成正比，所以用波数作横坐标标度，且易与拉曼光谱进行比较。以波数作标度时，单位为 cm^{-1}，但人们有时将以 cm^{-1} 为单位的波数称为频率，如 HF 的伸缩振动吸收峰在 4185cm^{-1}，常说成 HF 的伸缩振动频率为 4185cm^{-1}。紫外可见吸收光谱法主要用于定量分析，所以纵坐标用吸光度方便，而红外光谱主要用于定性和结构分析，习惯仍用透光率。

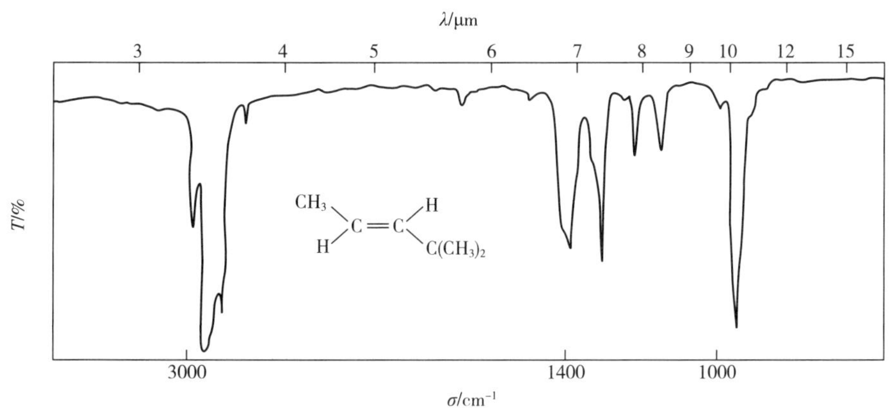

图 7-1 典型的红外光谱图

7.1.2 产生红外光谱的条件

红外光谱是由分子振动能级的跃迁而产生的，但并不是所有的振动能级跃迁都会吸收红外光，产生红外光谱。只有满足以下两个条件，物质分子才能产生红外光谱。

（1）$\Delta E_v=h\nu$，即照射光的能量（$h\nu$）与分子振动能级间能量差（ΔE_v）正好相等时，物质分子才会吸收红外光。

（2）$\Delta\mu\neq0$，即分子偶极矩（μ）发生变化的振动才会产生红外吸收光谱。

具有偶极矩变化的分子振动是红外活性的振动，反之是非红外活性的振动。对于单原子或具有两个相同原子的双原子分子，如 He，Ar，O_2，N_2，H_2 等分子的振动，其偶极矩变化为 0，是非红外活性的。CO_2 分子是一个中心对称分子，其永久偶极矩为 0，但其振动时偶极矩发生变化，如图 7-2 所示，故有红外吸收。对于多原子分子，若分子有对称中心，如乙烯的对称中心位于 C ═C 键的正中央，苯的对称中心是苯环六边形的中心。如果振动使分子失去了对称中心，那么这一种振动是红外活性的；如果对称中心仍保持着，则振动为非红外活性的。

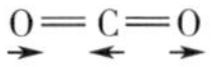

O═C═O
→ ← →

图 7-2　CO_2 的不对称伸缩振动

7.1.3　双原子分子的振动

由经典力学原理可知，对于一个弹簧振子的简谐振动，物体所受的弹性力 f 与弹簧的伸长即物体对平衡位置的位移 x 的关系是 $f=-kx$，k 是力常数，负号表示力与位移的方向相反。如果物体在平衡位置时的势能为 0，则物体的势能为 $E=\frac{1}{2}kx^2$。物体的机械振动频率 $\left(v_{机}=\frac{1}{2\pi}\sqrt{\frac{k}{m}}\right)$ 为物体的固有频率。

对于双原子分子，可把两个原子看成质量分别是 m_1 和 m_2 的两个刚性小球，两球之间的化学键可以看作是一个没有质量的弹簧，如图 7-3 所示。同样地，可得到双原子分子的机械振动频率 $v_{机}=\frac{1}{2\pi}\sqrt{\frac{k}{\mu'}}$，$\mu'$ 是两原子的折合质量，$\mu'=\frac{m_1 \cdot m_2}{m_1+m_2}$。

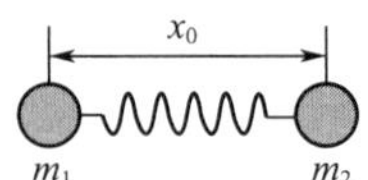

图 7-3　谐振子示意图

x_0—平衡位置时两个原子的间距

虽然将经典力学用于双原子分子的振动可得到振动的频率，但原子、分子是微观粒子，它们的运动应用量子力学来描述才是合适的。对于双原子分子的振动，量子力学证明，分子振动的能量是量子化的，可用振动量子数 v 来描述，见式（7-1）：

$$E_v=\left(v+\frac{1}{2}\right)\frac{h}{2\pi}\sqrt{\frac{k}{\mu'}} \tag{7-1}$$

式中，k 为键力常数；v 为振动量子数，$v=0$，1，2，…。

一般分子吸收红外光主要属于基态（$v=0$）到第一振动激发态（$v=1$）之间的跃迁。当光照射分子时，$E_1-E_0=\Delta E_v=hv$，由式（7-1）可得到式（7-2）：

$$hv=\Delta E_v=E_1-E_0=\left(1+\frac{1}{2}\right)\frac{h}{2\pi}\sqrt{\frac{k}{\mu'}}-\left(0+\frac{1}{2}\right)\frac{h}{2\pi}\sqrt{\frac{k}{\mu'}}=\frac{h}{2\pi}\sqrt{\frac{k}{\mu'}}$$

$$v=\frac{1}{2\pi}\sqrt{\frac{k}{\mu'}} \tag{7-2}$$

与前边用经典力学推导结果相比可知，由经典力学推导的双原子分子的机械振动频率与量子力学得到的分子由基态跃迁至第一振动激发态吸收光的频率有相同的表达式。但与经典力学不同的是，用量子力学时，还可预测分子由振动基态（$v=0$）跃迁至第二振动激发态（$v=2$）、第三振动激发态（$v=3$）等所吸收光的频率，而在实验中，也确实观察到红外吸收峰除了由基态（$v=0$）跃迁至第一激发态（$v=1$）产生的基频峰外，还有由 $v=0$ 跃迁到 $v=2$ 或 $v=3$ 等产生的二倍频峰、三倍频峰等。式（7-2）是由双原子分子振动模型导出，用此式来计算多原子分子中某些化学键的振动频率与实验值有一定差别。在红外光谱法中，红外光在电磁波谱中的位置一般习惯上不用频率表示，而用波数表示时，式（7-2）可写成式（7-3）：

$$\sigma = \frac{v}{c} = \frac{1}{2\pi c}\sqrt{\frac{k}{\mu'}} \tag{7-3}$$

应注意，上式计算 σ 时，k 的单位为 N/m，μ'为两原子的折合质量，见式（7-4）：

$$\mu' = \frac{m_1 \cdot m_2}{m_1 + m_2} \tag{7-4}$$

m_1 和 m_2（单位为 kg）是原子的质量，为计算方便，分别用相对原子质量 Ar_1 和 Ar_2，见式（7-5）：

$$Ar_1 = \frac{m_1}{u} \qquad Ar_2 = \frac{m_2}{u} \tag{7-5}$$

式中，u 为原子质量常量。将 m_1 和 m_2 分别用 Ar_1 和 Ar_2 代替，则式（7-3）变为式（7-6）：

$$\sigma = \frac{1}{2\pi c}\sqrt{\frac{k}{\frac{Ar_1Ar_2u}{(Ar_1 + Ar_2)}}} \tag{7-6}$$

将 π（3.1416）、c（2.998×10^{10}cm/s）、u（1.6606×10^{-27}kg）代入，k 的单位是 N/m，1N=1kg · m/s，若以 N/cm 为单位，则应在 k 前边乘以 100，并令

$$\mu = \frac{Ar_1Ar_2}{Ar_1 + Ar_2}$$

则得到式（7-7）：

$$\sigma = \frac{1}{2\times3.1416\times2.998\times10^{10}}\sqrt{\frac{100k}{1.6606\times10^{-27}\mu}} = 1303\sqrt{\frac{k}{\mu}}\ (\text{cm}^{-1}) \tag{7-7}$$

式中，k 为力常数，单位是 N/cm；μ 是相对原子折合质量，为了方便也称 μ 为原子折合质量。

由式（7-7）可知，影响化学键振动频率的直接因素是化学键的力常数 k 和相对原子折合质量 μ。当 k 较大或 μ 较小时，吸收峰出现在高波数区；而当 k 较小或 μ 较大时，吸收峰出现在低波数区。影响 k 的主要因素有：

（1）键的数目。随化学键数目增加，k 会增加，则 σ 会增加，例如，C≡C、C═C 和 C—C 三种碳碳键的 k 分别为 15.6N/cm、9.6N/cm 和 4.5N/cm，即 $k_{C\equiv C} > k_{C=C} > k_{C-C}$，则对于这三种碳碳键吸收峰的位置可计算如下：

$$\mu = \frac{12\times12}{12+12} = 6$$

$$\sigma_{C\equiv C} = 1303\sqrt{\frac{15.6}{6}} = 2101\ (\text{cm}^{-1})$$

$$\sigma_{C=C}=1303\sqrt{\frac{9.6}{6}}=1648\ (\text{cm}^{-1})$$

$$\sigma_{C-C}=1303\sqrt{\frac{4.5}{6}}=1128\ (\text{cm}^{-1})$$

由上述例子可知，虽然原子种类相同，即两个原子均为碳，但随碳碳间键数目的增加，σ 增加。

（2）原子的种类。对于相同的化学键，如均为单键，若单键所连原子不相同，则所得的 σ 也是不同的，因为不同的原子将同时影响 k 和 μ 的大小，如 H—F、H—Cl、H—Br 和 H—I 四个化合物中单键的 k 分别为 9. 8N/cm、4. 8N/cm、4. 1N/cm 和 3. 2N/cm，而它们的 σ 分别为 4185cm^{-1}、2894cm^{-1}、2654cm^{-1} 和 2340cm^{-1}。分子中的原子被它的同位素取代后，对键长和化学键力常数 k 几乎没有影响，这样就可以利用振动波数与原子量的关系来研究同位素。

（3）环境。化学键所处的环境对吸收峰的位置会产生一定的影响，如对应于 H—C ≡ C—H 中 C—H 键的吸收峰出现在 3300cm^{-1} 附近，而对应于 $H_2C=CH_2$ 中的 C—H 键的吸收峰出现在 3060cm^{-1} 附近。这是由于 C—H 键所处的环境不同，使 k 不同（前者 k 为 5. 9N/cm，后者为 5. 1N/cm）而产生的结果。

7. 1. 4　多原子分子的振动

7. 1. 4. 1　振动类型

双原子分子的振动只有伸缩振动一种类型，而对于多原子分子，其振动类型有伸缩振动和变形振动两类。伸缩振动是指原子沿键轴方向来回运动，键长变化而键角不变的振动，用符号 v 表示。伸缩振动有对称伸缩振动（v_s）和不对称伸缩振动（v_{as}）两种形式。变形振动又称弯曲振动，是指原子垂直于价键方向的振动，键长不变而键角变化的振动，用符号 δ 表示。变形振动有面内变形振动和面外变形振动。分子振动的各种形式可以亚甲基为例说明，如图 7-4 所示。

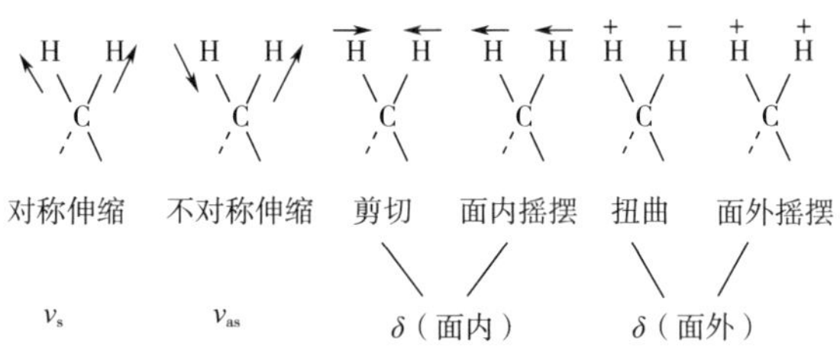

图 7-4　亚甲基的各种振动形式

+—运动方向垂直纸面向内　-—运动方向垂直纸面向外

7. 1. 4. 2　振动数目

振动数目称为振动自由度，每个振动自由度相应于红外光谱的一个基频吸收峰。一个原子在空间的位置需要 3 个坐标或自由度（x，y，z）来确定，对于含有 N 个原子的分子，则需要 $3N$ 个坐标或自由度。这 $3N$ 个自由度包括整个分子分别沿 x、y、z 轴方向的 3 个平动自由度以及整个分子绕 x、y、z 轴方向的转动自由度，平动自由度和转动自由度都不是分子的振动自由度，因此

$$振动自由度=3N-平动自由度-转动自由度$$

对于线性分子和非线性分子的转动如图 7-5 所示。可以看出，线性分子绕 y 和 z 轴的转动，引起原子的位置改变，但是其绕 x 轴的转动，原子的位置并没有改变，不能形成转动自由度。所以，线性分子的振动自由度为 $3N-3-2=3N-5$。非线性分子绕三个坐标轴的转动都使原子的位置发生了改变。

z
y
x
线性分子
z
y
x
非线性分子

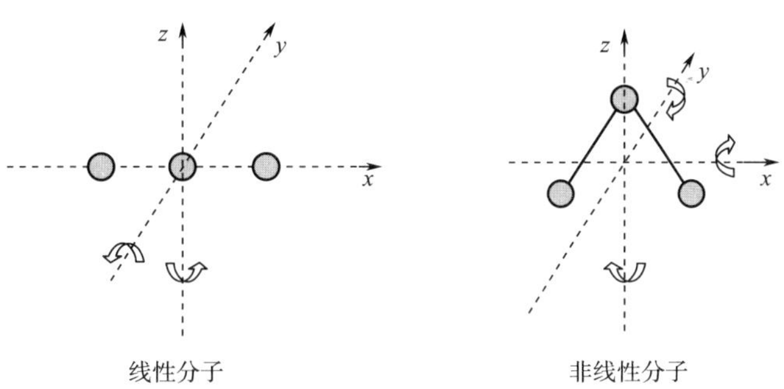

图 7-5　分子绕坐标轴的转动

对于 H_2O，它是非线性分子，因此振动自由度为 $3N-6=3$，这 3 个振动形式及水的红外吸收光谱图如图 7-6 所示。

H H O
ν_{as}: 3756cm^{-1}
ν_s: 3652cm^{-1}
δ: 1595cm^{-1}
T/%
3756
3652
1595
σ/cm^{-1}

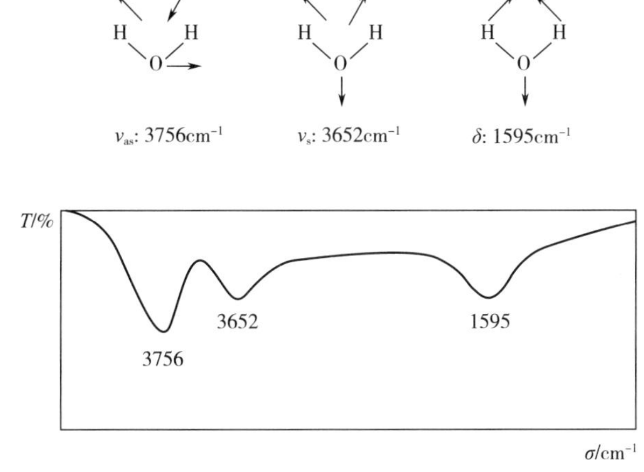

图 7-6　水分子的振动形式和红外光谱图

从理论上讲，计算得到的一个振动自由度应对应一个红外基频峰，如上面的水分子。但是，在实际上，常出现红外图谱的基频吸收峰的数目小于理论计算的分子自由度的情况。例如，对于线性分子 CO_2，计算其振动自由度为 $3N-5=4$，有四种基本振动形式，如图 7-7 所示。

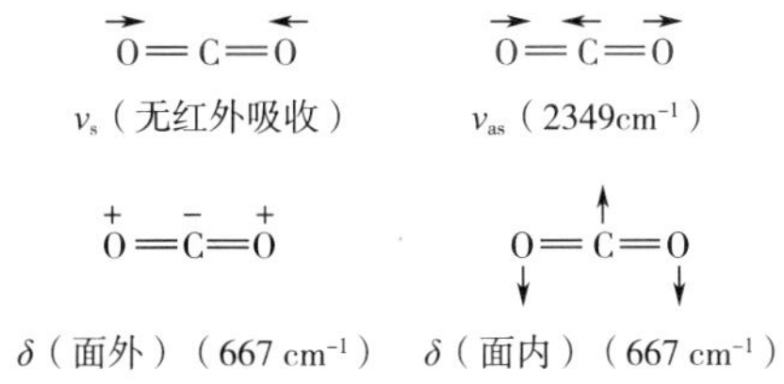

O═C═O
ν_s（无红外吸收）
O═C═O
ν_{as}（2349cm^{-1}）
+ − +
O═C═O
δ（面外）（667 cm^{-1}）
O═C═O
δ（面内）（667 cm^{-1}）

图 7-7　CO_2 的振动形式

+—运动方向垂直纸面向内　-—运动方向垂直纸面向外

但是，在图 7-8 所示的 CO_2 的红外光谱中，只出现了 667cm^{-1} 和 2349cm^{-1} 两个基频峰。这是因为 CO_2 的对称伸缩振动不引起偶极矩的变化，所以不产生吸收峰；面内和面外变形振动对应的吸收峰均位于 667cm^{-1} 处，发生了简并。

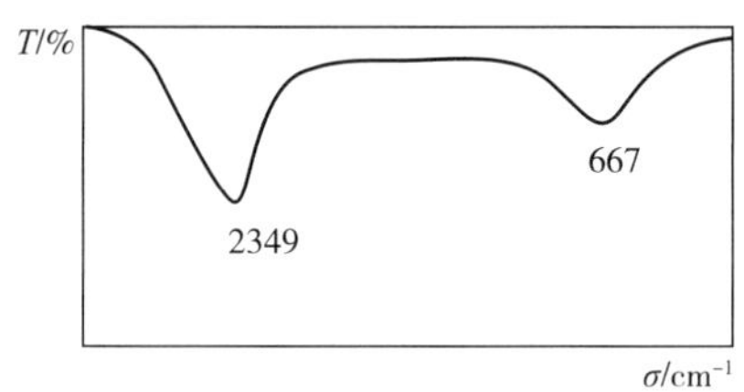

图 7-8 CO_2 的红外光谱图

实际测得的基频吸收峰的数目比计算的振动自由度少的原因一般有：具有相同波数的振动所对应的吸收峰发生了简并；振动过程中分子的瞬间偶极矩不发生变化，无红外活性；仪器的分辨率和灵敏度不够高，对一些波数接近或强度很弱的吸收峰，仪器无法将之分开或检出；仪器波长范围不够，有些吸收峰超出了仪器的测量范围。

由于上述原因，苯分子的红外光谱图只有几个峰，远远小于理论计算的苯分子的振动自由度（$3\times N-6=3\times12-6=30$）。

分子吸收红外辐射由基态振动能级（$v=0$）向第一振动激发态（$v=1$）跃迁产生的基频吸收峰，其数目等于计算得到的振动自由度。但是有时测得的红外光谱峰的数目比振动自由度多，这是由于红外光谱吸收峰除了基频峰外，还有泛频峰存在，泛频峰是倍频峰、和频峰和差频峰的总称。

（1）倍频峰。由基态振动能级（$v=0$）跃迁到第二振动激发态（$v=2$）产生的二倍频峰及由基态振动能级（$v=0$）跃迁到第三振动激发态（$v=3$）产生的三倍频峰。三倍频峰以上，因跃迁几率很小，一般都很弱，常常观测不到。

（2）和频峰。红外光谱中由于多原子分子中各种振动形式的能级之间，存在可能的相互作用，若吸收的红外辐射频率为两个相互作用基频之和，就会产生和频峰，如 v_1+v_2，v_1+v_3，v_2+v_3，……

（3）差频峰。若吸收的红外辐射频率为两个相互作用基频之差，就会产生差频峰，如 v_1-v_2，v_2-v_3，$2v_1-v_3$，……

7.1.5 红外吸收峰强度

红外吸收峰的强度一般按摩尔吸收系数 ε 的大小划分为很强（vs）、强（s）、中（m）、弱（w）、很弱（vw）等，具体如表 7-3 所示。由表 7-3 可知，红外吸收光谱的 ε 要远远低于紫外可见吸收光谱的 ε，说明与紫外可见光谱法相比，红外吸收光谱法的灵敏度较低。

表 7-3 吸收峰强度

峰强度	vs	s	m	w	vw
ε/（L·mol^{-1}·cm^{-1}）	>200	200~75	75~25	25~5	<5

红外吸收峰的强度主要取决于振动能级跃迁的概率和振动过程中偶极矩变化的大小，影

响红外吸收峰强度的因素主要有跃迁类型、基团的极性强度、被测物的浓度等。

（1）跃迁类型。振动能级跃迁的概率与振动能级跃迁的类型有关。因此，振动能级跃迁的类型影响红外吸收峰的强度。一般规律是：由 $v=0 \rightarrow v=1$ 产生的基频峰较强，而由 $v=0 \rightarrow v=2$ 或 $v=0 \rightarrow v=3$ 产生的倍频峰较弱；不对称伸缩振动对应的吸收峰的强度大于对称伸缩振动对应的吸收峰的强度；伸缩振动对应的吸收峰的强度大于变形振动所对应的吸收峰的强度。

（2）基团的极性强度。一般说来，振动能级跃迁过程中偶极矩变化的大小与跃迁基团的极性有关，基团极性大，偶极矩变化就大，因此极性较强基团吸收峰的强度大于极性较弱基团的吸收峰，如 C ═O 和 C ═C，与 C ═O 对应的吸收峰明显强于与 C ═C 对应的吸收峰的强度。

（3）被测物的浓度。吸收峰的强度还与试样中被测物的浓度有关，浓度越大，吸收峰的强度越大。

7.2 特征吸收峰

红外吸收光谱具有明显的特征性，是对物质进行定性和结构研究的重要根据。研究表明，具有相同化学键或官能团的振动波数十分接近，总是在一定的波数范围内出现。因此通常将一些官能团所特有的较强吸收峰称为特征吸收峰，其所在的位置称基团区。

红外光谱按照波数大小分为两个区域，一个是基团区，又称为官能团区，波数范围为 4000~1300cm^{-1}，该区域的吸收峰主要是由伸缩振动产生的；另一个是指纹区，波数范围为 1300~600cm^{-1}，该区域除了单键伸缩振动吸收峰外，还有因变形振动产生的复杂的吸收峰。

7.2.1 基团（官能团）区

由于基团的特征吸收峰一般位于该区域内，且该区域内的峰比较稀疏，易分辨，因此，它是鉴定基团的最有价值的区域。基团区可分为四个区域。

7.2.1.1 4000~2500cm^{-1}

这是 X—H（X = C，N，O，…）伸缩振动区。如 O—H 的伸缩振动吸收峰在 3700~3200cm^{-1}，N—H 的伸缩振动吸收峰在 3500~3300cm^{-1} 之间，饱和碳的 C—H 伸缩振动吸收峰在 3000~2700cm^{-1}，而不饱和碳的 C—H 伸缩振动吸收峰在 3300~3000cm^{-1}。饱和碳的碳氢伸缩振动吸收峰位于 3000cm^{-1} 以下，不饱和碳（双键、三键）的碳氢伸缩振动吸收峰位于 3000cm^{-1} 以上。因此，如果红外谱图中有大于 3000cm^{-1} 的吸收峰，说明可能含有不饱和的碳。

7.2.1.2 2500~2000cm^{-1}

这是叁键和累积双键伸缩振动区。如 C ≡ C、C ≡ N 等的伸缩振动吸收峰以及 C ═C ═C、C ═C ═N、C ═C ═O 等的不对称伸缩振动吸收峰均位于这一波数区。

7.2.1.3 2000~1500cm^{-1}

这是双键 X ═Y（X，Y ═C，N，O）的伸缩振动区，如 C ═O、N ═C、C ═C、N ═O 等的伸缩振动吸收带位于这一波数区。特别是 C ═O 所对应的强吸收峰出现在 1870~

1600cm^{-1}，是红外光谱中非常特征的吸收峰。

7.2.1.4 1500~1300cm^{-1}

在1500~1300cm^{-1}范围内，主要提供了C—H变形振动的信息，如—CH_3在1375cm^{-1}和1460cm^{-1}同时存在两个吸收峰。当1375cm^{-1}处的吸收峰发生分裂时，表示异丙基或叔丁基的存在，这是因为两个或三个甲基同时连接在一个碳原子上时，由于振动的偶合，异丙基或叔丁基的对称变形振动分裂成两个强度相等的峰。对于—CH_2—，仅在1460cm^{-1}有吸收峰。

此外，在2000~1667cm^{-1}范围内有苯衍生物分子中C—H面外变形振动的泛频峰，因强度太弱，这些峰仅在样品浓度较大时才出现。通常根据该区域的吸收峰并结合指纹区900~700cm^{-1}的峰来确定苯环的取代类型。

7.2.2 指纹区

指纹区的吸收光谱较复杂，而且对分子结构的变化非常敏感，吸收峰密集，如人的指纹，每个细微的结构差异均会产生吸收的细微变化。该区在判断化合物结构时，价值很大。

7.2.2.1 1300~900cm^{-1}

单键X—Y的伸缩振动吸收带位于这一区域，如C—O、C—C、C—N、C—S、C—P、P—O等的伸缩振动吸收峰就位于这一区域。C═S、S═O、P═O等含重原子的双键的伸缩振动吸收峰也在这个区域。

7.2.2.2 900~600cm^{-1}

该区域内的吸收峰为变形振动产生的。常常利用该区的吸收峰来推断苯环取代类型。

应该指出，官能团区（4000~1300cm^{-1}）的吸收峰受分子其他部分影响较小，波数变化较小，是官能团特征。而指纹区（1300~600cm^{-1}）的吸收峰受分子其他部分影响较大，是整个分子的特征。

7.2.3 化合物的特征吸收峰

用红外光谱来鉴定化合物官能团时，应根据官能团的特征峰及其相关峰的情况来判断。例如，对于—CH_3，它的非对称伸缩振动吸收峰位于2960cm^{-1}，而对称伸缩振动吸收峰位于2870cm^{-1}，变形振动吸收带位于1375cm^{-1}和1460cm^{-1}，应依据这些峰的存在与否来对—CH_3进行鉴别。下面将讨论几类常见化合物的特征吸收峰。

7.2.3.1 烷烃

饱和碳氢化合物的特征峰有CH_3、CH_2、CH和碳碳骨架振动吸收峰。由甲基产生的谱带主要有C—H的不对称伸缩振动吸收峰（ν_{as} 2960cm^{-1}）、对称伸缩振动吸收峰（ν_s 2870cm^{-1}）和变形振动吸收峰（δ为1460cm^{-1}和δ为1375cm^{-1}）。

同碳上两个甲基的主要特征是在1375cm^{-1}附近出现强度几乎相等的变形振动吸收双峰（1385cm^{-1}和1370cm^{-1}）。同碳上的三个甲基则在1375cm^{-1}附近分成强度不等的双峰，1395cm^{-1}（m）和1370cm^{-1}（s）。

亚甲基主要有位于2926cm^{-1}的不对称伸缩振动吸收峰、位于2850cm^{-1}的对称伸缩振动吸收峰和在1460cm^{-1}处的变形振动吸收峰。对于$\text{(}CH_2\text{)}_n$，当$n=4$时，—CH_2—的面内摇摆振动吸收峰位于725~715cm^{-1}，大多数情况位于720cm^{-1}。

次甲基的伸缩振动吸收峰位于 2890~2880cm^{-1}，较弱。

碳碳骨架振动吸收峰位于 1250~720cm^{-1}，但一般较弱，无用。

7.2.3.2 烯烃

烯烃除了有 CH_3、CH_2 等相应得各种特征吸收峰外，还有三类特征吸收峰，即═C—H 和 C ═C 伸缩振动吸收峰、═C—H 变形振动吸收峰以及 C ═C 伸缩振动吸收峰。

═C—H 伸缩振动吸收峰位于 3100 ~ 3000cm^{-1}，C ═C 伸缩振动吸收峰位于 1950 ~ 1500cm^{-1}。═C—H 的面内振动吸收峰位于 1420~1290cm^{-1}，强度较弱，而其面外变形振动吸收峰位于 1000~650cm^{-1}（表 7-4），峰强度较强，对判断烯烃的取代有很大帮助。

表 7-4 不同类型烯烃特征谱

取代烯烃	伸缩振动 σ_{C-H}/cm^{-1}	伸缩振动 $\sigma_{C=C}$/cm^{-1}	面外振动 σ/cm^{-1}
$RCH=CH_2$	3095~3075，3040~3010	1650~1635（m）	990（s），910（s）
$R_1R_2C=CH_2$	3095~3075	1660~1640（m）	890（s）
$R_1R_2C=CH_2R_2$（顺式）	3040~3010	1660~1635（m）	690（m）
$R_1CH=CHR_2$（反式）	3040~3010	1675~1665（w）	970（s）
$R_1R_2C=CHR_3$	3040~3010	1690~1670（w~m）	820（s）
$R_1R_2C=CR_3R_4$	—	1680~1665（w~0）	—

7.2.3.3 炔烃

炔烃有三个特征吸收峰，即≡C—H 伸缩振动和变形振动以及 C≡C 伸缩振动吸收峰。≡C—H 伸缩振动吸收峰位于 3340~3260cm^{-1}，峰强而窄，≡C—H 变形振动峰在 700~610cm^{-1}，峰强而窄，C≡C 伸缩振动吸收峰在 2150cm^{-1} 附近，中等强度，但随分子对称性加强而变弱，甚至观察不到。

7.2.3.4 芳香烃

芳香族化合物有如下四类特征吸收峰。

（1）苯环上质子（C—H）伸缩振动吸收峰出现在 3100~3000cm^{-1}。

（2）在 2000~1650cm^{-1} 出现很弱的吸收峰，是苯环 C—H 面外变形振动的倍频和频峰。

（3）在 1600~1450cm^{-1} 的吸收峰为芳环骨架振动吸收峰。绝大多数芳香化合物在此范围内出现两到四个强度不等的峰。

（4）位于 900~650cm^{-1} 的峰是苯环 C—H 面外变形振动吸收峰，峰较强，这一区域的峰为芳环取代类型的特征峰，见表 7-5。

表 7-5 芳环取代类型的特征峰

取代类型	σ/cm^{-1}
单取代	770~730（vs），710~690（s）
邻二取代	770~730（vs）
间二取代	900~860（m），810~750（vs），725~680（s）

续表

取代类型	σ/cm^{-1}
对二取代	860~800（vs）
1，3，5-三取代	865~810（s），730~675（m）
1，2，3-三取代	810~750（s），725~680（m）
1，2，4-三取代	910~830（m），860~790（s）

7.2.3.5 醇和酚类

醇和酚分子中均含有 OH，与 OH 基团相关的特征吸收峰有 O—H 的伸缩振动吸收峰、O—H 的变形振动吸收峰和 C—O 的伸缩振动吸收峰。O—H 的伸缩振动吸收峰位于 3670~3230cm^{-1}，游离羟基的吸收峰在 3600cm^{-1} 附近，但当形成分子内或分子间氢键时，谱峰向低波数移动，同时强度增加，峰变宽。O—H 的变形振动吸收峰位于 1420~1260cm^{-1}，峰弱而宽。C—O 的伸缩振动吸收峰位于 1250~1000cm^{-1}，可以用来区分不同类型的醇，叔醇的吸收峰位于 1200~1125cm^{-1}，仲醇的吸收峰位于 1125~1085cm^{-1}，而伯醇的吸收峰则位于 1085~1050cm^{-1}。

7.2.3.6 羰基化合物

羰基的伸缩振动特征峰在 1850~1650cm^{-1} 范围内。由于羰基的电偶极矩较大，在红外光谱中常常是以最强峰出现。酸、酸酐、酰胺、酯、酮等都含有羰基，这些化合物中 C ═O 的特征吸收峰大都位于 1650~1850cm^{-1}，而吸收峰所处的具体区域与含 C ═O 化合物种类有关，一般情况下，C ═O 伸缩振动的频率：酰胺（1680cm^{-1}）<酮（1715cm^{-1}）<醛（1725cm^{-1}）<酯（1735cm^{-1}）<酸（1780cm^{-1}）<酸酐（1817cm^{-1} 和 1760cm^{-1}）。醛类化合物在 2830cm^{-1} 和 2720cm^{-1} 会出现两个吸收峰，利用其特征可将醛类化合物与其他羰基化合物区分开，醛二重峰是由于 $\delta_{C—H}$(1400cm^{-1}）的倍频峰与 $v_{C—H}$(2800cm^{-1}）之间发生了费米共振。

以上只是简单介绍了几类常见化合物的特征红外光谱，在实际工作中，会遇到更多的化合物，应结合化学手册及图谱数据库来进行综合分析。

7.3 影响官能团振动频率的因素

官能团对应有特征波数的吸收峰，峰的位置（波数）是识别官能团的重要依据。虽然每个官能团都对应有特征波数的吸收峰，但是相同的官能团在不同分子中的特征吸收峰并不出现在同一位置，它会因分子结构和外部环境等的变化而发生不同程度的改变，使相同官能团的特征吸收峰出现在一定的区间范围内。因此了解影响官能团振动频率的各种因素是必要的，可以很好地对化合物进行结构分析。

7.3.1 诱导效应

当分子中引入具有不同电负性的取代基后，通过静电诱导作用，可使电子发生转移，电子云密度分布发生变化，必然影响键强，从而影响键力常数 k，使官能团的特征波数 σ 发生改变。例如，羰基（C ═O）的伸缩振动吸收峰谱带波数在不同化合物中分别如图 7-9 所示：

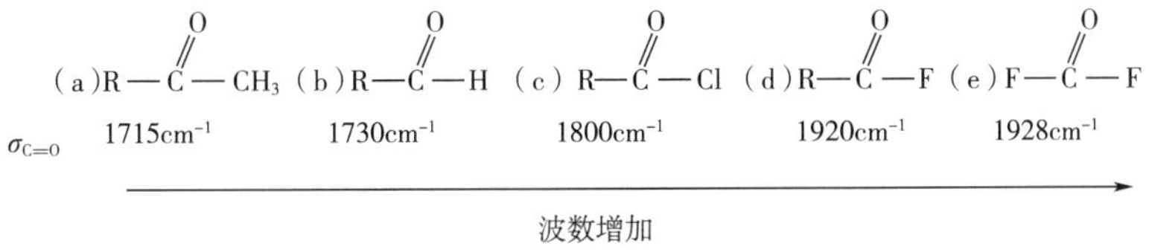

(a) $R—\overset{\overset{O}{\|}}{C}—CH_3$ (b) $R—\overset{\overset{O}{\|}}{C}—H$ (c) $R—\overset{\overset{O}{\|}}{C}—Cl$ (d) $R—\overset{\overset{O}{\|}}{C}—F$ (e) $F—\overset{\overset{O}{\|}}{C}—F$

$\sigma_{C=O}$ 1715cm^{-1} 1730cm^{-1} 1800cm^{-1} 1920cm^{-1} 1928cm^{-1}

波数增加 →

图 7-9 羧基的伸缩振动吸收峰谱带波数

对于化合物（b）、（c）、（d）和（e），C ═O 伸缩振动吸收峰的波数逐渐增加，从 1730cm^{-1} 增加到 1928cm^{-1}，上述现象可以解释为当分子中 H 被卤原子取代后，由于卤原子的电负性较强，发生诱导效应，由于 O 上孤对电子向双键转移，而使 C ═O 间电子云密度增加，C ═O 的双键性增加，力常数 k 增大，所以 σ 增大。

而对于化合物（a），由于—CH_3 仅有弱的推电子能力，其 C ═O 的吸收峰移向低波数。

7.3.2 中介效应

如图 7-10 所示的酰胺化合物，C ═O 的伸缩振动吸收峰在 1680cm^{-1}，比图 7-9 中化合物（1）的波数低。N 原子的电负性大于 C 原子，从诱导效应来看，下面的化合物的 C ═O 吸收峰应大于 1715cm^{-1}，而实际则不然。这是因为在酰胺化合物分子中，除了 N 原子的诱导效应外，还同时存在着中介效应，即由于 N 上 n 电子与 C ═O 的 π 键发生了 n-π 共轭，C ═O 电子云密度下降，电子云平均化，k 减小，故 C ═O 伸缩振动吸收峰的波数下降。

N 与 Cl 电负性分别为 3.04 和 3.16，差别不大，但由于 N 与 C 在元素周期表中的同一周期，n-π 共轭强，中介效应强，而 Cl 与 C 不在同一周期，n-π 共轭效应弱，诱导效应强。对同一个官能团，若诱导和中介两种效应同时存在，哪种效应占优势，要视具体情况而定，如下述化合物中，—OR′的诱导效应占优势，而—SR′的中介效应占优势。

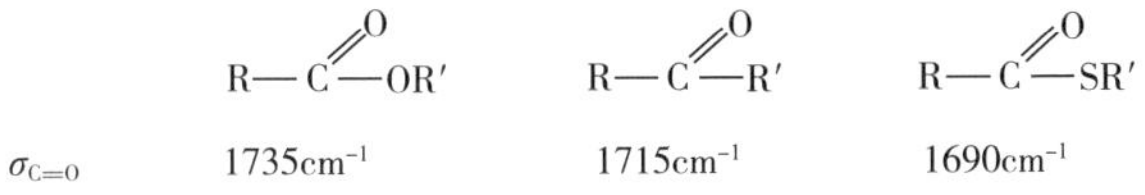

$R—\overset{\overset{O}{/\!/}}{C}—OR'$ $R—\overset{\overset{O}{/\!/}}{C}—R'$ $R—\overset{\overset{O}{/\!/}}{C}—SR'$

$\sigma_{C=O}$ 1735cm^{-1} 1715cm^{-1} 1690cm^{-1}

图 7-10 中介效应

7.3.3 共轭效应

如图 7-11 所示，当分子中形成大 π 键时会引起电子云密度平均化，造成双键上的 π 电子云密度下降，力常数 k 减小，双键吸收峰的 σ 降低。

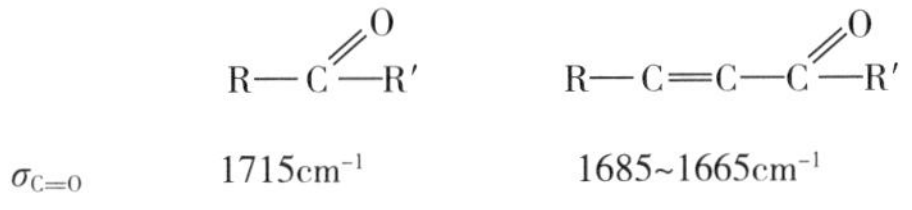

$R—\overset{\overset{O}{/\!/}}{C}—R'$ $R—C═C—\overset{\overset{O}{/\!/}}{C}—R'$

$\sigma_{C=O}$ 1715cm^{-1} 1685~1665cm^{-1}

图 7-11 共轭效应

7.3.4 空间效应

空间效应主要包括空间位阻效应和环状化合物的张力效应。如图 7-12（a）所示，由于取代基的空间位阻，使 C ═O 与双键的共轭受到限制，键的力常数增加，波数升高。

如图 7-12（b）所示，对于环状化合物，环外双键随环的张力的增加，它的波数增加。

如图 7-12（c）所示，环内双键随张力增加，波数降低，但 C—H 伸缩振动吸收峰的波数却增加。

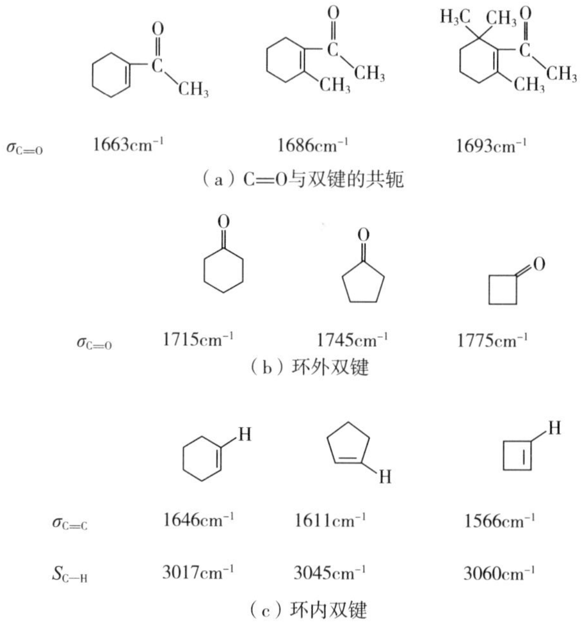

$\sigma_{C=O}$　1663cm^{-1}　1686cm^{-1}　1693cm^{-1}

（a）C=O与双键的共轭

$\sigma_{C=O}$　1715cm^{-1}　1745cm^{-1}　1775cm^{-1}

（b）环外双键

$\sigma_{C=C}$　1646cm^{-1}　1611cm^{-1}　1566cm^{-1}

S_{C-H}　3017cm^{-1}　3045cm^{-1}　3060cm^{-1}

（c）环内双键

图 7-12　空间效应

随着环的缩小，环张力增大，环内角逐渐减小，环内 σ 键的 s 成分逐渐减少，p 成分逐渐增加，键长变长，伸缩振动吸收峰波数逐渐降低；而环外 σ 键的 s 成分逐渐增加，p 成分逐渐减少，键长变短，伸缩振动吸收峰波数逐渐增加。

7.3.5　氢键效应

氢键的形成对吸收峰的位置和强度都有较大的影响，如图 7-13（a）所示，无论是分子间氢键还是分子内氢键的形成，都会使电子云密度平均化，力常数 k 减小，吸收峰的波数降低。

在含 0.01mol/L 乙醇的四氯化碳溶液中，分子间不存在氢键，为单聚体，其 O—H 伸缩振动的吸收峰在 3640cm^{-1}；乙醇浓度增加到 0.1mol/L 时，由于此时形成了分子间氢键，乙醇成为了双聚体，其 O—H 伸缩振动吸收峰移至 3515cm^{-1}；当乙醇浓度增加到 1.0mol/L 时，此时分子间氢键进一步加强，形成了多聚体，其 O—H 伸缩振动吸收峰移至 3350cm^{-1}。对于图 7-13（b）所示的乙酰乙酸乙酯等在分子内形成氢键的化合物，也会引起 C ═O 伸缩振动吸收峰向低波数移动。

但是，对分子内氢键，吸收峰的位置不随化合物浓度的变化而变化，利用这一点，可以鉴别化合物中存在的氢键是分子内氢键还是分子间氢键。

7.3.6　振动耦合

当一个分子中两个基团振动频率相同或相近（结构不一定相同）且距离接近时，就会相

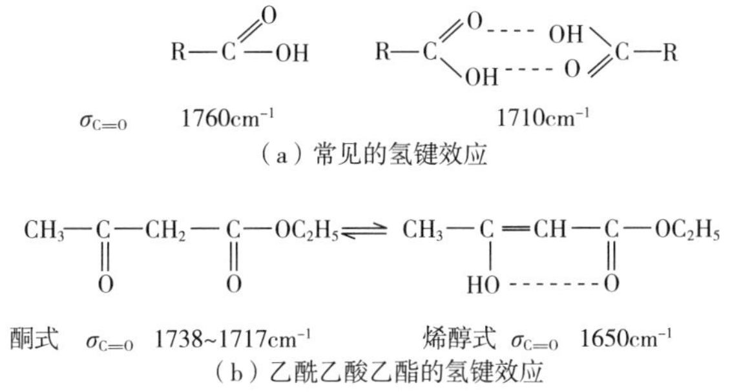

$$R-C(=O)-OH \qquad R-C(=O\cdots HO)(-OH\cdots O=)C-R$$

$\sigma_{C=O}$ 1760cm^{-1} 1710cm^{-1}

（a）常见的氢键效应

$$CH_3-\underset{\underset{O}{\|}}{C}-CH_2-\underset{\underset{O}{\|}}{C}-OC_2H_5 \rightleftharpoons CH_3-\underset{\underset{HO}{|}}{C}=CH-\underset{\underset{O}{\|}}{C}-OC_2H_5$$

酮式 $\sigma_{C=O}$ 1738~1717cm^{-1} 烯醇式 $\sigma_{C=O}$ 1650cm^{-1}

（b）乙酰乙酸乙酯的氢键效应

图 7-13 氢键效应

互作用而成一个整体，表现出整体的频率特征，与原来频率也不相同，会组合成对称和不对称两种振动状态，产生振动耦合，一个吸收峰向高于正常波数的方向移动，一个向低于正常波数的方向移动，这种因振动耦合引起吸收峰分裂的现象，称为振动耦合效应（图 7-14）。

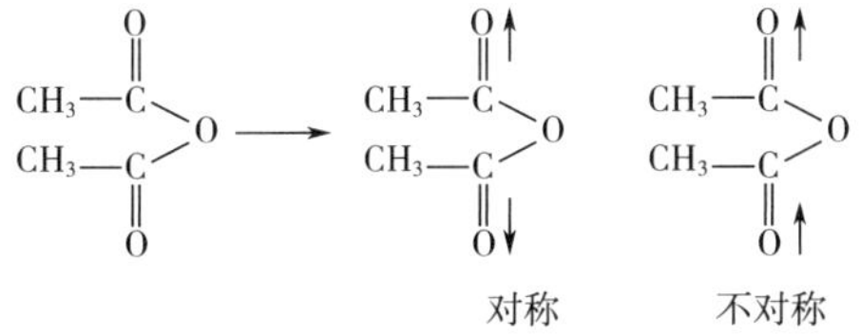

$$(CH_3CO)_2O \longrightarrow$$

对称 不对称

图 7-14 振动耦合效应

从理论上预测，应产生一个 C ═O 吸收峰，但实际上，在酸酐分子中，由于两个羰基的振动偶合，使羰基的吸收峰分裂为两个峰，波数分别为 1750cm^{-1} 和 1828cm^{-1}。

7.3.7 费米共振

当一个基团一种振动的基频与它自己或另一个连在一起的基团的另一种振动的倍频（或差频、和频）很接近时，发生振动耦合，这种耦合叫费米共振。

费米共振使原来接近的谱带分离的更远，且使原来的倍频（或差频、和频）峰的强度增加。正丁基乙烯醚 $C_4H_9O-CH=CH_2$ 中，C ═C 伸缩振动吸收峰应在 1623cm^{-1}，═C—H 面外弯曲振动吸收峰 810cm^{-1} 的倍频［约为 2×810 = 1620（cm^{-1}）］与 1623cm^{-1} 很接近，发生费米共振，而产生了 1640cm^{-1} 和 1613cm^{-1} 二个强峰。

7.3.8 外部效应

7.3.8.1 样品物理状态的影响

同一种化合物在固、液、气态时的红外光谱图是不完全相同的。这是因为不同状态时分子间作用力不同而导致的。在气态时，分子间作用力很弱，可获得自由分子的谱图；在液态时，由于分子间氢键而产生分子间缔合，或者形成分子内氢键，吸收峰的位置、强度和形状都会改变；在固态时，由于晶格力场的作用，会因分子振动与晶格振动偶合而出现新的吸收峰。例如，丙酮在气态时 C ═O 的伸缩振动吸收峰位于 1742cm^{-1}，液态时则位于 1718cm^{-1}。

7.3.8.2 溶剂种类的影响

溶剂不同，同一化合物的红外光谱也不相同。由于化合物与溶剂间的相互作用，将引起吸收谱带的位移或强度变化。通常在极性溶剂中，化合物的极性基团的伸缩振动吸收峰的波数随溶剂极性的增加而向低波数方向移动，而且强度增大。例如，对于羧酸 RCOOH，在不同溶剂中 C ═O 伸缩振动吸收峰的 σ 如下：气体（$1780cm^{-1}$）、非极性（$1760cm^{-1}$）、乙醚（$1735cm^{-1}$）、乙醇（$1720cm^{-1}$）。

所以在红外光谱测量时，应尽量选用 CCl_4、CS_2 等非极性溶剂。

7.4 红外光谱仪

7.4.1 双光束红外光谱仪

紫外可见光谱仪可以是双光束的，也可以是单光束的，但是，对于红外光谱仪，一般只能是双光束的，这是为了避免下面因素带来的误差。

（1）空气中 H_2O、CO_2 在红外光谱区有吸收。

（2）红外测定中溶剂的吸收。

（3）光源、检测器的不稳定。

双光束红外光谱仪的基本结构如图 7-15 所示。与紫外可见光谱仪的基本结构最明显的不同的是吸收池的位置，紫外可见光谱仪的吸收池一般位于分光系统的后面，以防止光解作用对测定的影响；而红外光谱仪的吸收池在分光系统之前，以防止样品的红外发射（常温下物质可发射红外光）和杂散光进入检测器。但是，对于傅里叶变换红外光谱仪，吸收池可放在干涉仪之后，发射的红外光和杂散光可作为信号的直流组分被分开。

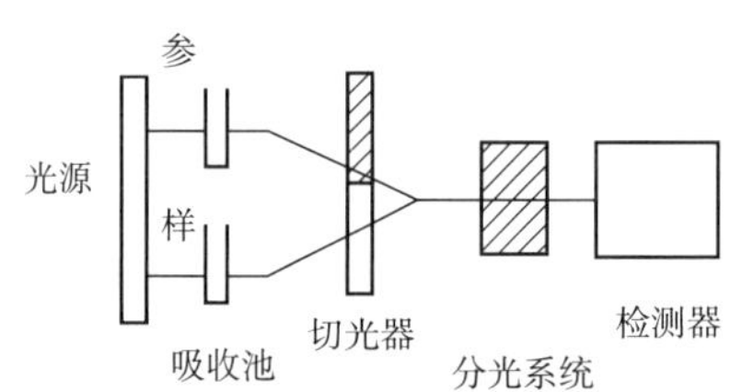

图 7-15　双光束红外光谱仪的基本结构

7.4.1.1 光源

红外辐射光源是能够发射高强度连续红外光的炽热物体，常见的有硅碳棒和能斯特灯。

（1）硅碳棒。硅碳棒是由碳化硅组成，一般制成两端粗中间细的实心棒，中间为发光部分，两端粗是能使两端的电阻降低，使其在工作时成冷态。一般长几十毫米，直径几毫米，工作温度为 1200~1500℃，适用的波长范围为 1~40μm。优点是寿命长，便宜；发光面积大；较适合长波区。但工作时需冷却。

（2）能斯特灯。它是由 ZrO_2、ThO_2 等稀土氧化物混合烧结制成，一般为长几十毫米、直径几毫米的中空或实心棒，工作温度为 1300~1700℃，适用的波长范围为 0.4~20μm。在室温下它不导电，在工作之前必须有辅助加热器预热，可用 Pt 丝电加热至 800℃，就可使之导电，从而发出红外光。该光源的特点是脆弱、易坏；在高波数区光强度较硅碳棒高，使用比硅碳棒有利，使用寿命约一年。

7.4.1.2 分光系统

分光系统位于吸收池和检测器之间，可用棱镜或光栅作为分光元件。现在大多数用傅里叶变换来进行波长选择。棱镜主要用于早期生产的仪器中，制作棱镜的材料和吸收池一样，应该能透过红外辐射。表 7-6 为制作棱镜和用作吸收池的红外光学材料的透光波长范围、波数以及 2μm 处的折射率（n）。棱镜易吸水蒸气而使表面透光性变差，其折射率会随温度变化而变化，近年已被光栅取代。

表 7-6 红外光学材料

材料	石英	NaCl	KCl	CsBr	KBr	CsI	CaF_2	BaF_2	MgO
$\lambda/\mu m$	0.16～3.7	0.25～17	0.30～20	1～37	0.25～25	1～50	0.15～9	0.20～11.5	0.39～9.4
σ/cm^{-1}	62500～2700	40000～590	33000～500	10000～270	40000～400	10000～200	66700～1110	50000～870	25600～1060
n	—	1.52	1.5	1.67	1.53	1.74	1.4	1.46	1.71

7.4.1.3 检测系统

（1）热电偶。如图 7-16 所示，热电偶是将两种不同的金属丝 M_1、M_2 焊接成两个接点，接收红外辐射的一端多焊接在涂黑的金箔上，作为热接点；另一端作为冷接点（通常为室温）。在金属 M_1 和 M_2 之间产生电位，即热点和冷点处的电位分别为 φ_1 和 φ_2，此电位是温度的函数，即随温度而变化。没有红外光照射时，冷点与热点温度相同，所以 $\varphi_1=-\varphi_2$，回路中没有电流通过，而当用红外光照射后，热点升温，冷点仍保持原来温度，φ_1 与 φ_2 不相等，回路中有电流通过放大后得到信号，信号强度与照射的红外光强度成正比。为不使热量散失，热电偶置于高真空的容器中。

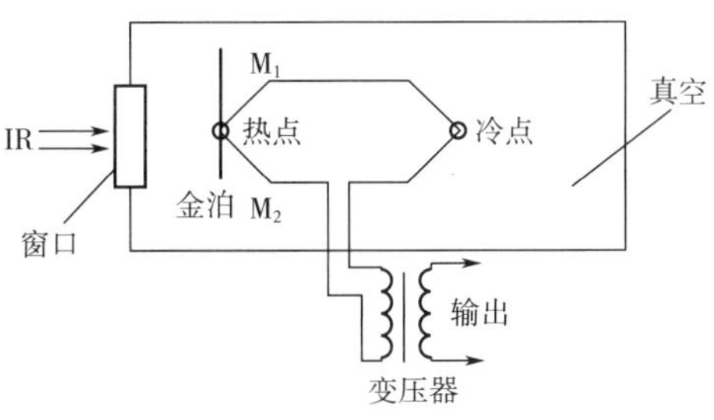

图 7-16 热电偶工作原理示意图

M_1-M_2 的材料有镍铬—镍铝、铜—康铜（Ni：39%～41%，Mn：1%～2%，其余为 Cu）、铁—康铜、铂铑—铂等。热电偶的缺点是反应较迟钝，信号输入与输出的时间达几十毫秒，不适于傅里叶变换，用于普通光栅仪器等。

（2）热释电器件。热释电器件响应速度快（μs），适用于傅里叶变换红外光谱仪，其结构如图 7-17 所示。它是以热释电材料硫酸三苷肽（TGS）为晶体薄片，在它的正面真空镀铬（半透明，可透红外光），背面镀金。TGS 为非中心对称结构的极性晶体，即使在无外电场和力的情况下，本身也会电极化，此自发电极化强度 P_s 是温度 T 的函数，随温度上升，极化强度下降，与 P_s 方向垂直的薄片两个表面有电荷存在，且表面电荷密度 $\sigma_s=P_s$。当正面吸收红外辐射时，薄片的温度升高，极化度降低，晶体的表面电荷减少，相当于“释放”了一部分电荷，释放的电荷经过外电路时被检测。电荷密度 σ_s 与温度 T 有关。当红外光强增大，其温度变化率也大，电荷密度变化增加，输出的电流也增加。

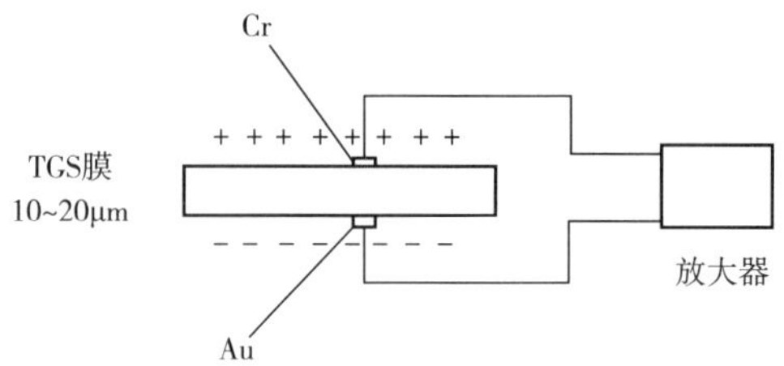

图 7-17　TGS 热释电器件的工作原理示意图

（3）汞镉碲检测器。汞镉碲检测器（简称 MCT），它是由半导体碲化镉和碲化汞混合制成。此种检测器分为光电导型和光电伏型，前者是利用其吸收辐射后非导电性的价电子跃迁至高能量的导电带，从而降低了半导体的电阻，产生信号；后者是利用不均匀半导体受红外光照射后，产生电位差的光电伏效应而实现检测。MCT 检测器固定于不导电的玻璃表面，置于真空舱内，需在液氮温度下工作，其灵敏度比 TGS 检测器高约 10 倍。

7.4.2　傅里叶变换红外光谱仪

由于以棱镜、光栅为色散元件的第一代、第二代红外光谱仪的扫描速度慢，不适用于动态反应过程的研究，且灵敏度、分辨率和准确度较低，使得其在许多方面的应用都受到了限制。20 世纪 70 年代，第三代红外光谱仪——傅里叶变换红外光谱仪（FTIR）问世了。

傅里叶变换红外光谱仪不使用色散元件，主要由光源（硅碳棒、高压汞灯）、迈克尔逊干涉仪、样品室、检测器（热释电检测器、汞镉碲光电检测器）、计算机和记录仪等组成。它的核心部分是迈克尔逊干涉仪，由光源而来的干涉信号变为电信号，然后以干涉图的形式送达计算机，计算机进行快速傅里叶变换数学处理后，将干涉图变换成为红外光谱图。

如图 7-18 所示，迈克尔逊干涉仪由定镜 M_1、动镜 M_2 和光束分裂器 BS（与 M_1 和 M_2 分别成 45°角）组成。M_1 固定不动，M_2 可沿与入射光平行的方向移动，BS 可让入射红外光一半透过，另一半被反射。当入射光进入干涉仪后，透过光Ⅰ穿过 BS 被 M_2 反射，沿原路返回到 BS（图 7-18 中绘制成不重合的双线是为了便于理解），反射光Ⅱ被 M_1 反射也回到 BS，这两束光通过 BS 经样品室后，经过一反射镜被反射到达检测器 D。光束Ⅰ、Ⅱ到达 D 时，这两束光的光程差随 M_2 的往复运动作周期性变化，形成干涉光。若入射光为 λ，光程差 = $\pm K\lambda$（$K=0, 1, 2, \cdots$）时，就发生相长干涉，干涉光强度最大；光程差 = $\pm(K+1/2)\lambda$ 时，就产生相消干涉，干涉光强度最小；而部分相消干涉发生在上述两种位移之间。

测定时，当复色光通过样品室时，样品对不同波长的光具有选择性吸收，所以得到如图 7-19（a）所示的干涉图，其横坐标是 M_2 的位移，纵坐标是干涉光强度。从干涉图中很难识别不同波数下光的吸收信号，因此可以将这种干涉图经计算机的快速傅里叶变换后，就可以获得如图 7-19（b）所示的透光率 T 随波数 σ 变化的红外光谱图。

傅里叶变换红外光谱仪有如下优点：

（1）分析速度快，响应速度快。傅里叶变换红外光谱仪传输通路多，可对全部频率范围同时进行测量。

（2）分辨率高，可以达到 $0.1 \sim 0.005cm^{-1}$，而普通光栅红外光谱仪为 $1 \sim 0.2cm^{-1}$。

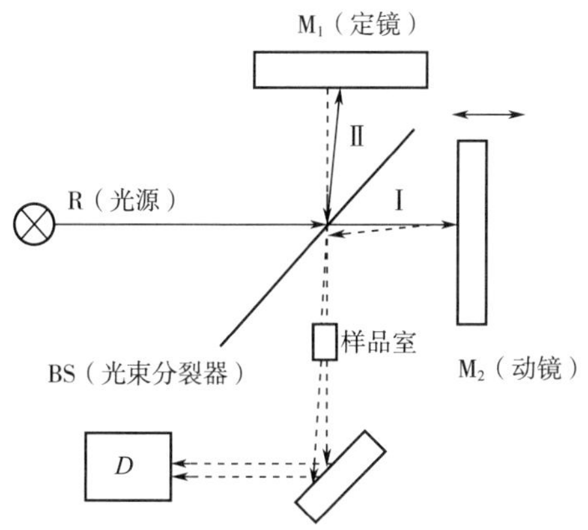

图 7-18 迈克尔逊干涉仪工作原理示意图

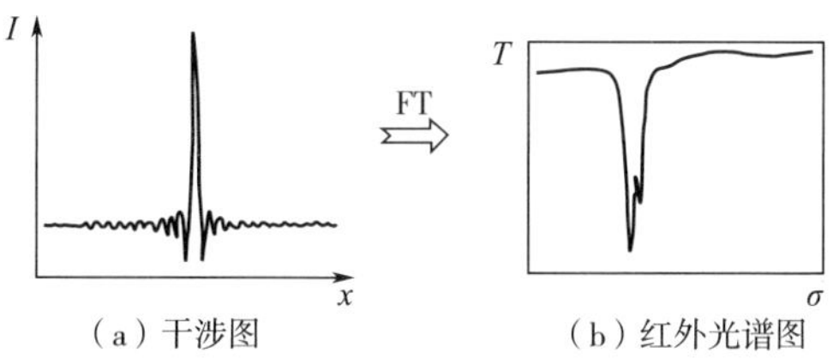

图 7-19 复色光的干涉图和红外光谱图

（3）光谱范围宽，为 10000~10cm^{-1}，普通光栅红外光谱仪为 4000~400cm^{-1}。

（4）波数测量准确度高，可测准至 0.01cm^{-1}。

傅里叶变换红外光谱仪的诸多优点，使它成为近代化学研究不可缺少的仪器。它还可与气相色谱、高效液相色谱、超临界流体色谱等分析仪器实现联用，为化合物的结构分析与测定提供更有效的手段。

7.5 样品制备

化合物红外光谱图的特征谱带、强度和形状会因试样的制备方法不同而发生一些变化，试样的制备和处理是红外光谱分析中较为重要的环节。

7.5.1 气体样品

气体样品在玻璃气槽内进行测定。玻璃气槽一般长 5~10cm，容积 50~150mL。测定时，通常首先将气槽抽成真空，再充入一定压力的气体样品。气槽两端装有盐窗，一般是由 NaCl、KBr 等制成，用金属槽架将盐窗固定。为消除水蒸气对谱图的干扰，使用后的气体槽，应用干燥的氮气吹洗以保持干燥。

7.5.2 液体样品

液体样品的测定可采用吸收池。吸收池主要有三种。

（1）厚度一定的封闭固定池。对低沸点液体样品可使用封闭固定池；若需定量测定，最好也使用封闭固定池，可以获得较好的重复性。测定时，将液体（或固体）样品溶解在 CS_2、CCl_4 等红外用溶剂中，然后注入池中进行测定。封闭固定池后应注入能溶解样品的溶剂进行浸泡，最后用干燥的空气或氮气吹干。

（2）垫片可改变厚度的可拆池。

（3）调螺栓连续改变厚度的封闭可变池。

测定时，在可拆池两盐窗之间注入液体样品，再用螺栓调节液膜厚度，一般液膜厚度为 0.01~1mm。此时，应注意盐窗内不应有气泡。可拆池用后应将两个盐窗片取出，在红外灯下用少许滑石粉加入几滴乙醇磨光其表面，用镜头纸擦干后，再滴加 1~2 滴乙醇洗净，用红外灯烘干后放入干燥器中备用。

7.5.3 固体样品

固体样品可采用如下方法制备。

（1）糊状法。将 1~3mg 的固体样品在玛瑙研钵内研碎后，滴入几滴液体悬浮剂（液体石蜡油），充分研磨成糊状，再用刮刀将糊状物均匀涂在两盐片之间，用可拆池进行测定。

（2）压片法。将 1~3mg 固体样品与 300mg 的干燥高纯 KBr 粉末置于研钵中研磨混匀，再转移到压片机的模具中，用 $10^5 N/m^2$ 左右的压力压成透明的薄片后，置于光路中进行测定。除了用 KBr 压片外，也可以用 KI、KCl 等压片。

（3）薄膜法。对熔点低、熔融后不分解的物质，可将其在高温下熔融后压成膜，直接涂在盐片上进行测定。对大多数高分子化合物，可将其溶于低沸点易挥发的溶剂中，再注于玻璃板上，待溶剂挥发后成膜。将制成的膜剥下后，置于两个盐片之间进行测定。

（4）溶液法。将固体物质配成溶液后，注入液体吸收池内进行测定。

7.6 定性分析

红外光谱测试中，分析目的不同，对分析对象的要求也不同。一般若进行结构分析，分析对象应使用纯度大于 98% 的单一组分的纯物质；若进行定性分析，则要求未知物应为简单混合物；若进行定量测定，则分析对象可为混合物。

7.6.1 已知化合物的纯度鉴定

通常采用比较法进行鉴定，一种比较法是在相同条件下对被测物质和标准物质分别进行红外光谱扫描，将得到的两张谱图进行比较；另一种比较法是与可获得的数据库中该物质的标准谱图进行比较，但需被测物质的测试条件应尽量与标准谱图上的标注一致。

7.6.2 未知物的结构鉴定

未知物的结构鉴定是指对未知物进行红外光谱扫描后，对获得的谱图进行解析的过程。一般可通过以下程序：

（1）了解样品的基本情况。这些基本情况包括样品来源、外观、物理性质（如熔点、沸点、溶解度、折射率等）、元素分析结果以及样品的纯度等。

（2）求不饱和度。不饱和度表示有机分子中碳原子的不饱和程度，可以估计分子中是否含有双键、三键或芳香环。可以由元素分析结果或质谱分析数据来求不饱和度Ω，见式（7-8）：

$$\Omega = 1 + n_4 + \frac{n_3 - n_1}{2} \quad (7-8)$$

式中，n_1、n_3和n_4分别为分子中一价、三价和四价原子的数目，二价原子不考虑。式（7-8）所考察的一价原子包括H、F、Cl、Br和I，二价原子包括S和O，三价原子包括N和P，四价原子包括C和Si。对于有多重价态的原子，如S（二、四、六价）、N（三、五价）和P（三、五价），此处考察了常见的一个最低价态，其他价态并没有考虑。链状烃及其不含双键的衍生物的$\Omega=0$，双键（如C═C，C═O）和环烷烃的$\Omega=1$；叁键或两个双键或两个环烷烃的$\Omega=2$；苯环的$\Omega=4$（可理解为一个环烷烃加三个双键）。

例题7.1 计算苯乙酮（$C_6H_5—\overset{\displaystyle O}{\overset{\|}{C}}—CH_3$）的不饱和度。

解：

$$\Omega = 1 + 8 + \frac{0 - 8}{2} = 5$$

（3）解析谱图。常见有机基团的特征吸收峰波数区域如表7-7所列，基于此表所列数据，并根据绘制的红外吸收谱图来确定分子含有的官能团，并推测可能的分子结构。

表7-7 常见有机基团的特征吸收峰波数区域

振动类型	σ/cm^{-1}	常见基团
O—H、N—H伸缩振动	3700~3000	—O—H、═N—OH、$—\overset{\displaystyle O}{\overset{\|}{C}}—O—H$、$—NH_2$、═NH、$—CO—NH_2$、—CO—NH—
不饱和C—H伸缩振动	3350~3000	C≡C—H、C═C—H、Ar—H（Ar为苯基）
饱和C—H伸缩振动	3000~2700	$—CH_3$、$—CH_2$、$—\overset{\|}{\underset{\|}{C}}—H$、$—\underset{\underset{\displaystyle O}{\|}}{C}—H$
X—H伸缩振动（X═B、S、P、Si）	2650~2000	B—H、S—H、P—H、Si—H
三键和累积双键伸缩振动	2300~1900	—C≡C—、—C≡N、—N≡C、>C═C═C<、>C═C═O、O═C═O、—N═C═O、—N═C═S、$—N═\overset{+}{N}═\overset{-}{N}$、$>C═\overset{+}{N}═\overset{-}{N}$
双键伸缩振动	1950~1500	>C═C<、>C═O、>C═N、—N═O、—N═N—、芳香环的骨架
饱和C—H面内弯曲振动	1500~1350	$—CH_3$、$—CH_2—$
不饱和C—H面外弯曲振动	1000~650	C═C—H、Ar—H（Ar为苯基）

例题7.2 预测丙醛CH_3CH_2CHO红外光谱中引起的每一个吸收带的基团？

解：

—CH_3，伸缩振动（2960cm^{-1}，2870cm^{-1}）

—CH_2，伸缩振动（2926cm^{-1}，2850cm^{-1}）

—C ═O，伸缩振动（1730cm^{-1}）

$\overset{\overset{\displaystyle O}{\|}}{—C—H}$，C—H 的伸缩振动（2820$cm^{-1}$，2720$cm^{-1}$），这一对双峰对鉴别醛类很特别

—CH_3，变形振动（1460cm^{-1}，1375cm^{-1}）

—CH_2，变形振动（1460cm^{-1}）

例题 7.3 某化合物分子式为 C_9H_{12}，试从图 7-20 所示的该化合物的红外光谱图推测其结构。

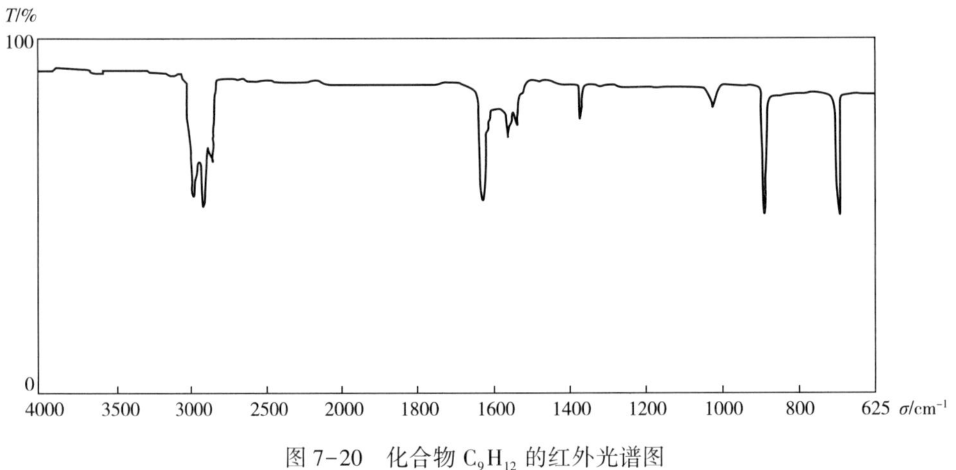

图 7-20 化合物 C_9H_{12} 的红外光谱图

解：

（a）计算不饱和度：$\Omega = 1 + 9 + \frac{0-12}{2} = 4$，该化合物可能含有苯环。

（b）谱图解析。

由谱图可看到 3030cm^{-1} 处有明显的吸收峰，说明有 C ═C—H 存在；2960cm^{-1} 有吸收，表明有—CH_3 存在；1375cm^{-1} 的吸收峰为—CH_3 的变形振动吸收峰；1600cm^{-1} 和 1500cm^{-1} 为苯环骨架 C ═C 伸缩振动的特征峰；840cm^{-1} 和 690cm^{-1} 的吸收峰表明苯环有 1，3，5-三取代基。

根据以上的解析及化合物的分子式，可确定该化合物为 1，3，5-三甲基苯。

例题 7.4 某未知物分子式为 C_8H_{14}，试从图 7-21 所示的该化合物的红外光谱图推断其结构。

解：

（a）计算不饱和度：$\Omega = 1 + 8 + \frac{0-14}{2} = 2$，该化合物可能含有叁键或累积双键。

（b）图谱解析。

由于在 1675~1500cm^{-1} 没有吸收峰，可以初步认为无 C ═C 双键存在；而在 3300cm^{-1} 的峰为≡ C—H 伸缩振动的吸收峰；在 2100cm^{-1} 的峰为 C ≡ C 伸缩振动的吸收峰；2960、

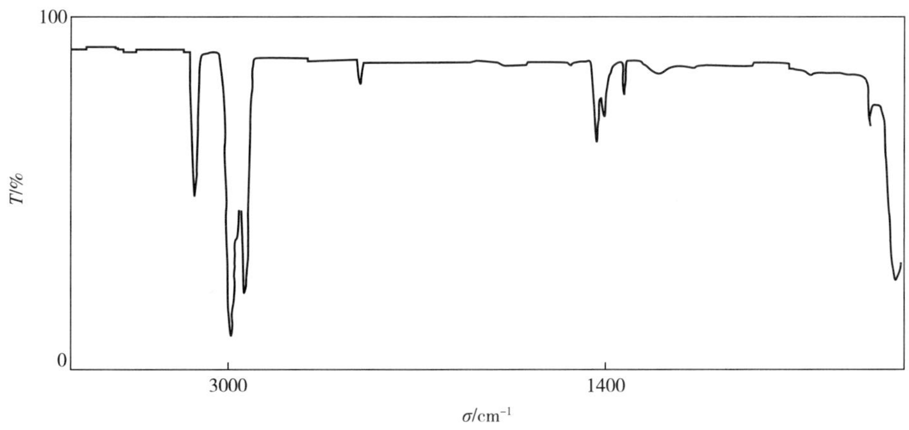

图 7-21 化合物 C_8H_{14} 的红外光谱图

2850cm^{-1} 的峰为饱和碳氢的伸缩振动吸收峰，表明可能有—CH_3、—CH_2 存在；1375cm^{-1} 的吸收峰为—CH_3 的面内变形振动吸收峰，且此峰无分叉，说明没有两个甲基连在同一个碳原子的情况；1460cm^{-1} 的吸收峰为—CH_2 的面内变形振动吸收峰；在 720cm^{-1} 的吸收峰说明$\mathrm{+\!(CH_2)_n}$中的 $n \geqslant 4$；625cm^{-1} 峰为≡C—H 的面外变形振动吸收峰。

结合上述分析及分子式，推断该化合物为 1-辛炔，即 HC≡C—（CH_2）$_5$—CH_3。

7.7 定量分析

红外吸收光谱法进行定量分析的依据为比尔定律。由于红外吸收谱峰较多，可根据实际需要方便地选择吸收峰对组分进行定量分析。但是，由于获得的吸收峰较密集，且往往不对称，因此进行定量分析时，应严格保持测定条件的一致。

红外光谱测试中，常常给出的信号是透光率 T，而定量分析的基础是比尔定律，即 $A=\varepsilon bc$，所需的信号应该是 A，所以首先应将 T 换算成 A。由实验得到的红外光谱图中可容易知道对应于背景的 T_0 以及对应于被测物和背景的 T，对应于背景吸收的 $A_0=\lg\dfrac{1}{T_0}$，而对应于背景和被测物吸收的 $A_s=\lg\dfrac{1}{T}$，根据吸光度加和定理，则对应于被测物吸收的 $A=A_s-A_o=\lg\dfrac{1}{T}-\lg\dfrac{1}{T_0}=\lg\dfrac{T_0}{T}$。如图 7-22（a）所示，在没有背景吸收时，即 $T_0=100\%$，可直接从红外谱图中读取被测物透光率 T，再由公式 $A=\lg\dfrac{T_0}{T}=\lg\dfrac{1}{T}$ 求出吸光度。实际测定中常常有背景吸收，如图 7-22（b）所示，在这种情况下，可通过谱带两侧透光率最大的 E、F 两点绘制光谱吸收的切线，通过吸收峰顶点 M 作垂直于横坐标的垂线 GH，这样可得到对应于背景及背景和被测物的透光率 T_0 和 T，则被测物的吸光度 $A=\lg\dfrac{T_0}{T}$。

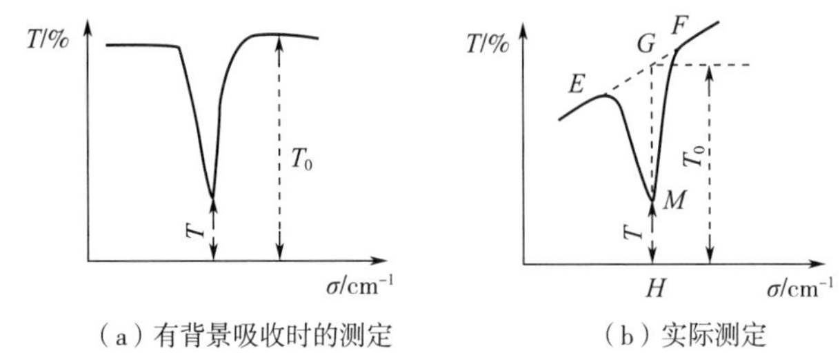

（a）有背景吸收时的测定　　（b）实际测定

图 7-22　吸光度的测量方法

课后习题

（1）下面两个化合物的红外光谱有何不同？

（a）$C_6H_5-CH_2-NH_2$；（b）$CH_3-C(=O)-N(CH_3)_2$。

（2）芳香化合物 C_7H_8O，红外吸收峰为 3380cm^{-1}、3040cm^{-1}、2940cm^{-1}、1460cm^{-1}、1010cm^{-1}、690cm^{-1} 和 740cm^{-1}，试推导结构并确定各峰归属。

（$C_6H_5-CH_2OH$）

（3）化合物 C_4H_5N 红外吸收峰：3080cm^{-1}、2960cm^{-1}、2260cm^{-1}、1647cm^{-1}、990cm^{-1} 和 935cm^{-1}，推导结构。

（$CH_2=CHCH_2C\equiv N$）

（4）分子式为 C_7H_5OCl 的化合物，红外吸收峰：3080cm^{-1}、2820cm^{-1}、2720cm^{-1}、1715cm^{-1}、1593cm^{-1}、1573cm^{-1}、1470cm^{-1}、1438cm^{-1}、1383cm^{-1}、1279cm^{-1}、1196cm^{-1}、1070cm^{-1}、900cm^{-1} 及 817cm^{-1}，试推断其结构。

（$Cl-C_6H_4-CHO$）

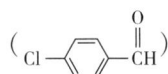

（5）化合物 $C_4H_{11}N$ 的红外光谱图如下图所示，据此推导该化合物的结构。

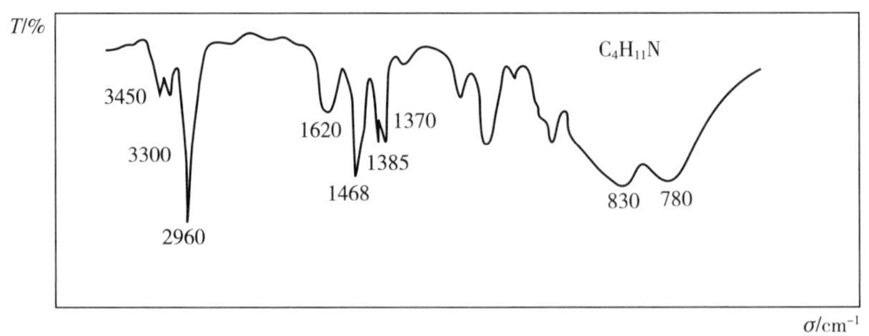

（$H_2N-CH_2-CH(CH_3)_2$）

（6）化合物分子式为 $C_6H_{12}O_2$，根据下列红外谱图推导结构。

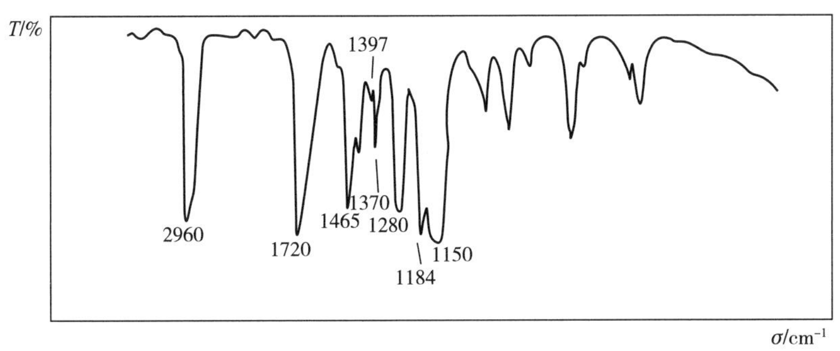

（$H_3C-\underset{CH_3}{\overset{CH_3}{C}}-\overset{O}{\overset{\|}{C}}OCH_3$ 或 $H_3C-\underset{CH_3}{\overset{CH_3}{C}}-O-\overset{O}{\overset{\|}{C}}-CH_3$）

（7）化合物分子式为 C_4H_9NO，据据下列红外光谱图谱推导此化合物的结构。

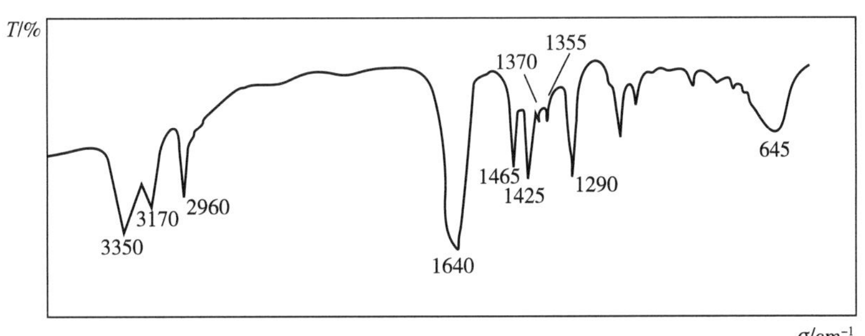

（$\underset{H_3C}{\overset{H_3C}{\rangle}}CH-\overset{O}{\overset{\|}{C}}-NH_2$）

（8）某化合物 $C_9H_{10}O$，其红外光谱主要吸收峰为 3080cm^{-1}、3040cm^{-1}、2980cm^{-1}、2920cm^{-1}、1690cm^{-1}（s）、1600cm^{-1}、1580cm^{-1}、1500cm^{-1}、1370cm^{-1}、1230cm^{-1}、750cm^{-1}、690cm^{-1}，试推断化合物的分子结构 。

（$C_6H_5-\overset{O}{\overset{\|}{C}}-C_2H_5$）

本章资源

8 色谱法的基本原理

8.1 色谱法概述

色谱分析法简称色谱法，是一种物理或物理化学分离分析方法。色谱法在分析化学领域中已成为现代仪器分析的独立而重要的分支。它的产生与发展已有100多年的历史。

俄国植物学家Tswett的一生致力于植物色素的分离与提纯工作，1901年他就认识到色谱法对分离分析的重大价值。1903年3月21日在华沙自然科学学会生物学分会会议上，提出了应用吸附原理分离植物色素的新方法。1906年Tswett将这个方法命名为色谱法（chromatography），后来他又在1907年的德国生物学会议上第一次向人们公开展示了采用色谱法提纯的植物色素溶液及其色谱图，呈现着彩色环带的柱管。

Tswett将植物叶色素的石油醚提取液倾入一根装有颗粒碳酸钙吸附剂的竖直玻璃柱管中，并不断地以纯净石油醚来冲洗柱子，使其冲洗液自由流下。经过一段时间之后，发现在玻璃柱管内形成间隔明晰的不同颜色的谱带（即溶液中不同叶色素分离的结果），如图8-1所示，“色谱”因此得名。随着色谱法不断发展，该法不仅用于有色物质的分离，也逐渐广泛地被用于无色物质的分离，故“色谱”这个名词也就渐渐失去了它原来“色”的含意。应该说现代色谱分析法所分离的样品，绝大多数是无色的，但“色谱”这一名词延用至今。

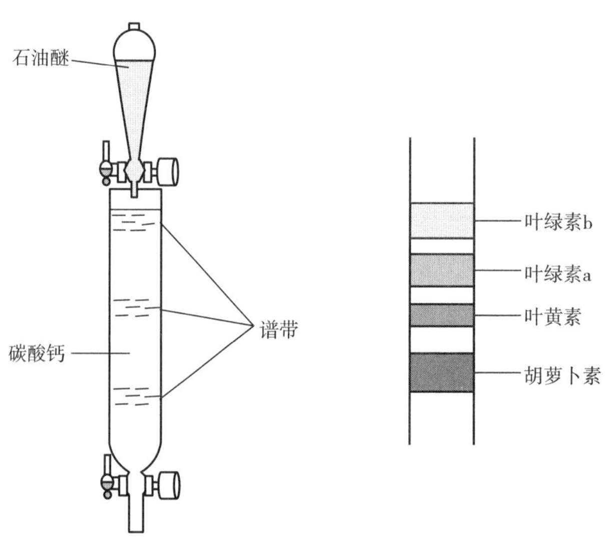

图8-1 Tswett色谱分离实验示意图

Tswett实验中将相对于石油醚固定不动的碳酸钙称为固定相，装碳酸钙的玻璃管称为色谱柱，石油醚称为流动相，石油醚淋洗过程称为洗脱，最终得到的色谱带图称为色谱图。

将具有不同颜色的色谱带填充剂挤压出来，分段切割，然后对已分开的组分加以鉴定和测量，就形成了经典色谱法。经典色谱法分离速度慢，分离效率低，随着分离技术和色谱理论的研究和发展，色谱法不仅具有很高的分离能力，同时增加了检测能力，成为现代色谱分析技术。

在我国，色谱学科经历了从无到有、从初步创立到广泛应用的发展历程。新中国成立初期，我国的气相色谱研究还是个空白。1956 年，卢佩章和他的研究团队经过不计其数的试验和探索，设计出我国第一台体积色谱仪，使分析石油样品的速度由原来的 30 多个小时缩短到不到 1 小时，这一开创中国色谱学先河的研究成果迅速在全国石油化工企业普及应用，促进了石油工业的发展。抗美援朝战争期间，卢佩章接受国防科研分析任务，协助鞍钢焦化厂制取甲苯，为生产前线急需的 TNT 炸药并提高产量作出重大贡献。1968—1974 年，卢佩章带领的团队接到为中国第一艘核潜艇密封舱中的气体进行分析的紧急任务，随后研制出了当时世界上最先进的船用色谱仪。20 世纪 50 年代初期，卢佩章先后开展了气相色谱及液相色谱理论、新技术发展及其应用方面的研究。1974 年，卢佩章等开始从事液相色谱研究，开展液相色谱固定相的研究，并根据国内需求开发了相应的填料产品。1981 年，中德色谱会议在辽宁省大连市顺利召开，促进了中国与外国色谱技术的交流，是中国色谱与国际色谱接轨的开端。卢佩章开创了中国色谱科学，色谱技术其后在工农业生产、国防、科研、医学、生物制药、环境保护等方面广为应用。几十年来，卢佩章执着于以色谱为主的分析化学研究，这位中国色谱分析的先驱者之一，是当之无愧的“中国色谱之父”。

色谱法的分离原理主要是利用物质在流动相与固定相之间的分配系数差异而实现分离。通过两相的相对运动，使物质在两相中进行多次反复分配，分配系数小的物质（组分）迁移速度快，反之则迁移速度慢，从而被分离。色谱法是先将混合物中各组分分离，然后逐个进行分析，因此是分析混合物最有效的手段，如图 8-2 所示。

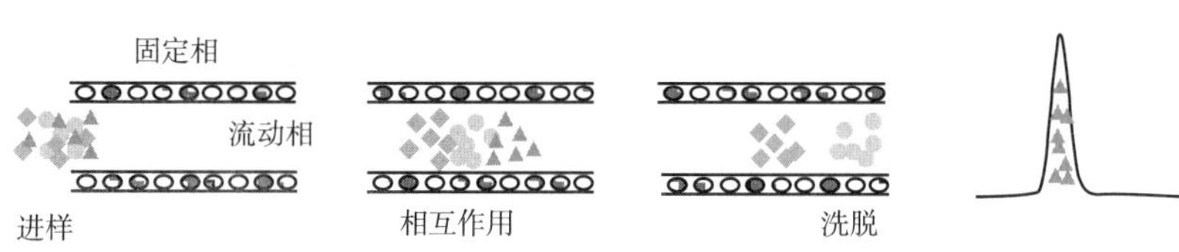

图 8-2　色谱分析基本原理示意图

例如 α-六六六、β-六六六、γ-六六六以及 δ-六六六属于同分异构体，用其他分析手段难以分离并定性，采用气相色谱法可以很好的分离并分析，四个组分所以能够分离，是由于四个组分在理化性质上（沸点、极性或吸附性能）存在着微小的差异，在检测六六六试样时我们常选用 DB-5 色谱柱或相当者，四个同分异构体在色谱柱中固定相表面的吸附能力存在着微小的差异。由于载气的流动，四个组分在运动中进行反复多次的分配或吸附/解附，四个组分微小的差异积累起来就变成了大的差异，其结果是吸附能力弱的组分先从柱中流出，而吸附力强的组分后流出色谱柱，即导致不同组分以不同的速度通过色谱柱，从而实现分离。分离后的组分进入检测器进行检测。色谱法还具有高灵敏度、高选择、高效能、分析速度快及应用范围广等优点。

8.2 分类

8.2.1 按流动相与固定相的不同分类

流动相是气体的，称为气相色谱法（gas chromatography，GC）。流动相是液体的，称为液相色谱法（liquid chromatography，LC）。若流动相为超临界流体，则称为超临界流体色谱法（supercritical fluid chromatography，SFC）。固定相也有两种状态，以固体吸附剂作为固定相和以附载在固体上的液体作为固定相。因此，气相色谱法又可分为气—固色谱法（gas-solid chromatography，GSC）和气—液色谱法（gas-liquid chromatography，GLC）；根据固定相状态不同，液相色谱法也可分为液—固色谱法（liquid-solid chromatography，LSC）和液—液色谱法（liquid-liquid chromatography，LLC）。色谱分析法按两相不同分类如图 8-3 所示。

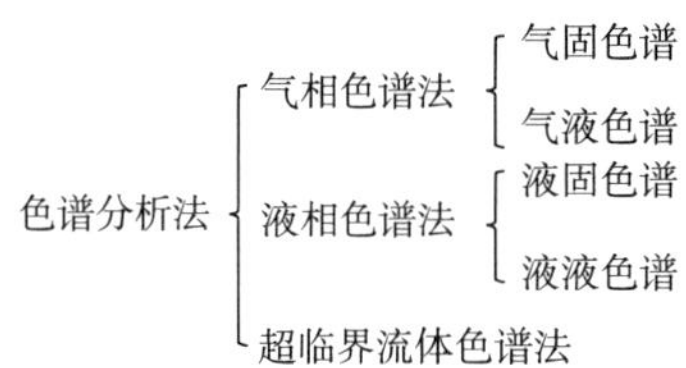

图 8-3　色谱分析法按两相不同分类

8.2.2 按分离机理分类

8.2.2.1 吸附色谱法

当混合物随流动相通过固定相时，利用各组分在吸附剂表面吸附性能不同，从而使混合物得以分离的方法称为吸附色谱法。

8.2.2.2 分配色谱法

利用不同组分在流动相和固定相之间的溶解度不同，引起分配系数的差异而使其分离的色谱方法。

8.2.2.3 离子交换色谱法

离子交换色谱法是基于离子交换树脂上可电离的离子与流动相具有相同电荷的溶质进行可逆交换，利用不同组分对离子交换剂亲和力的不同而进行分离的方法。

8.2.2.4 凝胶色谱法

凝胶色谱法是以多孔介质（如凝胶）为固定相，利用组分分子大小不同在多孔介质中因阻滞作用不同而达到分离的方法，又称为空间排阻色谱法。

8.2.2.5 亲和色谱法

利用固定在载体上的固化分子对组分的亲和性的不同而进行分离的方法，如蛋白质的分离常用亲和色谱。

8.2.2.6　电色谱法

利用带电溶质在电场作用下移动速度不同而将组分分离的色谱方法称为电色谱法。

8.2.3　按固定相形式分类

按固定相可以分为柱色谱法、纸色谱法、薄层色谱法等。

8.3　色谱分析中基本术语和重要参数

色谱图是指被分离组分通过检测器系统时所产生的响应信号对时间或流动相流出体积的曲线图，如图 8-4 所示。也就是以组分流出色谱柱的时间 t 或载气流出体积 V 为横坐标，以检测器对各组分的电信号响应值为纵坐标的一条曲线，该曲线也称为色谱流出曲线。是色谱图中随时间或载气流出体积变化的响应信号曲线，色谱图上有一组色谱峰，每个峰代表样品中的一个组分。色谱图提供了色谱分析的各种信息，是被分离组分在色谱分离过程中的热力学因素和动力学因素的综合体现，也是色谱定性定量分析的基础。色谱分离参数指出了物质分离的可能性，色谱柱对被测组分的选择性，以及色谱条件的选择依据。

色谱图基本术语和参数如下。

8.3.1　基线

仪器稳定后，没有试样通过检测器时，记录到的信号称为基线。它反映了检测器信号随时间的变化，稳定的基线应近似是一条水平直线，基线的平直可反映出仪器及实验条件的稳定情况，如图 8-4 中的 OO' 线。

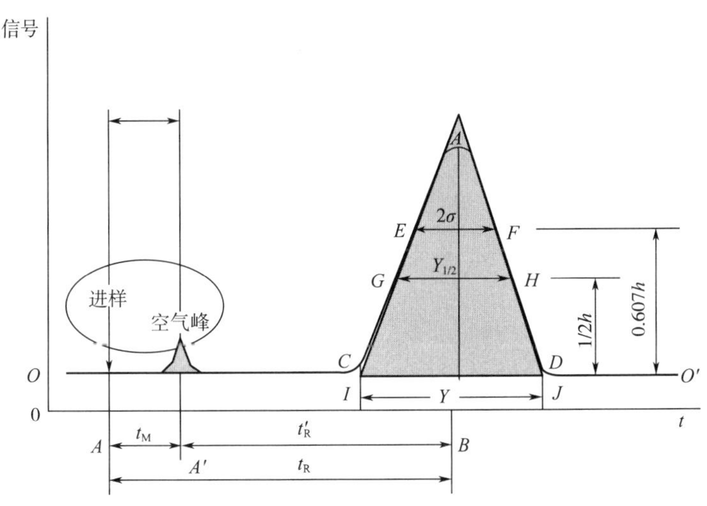

图 8-4　色谱流出曲线图

（1）基线漂移。当操作条件不稳定或检测器工作状态变化时会使基线随时间上下倾斜，称为基线漂移。

（2）基线噪声。引起基线起伏不定的各种因素称为基线噪声。

8.3.2 色谱峰

当有组分进入检测器时，色谱流出曲线就会偏离基线，这时检测器输出信号随检测器中的组分浓度而改变，直至组分全部离开检测器，此时绘出的曲线称为色谱峰，如图 8-4 中的 CAD。正常色谱峰近似于对称形正态分布曲线，符合高斯正态分布的。不对称色谱峰也称畸峰，如拖尾峰和前伸峰等（非对称色谱峰如图 8-5 所示）。

（1）拖尾峰——前沿陡起后部平缓的不对称色谱峰。

（2）前伸峰——前沿平缓后部陡降的不对称色谱峰。

（3）分叉峰——两种组分没有完全分开而重叠在一起的色谱峰。

（4）“馒头”峰——峰形比较宽大的色谱峰。

（5）假峰——并非由试样所产生的峰。

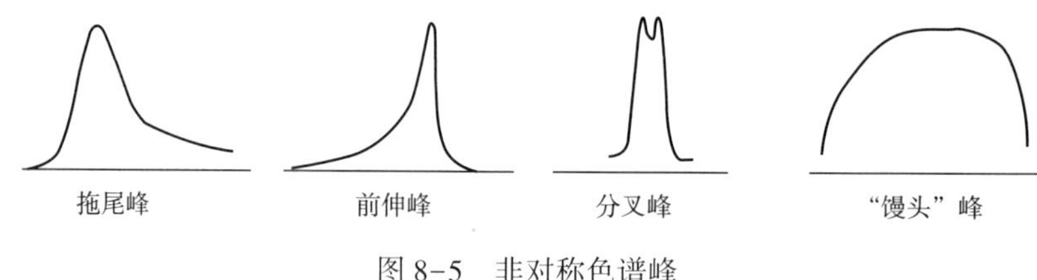

图 8-5　非对称色谱峰

8.3.3 峰高

从色谱峰顶到基线的垂直距离，用 h 表示。色谱峰的高度与组分的浓度有关，分析条件一定时，峰高是定量的依据。

8.3.4 区域宽度

从色谱峰两侧拐点上的切线与基线两交点之间的距离，称为峰宽，也称基线宽度，用 W 表示。用来衡量色谱峰宽度的参数，有三种表示方法：

标准偏差（σ）：即 0.607 倍峰高处色谱峰宽度的一半。

半峰宽（$W_{1/2}$）：色谱峰高一半处峰的宽度 $W_{1/2} = 2.354\sigma$。

峰底宽（W_b）：$W_b = 4\sigma$。

8.3.5 峰面积

由色谱峰与基线之间所围成的面积称为峰面积，用 A 表示，是色谱定量分析的基本依据。

8.3.6 保留值及有关参数

保留值表示试样中各组分在色谱柱中的停留时间或将组分带出色谱柱所需载气的体积。在一定的固定相和操作条件下，任何物质都有确定的保留值，因此保留值可用作定性分析的依据。

（1）死时间 t_M。不被固定相所滞留的组分通过色谱柱所用的时间，即不被固定相所滞留的组分（如空气或甲烷）的保留时间就是死时间。在时间上，它等于流动相分子通过色谱柱所需的时间，死时间与柱前后的连接管道和柱内空隙体积的大小有关。

（2）死体积 V_M。不被固定相滞留的组分的保留体积（或不被固定相滞留的组分流出色谱柱所需要的洗脱剂的体积。这个体积应等于柱内流动相的体积，即流动相的量，也即固定相之间的空隙，是对应于死时间 t_M 所需的流动相体积 V_M，等于 $t_M t_M$ 与操作条件下流动相的体积流速 F 的乘积，见式（8-1）：

$$V_M = t_M \times F \tag{8-1}$$

（3）保留时间 t_R。流动相携带组分通过柱子所需要的时间，即从进样洗脱到流出液中组分的浓度出现极大值点所需要的时间。

（4）保留体积 V_R。从进样开始到组分洗脱出柱所用的洗脱剂的体积（与流速无关）。

（5）调整保留时间 t'_R 和调整保留体积 V'_R。扣除死时间后的组分实际被固定相所保留的时间，称为调整保留时间，见式（8-2）：

$$t_R = t_M - t_M \tag{8-2}$$

同理，调整保留体积 V'_R 为，见式（8-3）：

$$V''_I = V_I - V_I \tag{8-3}$$

死体积反映了色谱柱的几何特性，它与被测物质的性质无关。它与固定相、组分的性质均无关，只与流动相的流动速度有关，对分离不起作用。故调整保留值 t'_R 和 V'_R 更合理地反映被测组分的保留特性。t'_R 即为组分在固定相中出现的（保留的）时间，即组分被固定相所滞留的时间，与组分和固定相之间的作用力有关。V'_R 是与组分和固定相性质有关的，更能从本质上反映出不同组分的差异，反映色谱过程的实质。

保留时间可作为色谱定性分析的依据，但同一组分的保留时间常受到流动相流速的影响，它们是色谱条件的函数。因此保留值也可用保留体积表示，这样可以不随流动相流速变化。

相对保留值 λ_{21}：组分 2 与组分 1 调整保留值之比，见式（8-4）：

$$\lambda_{12} = \frac{t'_{R2}}{t'_{R1}} = \frac{V'_{R2}}{V'_{R1}} \tag{8-4}$$

相对保留值只与柱温和固定相性质有关，与其他色谱操作条件无关，它表示了固定相对这两种组分的选择性。

8.3.7 其他参数

（1）响应值：组分通过检测器所产生的信号。

（2）相对响应值：单位量物质与单位量参比物质的响应值之比。

（3）校正因子：相对响应值的倒数。校正因子与峰面积的乘积正比于物质的量。

（4）线性范围：检测信号与被测组分的物质的量或质量浓度呈线性关系的范围。

（5）分析时间：一般指最后流出组分的保留时间。

8.4 塔板理论

把色谱柱比作一个分馏塔，把色谱分离过程比作分馏过程。假设色谱柱内有很多层分隔的塔板，塔板的数量称为理论塔板数，用 n 表示。在每一层塔板上，组分可以在瞬间达到一次分配平衡。不同组分的分配系数不同，经多次分配平衡后，可使不同的组分得以分离。理论塔板数 n 越多，则进行的分配平衡次数越多，分离效能越高。

在给定长度为 L 的色谱柱内，有效塔板数 n 越多，有效塔板高度 H 越小，组分在色谱柱内分配平衡的次数越多，柱效能越高，见式（8-5）：

$$n = \frac{L}{H} \tag{8-5}$$

同一色谱柱对不同物质的柱效能不同，故用塔板数或塔板高度表示柱效能时，必须指出是对哪一种物质的塔板数或塔板高度。

看一个简单的例子，若将 1ng 被测物引入色谱柱，假设此柱有 5 块塔板，且 $k=1$。样品加在 0 号板上，分配平衡后，在固定相和流动相中被测组分均为 0. 5ng，而后又引入一个塔板体积（ΔV）的流动相，在 0 号板上固定相中的被测物不移动，而流动相中 0. 5ng 被测组分移动到 1 号板上，分配平衡后，在 0 号板上固定相与流动相中组分均为 0. 25ng，而 1 号板上固定相和流动相中组分也均为 0. 25ng。以此类推，组分逐渐向柱出口移动，最后又逐渐移出色谱柱，在柱出口被检测后排出。组分流出曲线就是色谱柱出口流动相中组分量随板体积的变化（表 8-1，图 8-6）。

表 8-1　1ng 组分在 $n=5$，$k=1$ 柱内板上固定相和流动相以及柱出口处的分配

板体积数（ΔV）	塔板编号					
	0	1	2	3	4	柱出口
0	0. 5	—	—	—	—	—
	0. 5	—	—	—	—	
1	0. 25	0. 25	—	—	—	—
	0. 25	0. 25	—	—	—	
2	0. 125	0. 25	0. 125	—	—	—
	0. 125	0. 25	0. 125	—	—	
3	0. 063	0. 188	0. 188	0. 063	—	—
	0. 063	0. 188	0. 188	0. 063	—	
4	0. 031	0. 125	0. 188	0. 125	0. 031	—
	0. 031	0. 125	0. 188	0. 125	0. 031	
5	0. 016	0. 078	0. 157	0. 157	0. 078	0. 031
	0. 016	0. 078	0. 157	0. 157	0. 078	
6	0. 008	0. 047	0. 118	0. 157	0. 118	0. 078
	0. 008	0. 047	0. 118	0. 157	0. 118	
7	0. 004	0. 028	0. 083	0. 138	0. 138	0. 118
	0. 004	0. 028	0. 083	0. 138	0. 138	
8	0. 002	0. 016	0. 056	0. 111	0. 138	0. 138
	0. 002	0. 016	0. 056	0. 111	0. 138	
9	0. 001	0. 009	0. 036	0. 084	0. 125	0. 138
	0. 001	0. 009	0. 036	0. 084	0. 125	

续表

板体积数（ΔV）	塔板编号					
	0	1	2	3	4	柱出口
10	0	0.005	0.023	0.060	0.105	0.125
	0	0.005	0.023	0.060	0.105	
11	0	0.003	0.014	0.042	0.083	0.105
	0	0.003	0.014	0.042	0.083	
12	0	0.002	0.009	0.028	0.063	0.083
	0	0.002	0.009	0.028	0.063	
13	0	0.001	0.005	0.019	0.046	0.063
	0	0.001	0.005	0.019	0.046	

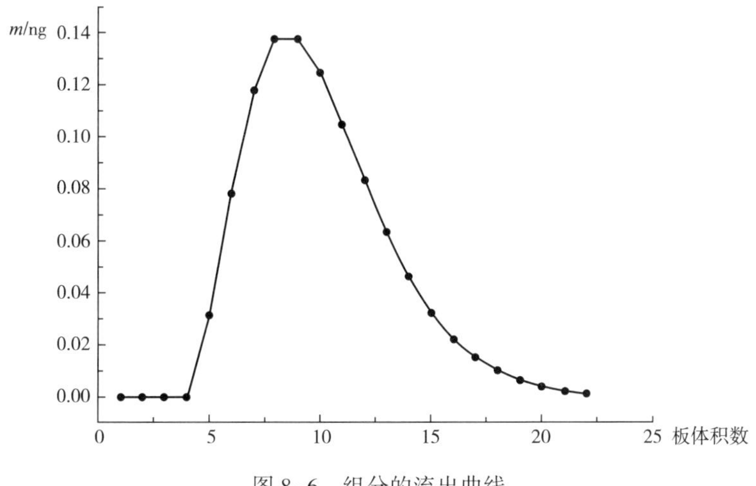

图 8-6　组分的流出曲线

由图 8-6 可知，组分流出曲线呈峰形但不对称。这是由于假设的塔板数 5 太少，实际上，在气相和液相色谱中，n 一般均大于 10^3，所以可以得到对称的峰形。由这一简单例子所得结果可以直观地看出，色谱流出曲线的形状类似于数学上的正态分布曲线。在数学上正态分布的方程见式（8-6）：

$$y = \frac{1}{\sqrt{2\pi}\sigma} e^{-\frac{(x-\mu)^2}{2\sigma^2}} \tag{8-6}$$

此式说明 y 与 x 的关系，σ 为标准偏差，μ 为平均值。在色谱中，根据上述假定以及一些理论推导，可将正态分布方程用于色谱流出曲线，把某些参数作相应的改变，而得到式（8-7）：

$$c = \frac{\sqrt{n}m}{\sqrt{2\pi}V_R} e^{-\frac{n(V-V_R)^2}{2V_R^2}} \tag{8-7}$$

这就是流出曲线方程的数学表达式，也称塔板理论方程。式中，c 为不同流出体积时的组分浓度，m 为进样量，V_R 为保留体积，n 为塔板数，V 为流出体积，见式（8-8）~式（8-10）：

$$c = c_{max} = \frac{1}{\sqrt{2\pi}\sigma} \tag{8-8}$$

$$n = \frac{5.54}{(0.5885)^2}\left(\frac{V_R}{Y}\right)^2 = 16\left(\frac{V_R}{Y}\right)^2 \tag{8-9}$$

$$n_{eff} = 5.54\left(\frac{t'_R}{Y_{1/2}}\right)^2 = 16\left(\frac{t'_R}{Y}\right)^2 \tag{8-10}$$

塔板理论成功之处是导出了色谱流出曲线的数学表达式，说明了色谱峰的形状呈正态分布，并解释了浓度极大点和提出了评价柱效的参数（n）及其计算式。但由于这一理论所基于的假设有些是不当的，且仅考虑了热力学因素，没有考虑动力学因素，因此不能说明影响柱效的因素及谱带扩张的原因，也不能说明流动相流速对柱效的影响，实验事实是流速不同时测得的 n（或 H）不同。

8.5 速率理论

塔板理论虽然提出了评价柱效能的指标—塔板数和塔板高度，但不能具体说明影响柱效能的因素。1956 年荷兰学者范第姆特（Van Deemter）等在塔板理论基础上，提出了关于色谱过程的动力学理论，即速率理论，并提出了塔板高度 H 与各种影响因素的关系式——速率方程式，又称范第姆特方程式，见式（8-11）：

$$H = A + \frac{B}{u} + C_u \tag{8-11}$$

式中，u 为载气的线速度，cm/s^{-1}；A 为涡流扩散项；$\frac{B}{u}$ 为分子扩散项；C_u 为传质阻力项。

8.5.1 涡流扩散项 A

在填充色谱柱中，由于填充物颗粒的影响，载气的流动不断改变方向，其中的组分分子也随之改变方向，形成类似涡流的流动，而不同分子的流路不同，涡流的情况也不同，因此，同组分不同分子所走的路径长短不一样，即到达柱出口的时间就会有差别。A 可用式（8-12）表示：

$$A = 2\lambda d_p \tag{8-12}$$

式中，λ 为填充不规则因子；d_p 为填充物颗粒的平均直径。由此式可知，影响 A 的因素是 d_p 和 λ，d_p 与填充物颗粒大小有关，而 λ 与填充物颗粒的大小分布以及填充均匀的程度有关，与载气性质、线速和组分无关。减小涡流扩散提高柱效的有效途径是使用适当小的颗粒且颗粒均匀的填充物，并尽量填充均匀。对于空心毛细管柱，$A = 0$。

8.5.2 分子扩散项 $\frac{B}{\bar{u}}$

色谱法中，样品以脉冲式引入，试样组分被载气带入柱后，以“塞子”形式存在于柱内很小的一段空间中，塞子内外组分的浓度差别很大，实际上一开始，塞子外组分的浓度为零，由于浓度梯度，所以必然引起组分分子纵向扩散，分子扩散项的系数 B 见式（8-13）：

$$B = 2\gamma D_g \tag{8-13}$$

式中，γ 为弯曲因子；D_g 为组分在气相中的扩散系数（cm^2/s）。D_g 与组分的性质、载气的性质、柱温和柱压等因素有关，D_g 反比于载气分子量的平方根，分子量大的组分 D_g 小，故采用分子量较大的载气可使 B 项降低。D_g 随柱温升高而增大，而随柱压增大而减小。弯曲因子 γ 与填充物有关。由于填充物中固定相颗粒使分子的自由扩散受到限制，扩散程度降低，所以对于填充柱，$\gamma=0.5\sim0.7$，而在空心柱中，扩散不受障碍，所以对于毛细管柱，$\gamma=1.0$。

8.5.3 传质阻力项 $C\bar{u}$

物质因浓度不均匀而发生的迁移过程称为传质，影响此迁移过程速度的阻力称为传质阻力。传质阻力包括气相和液相传质阻力，而传质阻力系数也包括气相传质阻力系数 C_g 和液相传质阻力系数 C_l，见式（8-14）：

$$C=C_g+C_l \tag{8-14}$$

气相传质过程是待测组分从气液界面移动到气相内部而后又移动到气液界面的过程。这一过程并非瞬时完成，而是需要一定的时间，好像受到阻力一样，且各个分子所需时间也不同，这必然使各个分子向前移动的距离不一样，而最终到达柱出口的时间不同，引起了色谱峰的展宽。对于填充柱，见式（8-15）：

$$C_g=\frac{0.01k^2}{(1+k)^2}\cdot\frac{d_p^2}{D_g} \tag{8-15}$$

气相传质阻力系数与填充物粒度 d_p 的平方成正比，与组分在载气流中的扩散系数 D_g 成反比，因此采用粒度小的填充物和分子量小的气体作载气可使 C_g 减小，从而提高柱效。

液相传质过程是指待测组分从气液界面移动到液相内部，发生质量交换以达到分配平衡，然后又返回气液界面的传质过程。与气相传质过程一样，组分完成这一过程也需要时间，所以同样受到传质阻力，其传质阻力系数见式（8-16）：

$$C_l=\frac{2}{3}\cdot\frac{k}{(1+k)^2}\cdot\frac{d_f^2}{D_l} \tag{8-16}$$

式中，d_f 为固定相液膜厚度；D_l 为组分在液相中的扩散系数。减小液膜厚度 d_f，增大组分在液相中的扩散系数 D_l，均可提高柱效。将系数 A，B 和 C 代入方程，就可得到式（8-17）：

$$H=2\lambda d_p+\frac{2\gamma D_g}{\bar{u}}+\left[\frac{0.01k^2}{(1+k)^2}\cdot\frac{d_p^2}{D_g}+\frac{2}{3}\frac{k}{(1+k)^2}\frac{d_f^2}{D_l}\right]\bar{u} \tag{8-17}$$

这一公式说明了填料均匀程度、填料颗粒大小、流动相种类和流速、固定液厚度等对板高 H 的影响，也即对理论塔板数 n 的影响的。

为了讨论方便，对于液相色谱，与气相色谱法相同，也可将塔板高度 H 与流动相的平均线流速 $\bar{u}$ 之间的关系写作式（8-18）：

$$H=A+\frac{B}{\bar{u}}+C\bar{u} \tag{8-18}$$

式中各项的意义与气相色谱法的相同。

在这里需注意分子扩散项（纵向扩散项）$B=C_dD_m$，式中 C_d 为常数，D_m 为分子在流动相中扩散系数。一般 $D_g=10^{-1}cm^2/s$，$D_m=10^{-5}cm^2/s$，所以对于液相色谱，这一项一般可忽略。

传质阻力项 $C\bar{u}$ 见式（8-19）：

$$C = \frac{C_s d_f^{\ 2}}{D_s} + \frac{C_m d_p^2}{D_m} + \frac{C_{sm} d_p^2}{D_m} \tag{8-19}$$

固定相传质阻力系数 $\frac{C_s d_f^2}{D_s}$，这一系数与气相色谱法中液相传质阻力系数中 C_l 含义是一样的，系数中 C_s 与容量因子 k 有关，d_f 为液膜厚度，D_s 为组分在固定液中的扩散系数。

流动相传质阻力系数包括流动的流动相传质阻力系数 $\frac{C_m d_p^2}{D_m}$ 和滞留的流动相传质阻力系数 $\frac{C_{sm} d_p^2}{D_m}$。在两个系数表达式中 C_m 和 C_{sm} 是常数，与容量因子及柱填充情况有关，D_m 是组分在流动相中的扩散系数。产生流动的流动相传质阻力的原因是当流动相靠近填充物颗粒时，流速慢，即在靠近固定相的流动相中组分分子走得慢。产生滞留的流动相传质阻力的原因是固定相是多孔的，会造成流动相滞留在一个局部，一般停滞不动。综上所述，将 A、B 和 C 代入塔板高度的式（8-18）中，得到式（8-20）：

$$H = 2\gamma d_p + \frac{C_d D_m}{\bar{u}} + \left[\frac{C_s d_f^2}{D_s} + \frac{C_m d_p^2}{D_m} + \frac{C_{sm} d_p^2}{D_m}\right]\bar{u} \tag{8-20}$$

载气流速 u 过大或过小对提高色谱柱效都不利，存在一个适宜的理论最佳流速。但实际大小应通过实验确定。对于常见的填充柱，选用粒径较小且均匀的担体进行高质量的装填，可以减小涡流扩散项 A；选用较大分子量的载气、较高的流速和柱压有利于减小分子扩散项 B；而选分子量较小载气、较低的流速，较低黏度的固定液且担体表面的固定液层较薄时可以减小传质阻力项。

速率理论不仅指出了影响柱效能的因素，而且也为选择最佳色谱分离操作条件提供了理论指导。

8.6 分离度 *R*

分离度（resolution）用来定量评价色谱图上相邻两组分的分离情况，既与组分的保留时间相关，又与色谱峰的宽度相关，全面反映了色谱分离过程的热力学和动力学作用结果，是色谱柱的总分离效能指标。两组分的保留时间相差越大，峰的宽度越窄，则分离度 R 越大。分离度 R 等于相邻两峰的峰间距与两峰峰底宽度平均值之比，见式（8-21）：

$$R = \frac{t_{R(2)} - t_{R(1)}}{\frac{1}{2}W_{b(2)} - W_{b(1)}} \tag{8-21}$$

R =1.5 时，分离程度可达 99.7%，常以 R =1.5 作为完全分离的指标。经过推导，分离度也可以写成式（8-22）：

$$R_s = \frac{\sqrt{n}}{4}\frac{\alpha - 1}{\alpha}\frac{k}{k+1} \tag{8-22}$$

R_s 与 $\sqrt{n}$ 成正比，增加柱长，因为 n 与柱长成正比，所以可以改进分离度，但增加柱长可使保留时间增加，延长分析时间。另外，若保持流动相流速恒定，保留体积（或保留时间）与柱长成正比，且 n 与柱长成正比，所以增加柱长又可使峰展宽。增加 n 的另一个方法

是降低 H，根据速率理论，要使 H 降低，除选合适的固定相和流动相外，还要控制合适的操作条件。

柱容量项 $\frac{k}{k+1}$ 值随 k 的增大而增加，R_s 也随之增加，但当 $k > 10$ 时，对 R_s 的改进已不明显，且 k 值太大时，会大大延长分析时间，峰展宽，k 的最佳范围一般控制在 1~10 之间。

α 值越大，$\frac{\alpha-1}{\alpha}$ 值越大，R_s 也随之增加，α 值的很小变化，就可使 R_s 显著增加，如 α 值从 1.01 增加至 1.10，可使 R_s 增加 9 倍。增加 α 值是提高分离度最有效的方法。在气相色谱中，往往通过改变固定相来改变 α 值，因为气相色谱法中，流动相是惰性的。而在液相色谱中，通常是通过改变流动相来改变 α 值，因为流动相的种类很多，且更换方便也较便宜。由上边讨论可知，在 n 、k 和 α 系数中，增大 α 对提高 R_s 最有效，但也不是越大越好，当 $\alpha >$ 1.50 时，α 的改变对 R_s 影响较小。

8.7 色谱定性分析

因为色谱定性分析主要依据每种组分的保留值，一般需要标准样品。如果没有已知纯物质，单靠色谱法本身对每一种分离后的组分进行定性鉴定是比较困难的，这是气相色谱分析的不足之处。但近年来，气相色谱与质谱、光谱等联用，这样既充分利用了色谱柱的高效分离能力，又利用了质谱、光谱的高鉴别能力，再加上电子计算机对数据的快速处理及检索能力，为未知物的定性分析开辟了广阔前景。

在一定的色谱条件下（固定相、操作条件等），各种物质均有确定的保留值，故保留值可作为一种定性指标，对它的测定是最常用的色谱定性方法。

8.7.1 利用已知物直接对照法定性

用已知物直接和未知样品对照定性，是气相色谱定性分析中最简便、最可靠的定性方法。在一定的柱条件（柱长、固定相）和操作条件下，各组分保留值是一定的。因此可以用已知物的保留值（时间、体积、距离）和未知物的保留值对照进行定性。利用此法时，将两根不同极性色谱柱串联起来，由保留值进行定性，比单柱所得结果更加可靠。

8.7.2 用已知物峰高增加法定性

如果样品复杂，色谱峰间距小，操作条件又不易控制稳定，准确测定保留值会有困难，也可采用在未知混合物中加入已知物的方法，这时若待定性组分的峰比原来增强，则表示样品中可能含有该组分。

8.7.3 联用技术法

将色谱与质谱、红外光谱、核磁共振谱等具有定性能力的分析方法联用，复杂的混合物先经色谱分离成单一组分后，再利用质谱仪、红外光谱仪或核磁共振谱仪进行定性。近年来，色谱—质谱联用、色谱—红外联用已成为分离、鉴定复杂体系最有效的手段。

8.8 色谱定量分析

色谱定量分析的目的是确定样品中某组分的含量。定量的依据是当操作条件一定时，某组分的质量或浓度与检测器的响应信号（峰面积或峰高）成正比，见式（8-23）：

$$m_i = f_i \times A_i \tag{8-23}$$

式中，m_i 为 i 组分的质量；f_i 为 i 组分的绝对校正因子，在一定条件下 f_i 为一常数；A_i 为 i 组分的峰面积。

可见，在进行色谱定量分析时需要解决以下三个问题：准确测量被测组分的峰面积（或峰高）；求出待测组分的校正因子；选择适当的定量方法。

8.8.1 外标法

外标法又叫标准曲线法或已知物校正法。可用于测定指定组分的含量。用待测组分的纯品作对照物质（即标准物质），以对照物质和样品中待测组分的响应信号相比较进行定量的方法。此法可分为工作曲线法及外标一点法等。

工作曲线法将待测组分的标准物质配成不同浓度的标准溶液，然后取固定量的标准溶液进行测定，从所得色谱图上测出峰面积或峰高，然后绘制响应信号（纵坐标）对浓度（横坐标）的标准曲线。分析样品时，取与制作标准曲线相同量的试样（定量进样），测的该试样的响应信号，由标准曲线即可查出其浓度。其优点是一个曲线可用于多个试样，但一定要保证进样的重现性和操作条件的稳定性，两者对分析结果的准确度有着十分重要的影响。

外标一点法是用一种浓度的对照品溶液对比待测定样品溶液中 i 组分的含量。将对照品溶液与样品溶液在相同条件下次进样，测得峰面积的平均值，用式（8-24）计算样品中组分 i 的含量为：

$$w_i = \frac{A_i}{A_s} \times w_s \tag{8-24}$$

式中，A_i 为被测组分峰面积；A_s 为标准物的峰面积；w_s 为标准物的质量分数。

外标法方法简便，不需用校正因子，不论样品中其他组分是否出峰，均可对待测组分定量，计算方便，适合于分析大量样品。但此方法的准确性受进样重复性和实验条件稳定性的影响。此外，为了降低外标一点法的实验误差，应尽量使配制的对照品溶液的浓度与样品中组分的浓度相近。

8.8.2 内标法

当只需测定试样中某几个组分的含量时，且试样中所有组分不能全部出峰时，可采用此法定量。内标法是色谱分析中一种比较准确的定量方法，尤其在没有标准物对照时，此方法更显其优越性。内标法是将一定质量的纯物质作为内标物，加入到准确称取的试样中，然后对含有内标物的样品进行色谱分析，分别测定内标物和待测组分的峰面积（或峰高）及相对校正因子，按公式和方法即可求出被测组分在样品中的百分含量，见式（8-25）~式（8-27）：

$$\frac{A_i}{A_s} = \frac{f_s}{f_i} \times \frac{m_i}{m_s} \tag{8-25}$$

则
$$m_i = \frac{A_i f_i}{A_s f_s} \times m_s \tag{8-26}$$

故
$$w_i = \frac{m_i}{m} \times 100\% = \frac{A_i f_i}{A_s f_s} \times \frac{m_s}{m} \times 100\% \tag{8-27}$$

式中，m_s 为内标物质量；m 为试样质量；A_i 为被测组分峰面积；A_s 为内标物的峰面积；f_i 为被测组分相对质量校正因子；f_s 为和内标物的相对质量校正因子。

一般以内标物作为基准物质，即 $f_s = 1$，此时含量计算式可简化为式（8-28）：

$$w_i = \frac{m_i}{m} \times 100\% = \frac{A_i}{A_s} \times \frac{m_s}{m} \times f_i \times 100\% \tag{8-28}$$

应用内标法时，内标物的选择很重要，一般它应具备如下几个条件：

（1）内标物和试样应互溶。

（2）内标物与试样组分的峰能分开，且内标物和待测物峰靠近。

（3）加入内标物的量应接近于待测组分的量。

（4）内标物与待测组分的物理化学性质相近。

内标法的优点是定量准确，消除操作条件不稳定影响，如进样量的变化，色谱条件的微小变化等对内标法定量结果的影响不大，特别是在样品前处理（如浓缩、萃取、衍生化等）前加入内标物，然后进行前处理时，可部分补偿预测组分在样品前处理时的损失。若要获得很高精度的结果时，可以加入数种内标物，以提高定量分析的精度。

内标法的缺点是选择合适的内标物比较困难，内标物的称量要准确，每次分析都要称取样品和内标物的质量，还必须知道相对校正因子，操作较麻烦，不适于作快速分析。

8.8.3 归一化法

归一化法是色谱法中常用的定量方法。当样品中所有组分均能流出色谱柱，并在检测器上都能产生信号，组分的量与其峰面积成正比（在线性范围内），能够测定或查到所有组分的相对校正因子的样品，可用归一化法定量，如食品中脂肪酸的含量测定经常采用面积归一化法。

归一化法是把所有出峰的组分含量之和按100%计算，以它们相应的色谱峰面积或峰高为定量参数，通过下列公式计算各组分的质量分数。其中，组分 i 的质量分数见式（8-29）：

$$w_i = \frac{f_i A_i}{\sum_{i=1}^{n} A_i f_i} \times 100\% \tag{8-29}$$

式中，w_i 为组分的质量分数；A_i 为组分的峰面积；f_i 为组分的质量校正因子。

若各组分的值 f_i 相近或相同，例如同系物中沸点接近的各组分，则上式可简化为式（8-30）：

$$w_i = \frac{A_i}{A_1 + A_2 + \cdots + A_i + \cdots A_n} \times 100\% \tag{8-30}$$

对于狭窄的色谱峰，当各种操作条件保持严格不变时，在一定的进样量范围内，半峰宽不变，可用峰高代替峰面积进行定量，但此时的 f_i 应为峰高校正因子。

归一化法的优点是简单、准确，当操作条件（进样量、载气流量等）变化时，对结果影响小。不用标准，只进一次样。但样品的全部组分必须流出且出峰，某些不需要定量的组分也必须测出其峰面积及知道 f_{is} 值。

8.8.4 三种定量方法的对比

可在是否需要称量样品、进样量、操作条件、出峰情况、是否需要校正因子、使用范围等方面对三种定量方法进行比较（表 8-2）。

表 8-2 三种定量方法的对比

项目	归一化法	内标法	外标法
样品称重	不需要	需要	需要
进样量	不需准确	不需准确	需准确
操作条件	一次分析需稳定	一次分析需稳定	全部分析需稳定
峰要求	全出峰	内标及所测组分	所测组分
校正因子	需要	需要	不需要
适用范围	常量分析	微量组分精确测定	工厂常规分析

课后习题

（1）假设有一物质对，其 $\alpha=1.15$，要在填充柱上得到完全分离（$R=1.5$），所需的有效塔板数是多少？若设有效塔板高度为 0.1cm，应使用多长的色谱柱？

（2116，212cm）

（2）在塔板数为 4600 的色谱柱上，十八烷和 α-甲基十七烷的保留时间分别为 15.55min 和 15.32min，甲烷的保留时间是 0.50min。

（a）计算两组分在此柱上的分离度？

（b）若使两组分的分离度达到 1.0，则需要多少塔板数？

（a. 0.32；b. 4.49×10^4）

（3）色谱柱的柱效 n 由哪些因素决定？

（4）一个组分的色谱峰可用哪些参数描述？这些参数各有何意义？受哪些因素影响？

（5）塔板理论的基本假设和主要结论是什么？

（6）说明气相色谱中填充柱和毛细管柱速率理论方程的差别。

（7）影响分离度的因素是什么？其中哪一因素影响最大？

9　气相色谱法

本章资源

气相色谱法是一种用气体作为流动相的色谱分离技术。它是由惰性气体（载气）携带试验进入色谱柱时，基于不同组分在两相间的溶解或吸附能力不同（分配系数不同），当两相作相对运动时，待测样中各组分就在两相中进行反复多次的分配，使原来分配系数只有微小差异的各组分产生很大的分离效果，从而各组分彼此得以分离开来。根据固定液的不同，可分为气—固色谱和气—液色谱。气相色谱法的主要研究对象为气体，或易挥发的物质及可转化为易挥发化合物的液体或固体物质。由于其有操作方便、分离效率高、分析速度快、灵敏度高等特点，已成为应用最为广泛的仪器分析方法之一，在食品安全、环境保护、石油化工等方面具有重要的作用。其不足之处在于不适用于难挥发物质和热不稳定物质的分析。

气相色谱仪器的型号较多，伴随着计算机的快速发展和广泛应用，仪器自动化程度越来越高，但各类仪器的基本结构都是一样的，如图 9-1 为 7890B 气相色谱仪示意图。

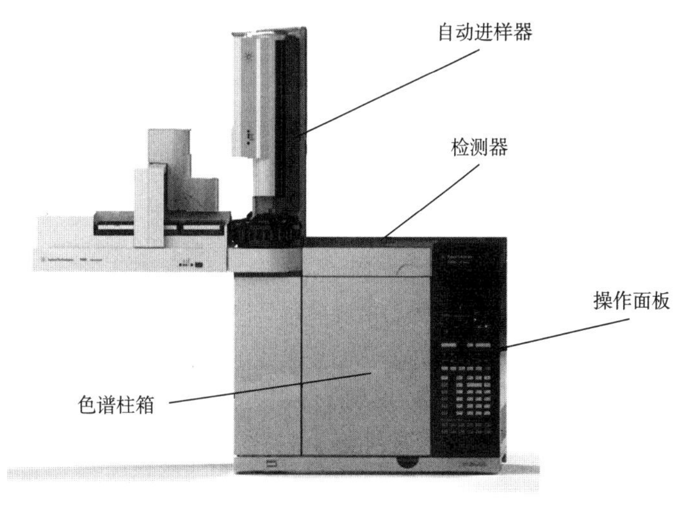

图 9-1　7890B 气相色谱仪示意图

气相色谱仪包括气路系统、进样系统、分离系统、检测系统、记录系统和温度控制系统（图 9-2）。气相色谱的流动相为气体，称为载气，通常由高压气体钢瓶或气体发生器提供。载气经总阀和减压阀后进入净化器中，除去杂质和水，再由气流调节阀调节到所需压力，再由转子流速计保持稳定流量的载气进入气化室、色谱柱、检测器，最后防空。由进样器注入的待测样品在气化室快速气化，气化后的试样由载气携带进入色谱柱进行分离，被分离的各组分随载气依次流出色谱柱进入检测器，当每种化合物进入检测器时，检测器会产生与已检测到的化合物的量成比例的电子信号。此信号通常会被发送到数据分析系统，在这些系统中，信号显示为色谱图上的峰。

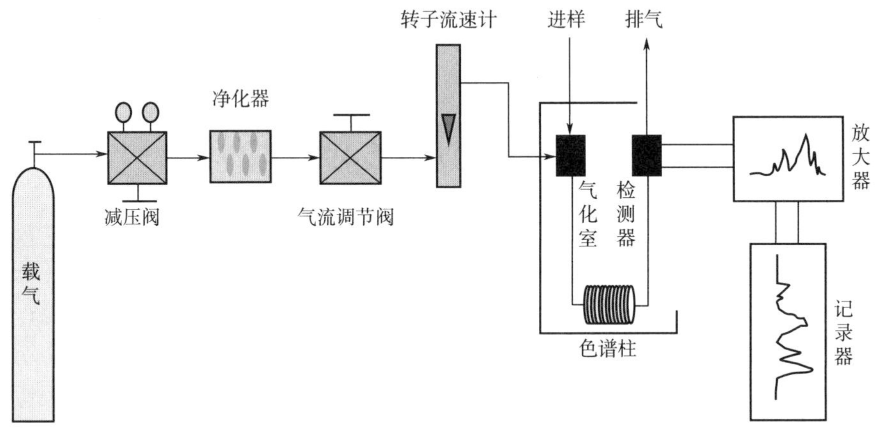

图 9-2　气相色谱装置的流程图

9.1　气路系统

气路系统由载气源、减压阀、净化器、稳压阀、压力表、稳流阀、流量计和供载气连续运行的密闭管路组成。整个气路系统要求载气纯净、密闭性好、流速稳定和流量测量准确。

9.1.1　气源

气源根据用途不同可分为载气和辅助气。载气是流动相，携带待测样品通过色谱柱。辅助气是指为检测器提供燃烧或吹扫用的气体。常用的载气包括氮气、氦气、氩气等。辅助器常用空气。如氢火焰离子化检测器和或火焰光度检测器使用时，需要氢气和空气分别作为燃气和助燃气。

载气一般储存在钢瓶、气体发生器等，他们是提供稳定压力的气源。载气要求是惰性气体，载气的选择除考虑对柱效的影响外，还要与分析对象及选用的检测器相匹配。如氢火焰离子化检测器（FID）、火焰光度检测器（FPD）以及电子捕获检测器（ECD）常用氮气作为载气，热导检测器（TCD）常用氦气作载气。

9.1.2　气路结构

常见的气路分为单柱单气路（图 9-2）和双柱双气路（图 9-3）。单柱单气路适用于恒温分析。双柱双气路一般由气源流出的载气经减压阀、净化器、稳压阀后，分为两路，样品由其中的一个气化室注入，另一未进样的气路作参比，这样就可以补偿载气流速波动和固定液流失等原因所引起的检测器的噪声。这种气路结构的色谱仪既能用于恒温分析，也适用于程序升温分析。

9.1.3　净化器

载气和辅助气的纯度都会直接影响仪器的灵敏度和稳定性，因此气体进入色谱仪前都需进行严格的脱水、脱氧、脱碳氢化合物等净化处理，故在气路中需串联含有气体净化剂的净化器，用来去除气体中的水、氧气、二氧化碳以及有机杂质。常用的净化剂有硅胶、分子筛

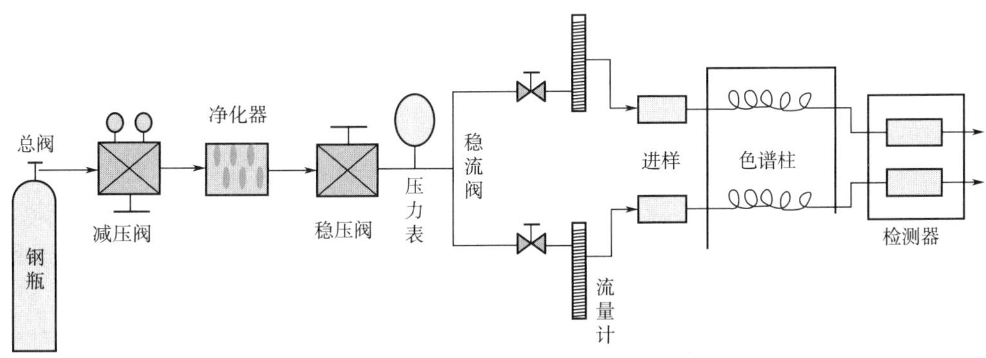

图 9-3 气相色谱仪双柱双气路系统示意图

和活性炭。考虑到硅胶成本低、活化可再利用等特点，通常用硅胶初步脱水，分子筛进一步脱水；用活性炭脱除除甲烷外的碳氢化合物；用脱氧剂脱除氢或氮气中的微量氧气。一般情况下气体净化后的纯度要达到 99.99%以上才可使用。特殊检测器如 ECD 对电负性较强组分的脱除要求更高，其载气中氧的含量必须低于 0.2μL/L，否则检测器会出现基流太低无法运行。

9.2 进样系统

进样系统是气体、液体和固体溶液试样注入色谱柱前快速定量、瞬间气化的装置。进样量的大小，进样时间的长短，待测样的气化时间等都会影响色谱的分离效果和分析结果。进样系统由进样器和气化室组成。

9.2.1 进样器

气相色谱的进样系统根据不同功能可划分为以下常用几种进样器。

9.2.1.1 手动进样微量注射器

使用微量注射器抽取一定量的气体或液体样品注入气相色谱仪进行分析的手动进样，可根据样品性质选用不同的注射器（图 9-4）。微量进样器规格有 5μL、10μL、50μL 等，这种方法简单、灵活，但误差相对较大，重现性较差。这种手动进样只适合于对分析结果精密度要求不高的情况下使用，现在较少使用。

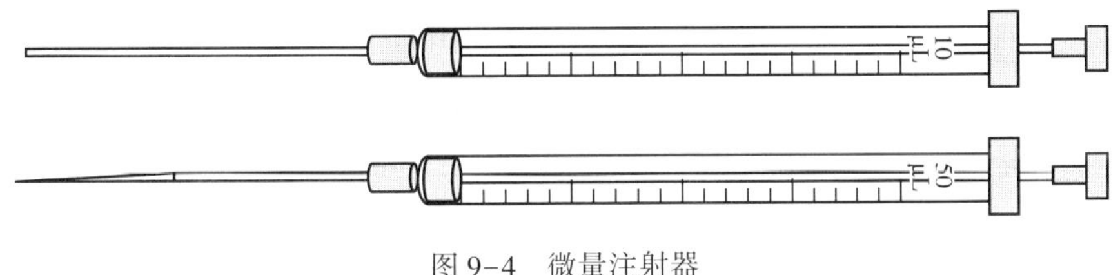

图 9-4 微量注射器

9.2.1.2 液体自动进样器

目前，随着进样技术的提高，很多色谱仪都配备液体自动进样器（图 9-5），其主要用于液体样品的进样，可以实现自动化操作，降低人为的进样误差，减少人工操作成本，适用于批量样品的分析。它不仅提高了样品分析的准确性和重现性，同时实现了气相色谱分析的完全自动化。

9.2.1.3 进样阀

进样阀是一种将固定体积的样品导入载气流的简易机械设备。进样阀最常用于流动恒定的样品气体或液体。进样阀（以六通阀为例，图 9-5）进样，其外部接有样品环（或称定量环），使用温度较高、寿命长、耐腐蚀、死体积小、气密性好，可以在低压下使用。

气体样品采用阀进样不仅定量重复性好，而且可以与环境空气隔离，避免空气对样品的污染。而采用注射器的手动进样很难做到上面这两点。采用阀进样的系统可以进行多柱多阀的组合进行一些特殊分析。气体进样阀的样品定量管体积一般在 0.25mL 以上。液体进样阀液体进样阀一般用于装置中液体样品的在线取样分析，其样品定量环一般是阀芯处体积 0.1~1.0μL 的刻槽。

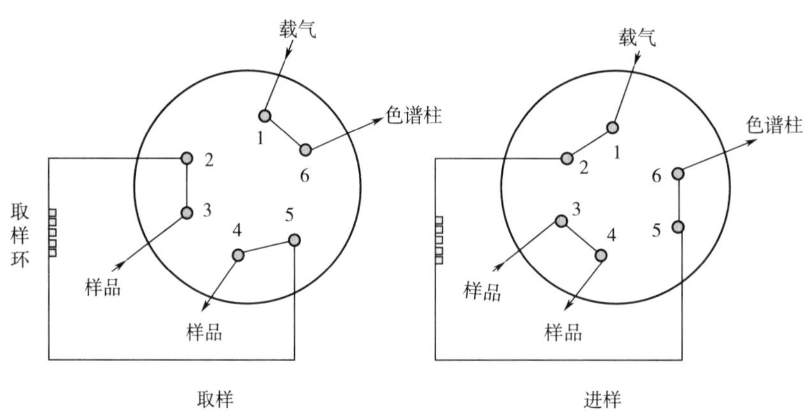

图 9-5 六通阀进样示意图

9.2.1.4 顶空进样

顶空进样器主要用于固体、半固体、液体样品基质中挥发性有机化合物的分析，如水中 VOCs、茶叶中香气成分、合成高分子材料中残留单体的分析等。

9.2.1.5 热裂解器进样

配备热裂解器的气相色谱称为热解气相色谱，理论上可适用于由于挥发性差依靠气相色谱还不能分离分析的任何有机物（在无氧条件下热分解，其热解产物或碎片一般与母体化合物的结构有关，通常比母体化合物的分子小，适于气相色谱分析），但目前主要应用于聚合物的分析。

9.2.2 气化室

气化室的作用是将液体样品瞬间汽化，其具有热容量大、死体积小、无催化效应等特点，其结构见图 9-6。

气化室温度必须严格控制，进样时进样器快速刺穿密封垫，然后将样品迅速注入气化室，形成浓度集中的“样品塞”，气化后的样品立即被载气带入色谱柱内。气化室温度一般比柱温高 10~50℃。

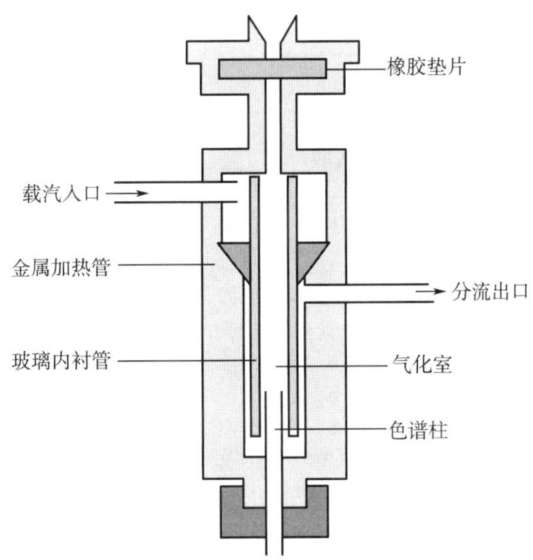

图 9-6　气化室结构示意图

9.3　分离系统

色谱柱是气相色谱仪的核心部件，其决定了色谱的分离效果，色谱柱位于温度控制柱箱的内部。色谱柱和柱箱的用途是将注入的样品在经过色谱柱时分离成各种组分。要协助此过程，可以对 GC 进行编辑程序升温，以加速样品流过色谱柱。通常，色谱柱的一端连接进样口，另一端连接检测器（图 9-7）。色谱柱可分为填充柱和毛细管柱两类，由柱管和其中的固定相组成（图 9-8）。填充柱是将固定相填充在玻璃管或金属管中，形状一般为 U 形或螺旋形，内径一般为 2~4mm，长 0.5~10m。毛细管柱又分为填充毛细管柱和空心毛细管柱，它的固定相是通过在内壁涂渍或化学键合的方式固定在毛细管内壁上，毛细管柱内径一般在 0.1~0.5mm，柱长 25~100m。毛细管柱分离效率要比填充柱高很多，其理论塔板数可达到 10^4~10^6，同时又具有分析速度快等特点，因此毛细管柱已成为气相色谱使用最多的色谱柱。色谱柱因长度、直径和内涂层而异。每个色谱柱被设计为处理不同化合物。气相色谱根据固定相的不同可分为气—固色谱固定相和气—液色谱固定相两种。

图 9-7　色谱柱及柱箱

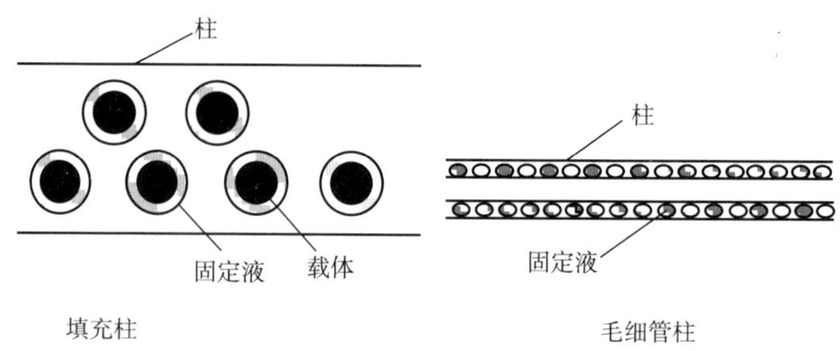

图 9-8　色谱柱示意图

9.3.1　气—固色谱固定相

固体固定相一般采用固体吸附剂。其特点是吸附容量大、热稳定性好、价格便宜，但是柱效低、吸附活性中心易中毒，因此使用前要进行活化处理，然后方可装柱。固体固定相主要用于惰性气体、H_2、O_2、N_2、CO、CO_2 和 CH_4 等一般气体和低沸点有机物的分析。气相色谱常用的固体吸附剂见表 9-1。

表 9-1　气相色谱常用的固体吸附剂

吸附剂	使用温度/℃	测定对象	使用前活化处理
活性炭	<200	惰性气体、N_2、CO_2 和低沸点碳氢化合物	装柱，在 N_2 保护下加热到 140～180℃，活化 2～4h
硅胶	<400	C_1～C_4 烃类，N_2O、SO_2、H_2S、SF_6、CF_2Cl_2 等气体	装柱，在 200℃下通载气活化 2～4h
氧化铝	<400	C_1～C_4 烃类异构体	粉碎过筛，600℃下烘烤 4h。装柱，高于柱温 20℃下活化
分子筛	<400	惰性气体、H_2、O_2、N_2、CO、CH_4、NO、N_2O 等	粉碎过筛栽 50～600℃下烘烤 4h

9.3.2　气—液色谱固定相

液体固定相是将固定液均匀地涂在载体或毛细管壁上制成的，因此分为固定液和载体。

9.3.2.1　载体

载体又叫担体，它是用来承担固定液的化学惰性的多孔性固体颗粒，固定液薄而均匀的涂渍在它的表面，构成固定相。常用的载体分为硅藻土型和非硅藻土型两类，为了保证液体固定相的质量，对载体有如下的要求：

（1）多孔、比表面积大，孔径分布均匀。

（2）化学惰性，表面没有吸附性或吸附性很弱，不允许与待分离物质起化学反应。

（3）热稳定性好。

（4）有一定的机械强度。

（5）粒度细小，均匀。

9.3.2.2　硅藻土型载体

硅藻土是一种天然矿物，由大量单细胞海藻（植物）的骨架构成，主要成分是无定形

SiO_2 与少量无机盐，在结构上有许多微孔。硅藻土型载体就是由硅藻土煅烧制成的。根据制法的不同，可以得到红色载体或白色载体。

（1）红色载体由硅藻土与黏合剂在 900℃左右煅烧而成，因其中含有少量的氧化铁，故略带红色。红色载体的机械强度高，表面积大（约 $4m^2/g$），孔径较小（约 $2\mu m$），能涂较多的固定液，色谱分离效率高。但红色载体表面存在吸附中心，同时催化活性也强，故分析极性物质时常有拖尾现象。适合于涂渍非极性固定液，分析非极性和弱极性组分，不宜用于高温分析。

（2）白色载体由硅藻土和少量助熔剂 Na_2CO_3 在大于 900℃的高温下煅烧而成，其中的氧化铁在助熔剂的作用下生成无色铁硅酸钠，故由红色转变成白色的多孔性颗粒。白色载体与红色载体相比，表面孔较粗（8~9μm），表面积较小（约 $1m^2/g$），机械强度差，柱效低。但白色载体表面活性中心较少，对极性物质的吸附性小，催化活性也小，故一般用于分析极性物质和较高温度下的分析。

普通硅藻土类载体的表面呈现一定的 pH，因此载体表面既有吸附活性，又有催化活性。若与极性固定液配合使用，当分析极性组分时，由于与活性中心的相互作用，会导致色谱峰的拖尾。为此，载体使用之前，必须进行处理，以改进其孔隙结构，屏蔽活性中心，以便提高柱效。

①酸洗用 3mol/L HCl 或 6mol/L HCl 溶液浸煮载体 2h，过滤后用去离子水洗至中性，于 110℃烘干 16h。载体经酸洗后能除去 Fe_2O_3 等金属氧化物，减少一些活性中心。

②碱洗在酸洗之后，用 10% NaOH 甲醇溶液回流或浸泡载体，然后以甲醇和水洗至中性，干燥。碱洗的目的是除去表面的 Al_2O_3 等酸性作用点。

③硅烷化用硅烷化试剂和载体表面的硅醇、硅醚基团反应（图 9-9）以消除载体表面的氢键结合能力，从而改进载体的性能。常用的硅烷化试剂有二甲基二氯硅烷。

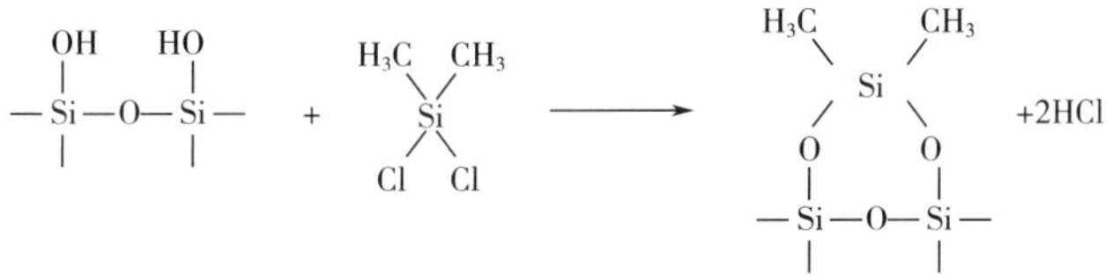

```
   OH     HO                H3C  CH3                 H3C       CH3
   |      |                    \/                       \     /
 —Si—O—Si—        +           Si        ———→              Si              +2HCl
   |      |                    /\                       /     \
                             Cl  Cl                    O       O
                                                       |       |
                                                     —Si — O — Si—
                                                       |       |
```

图 9-9　硅烷化反应

9.3.2.3　非硅藻土型载体

（1）氟载体用聚四氟乙烯制成的多孔性载体，其特点是吸附性小，耐腐蚀性强，用于分析极性物质和强腐蚀性气体。缺点是湿润性差，表面积较小，强度低，柱效不高。

（2）玻璃微球载体一种有规则的颗粒小球，其主要优点是能在低柱温下分析高沸点样品，分析速度快。但其表面积小，只能用于低含量固定液，且表面也有吸附性，柱效不高。

（3）高分子多孔微球载体苯乙烯与二乙烯苯的共聚物，既能直接作为气相色谱的固定相，又可作为载体涂上固定液后再使用。

载体直径为柱内径的 1/25~1/20。

9.3.2.4　选择载体的大致原则

在选择载体时，通常要考虑待分离组分极性的大小和固定液的含量（或液载比）的高低，常用气相色谱载体如表 9-2 所示。固定液载体比是指在固定相中固定液与载体的质量比，一般为 0.05%~30%。

（1）当固定液的含量大于 5%时，可选用硅藻土型（白色或红色）载体。

（2）当固定液含量小于 5%时，应选用处理过的载体，如仍拖尾可加减尾剂。

（3）对于高沸点组分，可选用玻璃微球载体。

（4）对于强腐蚀性组分，可选用氟载体。

表 9-2　常用气相色谱载体

<table>
<tr><th colspan="2">载体名称</th><th>特点</th><th>用途</th></tr>
<tr><td rowspan="2">硅藻土类红色载体</td><td>6201 载体</td><td>孔径较小（0.4~1μm），机械强度较高，比表面积较大（4m²/g），有较多的活性吸附中心</td><td>分析非极性弱极性组分</td></tr>
<tr><td>201 载体
202 载体
301 载体</td><td>同上
同上
经釉化处理，性能介于红色载体与白色载体之间</td><td>同上
同上
分析中等极性组分</td></tr>
<tr><td rowspan="2">硅藻土类白色载体</td><td>101 载体</td><td>孔径较大（约 9μm），机械强度较差，比表面较小（1m²/g），表面活性吸附中心较少</td><td>分析极性组分，高沸点组分</td></tr>
<tr><td>102 载体
101/102 硅烷化
405 载体</td><td>同上
氢键作用减弱，比表面减小，使用温度降低
具有白色载体共性，吸附性低，催化活性小</td><td>同上
分析水、醇、酚、胺、酸等极性化合物
分析高沸点、极性和易分解组分</td></tr>
<tr><td rowspan="3">非硅藻土类载体</td><td>玻璃微球</td><td>热稳定性好，形状规则，大小均一，机械强度高，比表面小（约 0.02m²/g），固定液涂量低</td><td>分析高沸点，易分解组分</td></tr>
<tr><td>氟载体</td><td>耐腐蚀，热稳定性好，形状规则，大小均一，比表面大的达 12m²/g，小的仅 0.2m²/g</td><td>分析强极性组分，腐蚀性气体以及具有化学活性的组分</td></tr>
<tr><td>高分子多孔微球</td><td>比表面积大，耐腐蚀，热稳定性好</td><td>分析强极性物质</td></tr>
</table>

9.3.2.5　固定液

气相色谱固定液主要是由高沸点有机物组成，在操作温度下呈液态，有特定的最高使用温度。对固定液的要求其蒸气压低，不流失；热稳定性好，在操作柱温下呈液态，不分解，不聚合，通常固定液的最高值用温度决定了色谱柱的最高使用温度；化学稳定性好，不与待测组分起化学反应；黏度低，对载体有好的浸渍能力，能形成均匀的膜，且有利于降低被测组分在其中的传质阻力；选择性好，对两个沸点相同或相近但属于不同类型的组分有尽可能高的分离能力。

（1）组分与固定液分子间的作用力。在气相色谱中，载气为惰性分子，组分因浓度低，与载气作用很小，组分间作用可忽略。主要作用力源于组分与固定液相互作用。

①静电力。由于极性分子具有永久偶极矩，所以极性分子间可产生静电作用力。在极性固定液上分离极性组分时，静电力起主要作用。

②诱导力。由于极性分子的偶极作用，使非极性分子被极化而产生诱导偶极矩，所以极性分子和非极性分子之间互相吸引，产生诱导力。通常诱导力是很小的，但在分离非极性和

可极化物质的混合物时，极性固定液的诱导力就突出地表现出来。如苯（沸点 80.1℃）与环己烷（沸点 80.8℃）沸点非常接近，它们的偶极矩都等于零，但苯比环己烷易极化，采用极性固定液，使苯产生诱导偶极矩，使其在环己烷后流出，从而使二者分离。

③色散力。非极性分子之间，由于电子的运动，分子中正负电荷中心瞬间相对位置变化，产生瞬间偶极矩，这些瞬间偶极矩相互作用，产生色散力。当用非极性固定液分离非极性组分时，色散力起主要作用。

④氢键力。当氢原子和一个电负性很强的原子构成共价键时，它又能和另一个电负性很强的原子形成一种强的、有方向性的力，这就是氢键力。用含有—OH、—COOH、—COOR、$—NH_2$、—NH 等官能团的分子作固定液，分析含氟、含氧、含氮化合物时，此种力起主要作用。

（2）固定液的极性分类。规定非极性固定液角鲨烷的相对极性为 0，强极性固定液 β，β'-氧二丙腈的相对极性为 100。以苯和环己烷为被测组分，以角鲨烷、β，β'-氧二丙腈以及被测固定液为色谱柱的固定相，分别测定用这三种固定相时，这两种组分的调整保留体积（或时间）。则被测固定液的相对极性 P_x 可用式（9-1）计算：

$$P_x = 100 - 100\frac{q_1 - q_x}{q_1 - q_2} \tag{9-1}$$

式中，$q = \lg\dfrac{V'_{R(苯)}}{V'_{R(环己烷)}}$；$q_1$ 为苯与环己烷在 β，β'-氧二丙腈上的调整保留体积比的对数；q_2 为苯与环己烷在角鲨烷上的调整保留体积比的对数，q_x 为苯与环己烷在待测固定液上的调整保留体积比的对数。测定结果从 0 到 100 分为五级，每 20 为一级。P_x 为 0~20 时，极性等级为+1；P_x 为 21~40 时，极性等级为+2，P_x 为 41~60 时，极性等级为+3；P_x 为 61~80 时，极性等级为+4；P_x 为 81~100 时，极性等级为+5。极性等级为+1 的为非极性固定液，随极性等级增加极性增强，极性等级为+5 的为强极性固定液。如 β，β'-氧二丙腈的级别为+5，聚乙二醇的级别为+4，分别属于强极性和极性固定液。

9.3.3 固定相的选择

混合物组分在气相色谱柱中能否得到完全分离，主要取决于所选的固定相是否合适。一般是首先根据样品沸点范围，选择合适温度适用范围的固定液。对于气体及低沸点试样，只有选用固体固定相才能更好地分离；对于大多数有机试样，还必须使用液体固定相才能完成分离任务。其次根据结构相似和相似相溶的原则，即固定液的性质和被测组分有某些相似性时，其溶解度就大。如果组分与固定液分子性质（极性）相似，固定液和被测组分两种分子间的作用力就强，被测组分在固定液中的溶解度就大，分配系数就大，即被测组分在固定液中溶解度或分配系数的大小与被测组分和固定液两种分子之间相互作用的大小有关。分子间的作用力包括静电力、诱导力、色散力和氢键力等。通常选择固定液的原则见表 9-3。

表 9-3 固定液的选择原则

被测物	固定液	先流出色谱柱	后流出色谱柱
非极性	非极性	沸点低	沸点高
极性	极性	极性小	极性大

续表

被测物	固定液	先流出色谱柱	后流出色谱柱
极性+非极性	极性	非极性	极性
氢键	极性或氢键	不易形成氢键	易形成氢键

（1）分离非极性物质，一般选用非极性固定液，试样中各组分按沸点次序先后流出色谱柱，沸点低的先出峰，沸点高的后出峰。

（2）分离极性物质，选用极性固定液，这时试样中各组分主要按极性顺序分离，极性小的先流出色谱柱，极性大的后流出色谱柱。

（3）分离非极性和极性混合物时，一般选用极性固定液，这时非极性组分先出峰，极性组分（或易被极化的组分）后出峰。

（4）对于能形成氢键的试样，如醇、酚、胺和水等的分离。一般选择极性的或是氢键型的固定液，试样中各组分按与固定液分子形成氢键的能力大小先后流出，不易形成氢键的先流出，最易形成氢键的最后流出。

9.3.4 色谱柱的制备和老化

制备色谱柱首先要根据样品选择固定液和载体。其次根据固定液选择溶剂，要使溶剂对固定液有足够的溶解能力和适宜的挥发性。常用的溶剂有氯仿、丙酮、乙酸乙酯、乙醇、苯、甲苯等。再次根据配比和所需固定相的量，计算所需固定液的量和载体的量，一般以固定液载体比表示。低沸点样品，固定液用量一般在20%~30%；高沸点样品一般用量在1%~10%；固定液用量高，采用红色载体；固定液用量低，采用白色载体；强极性、热不稳定的高沸点化合物如有机磷农药采用玻璃载体，用量<1%。

涂渍方法有蒸发法和过滤法。蒸发法是将称好的固定液放在一个烧杯中，加入适量的溶剂（略大于载体体积）溶解。将称好的载体，倾入溶解好固定液的烧杯中，在适当的温度下，轻轻摇动烧杯，让溶剂均匀挥发。如果溶剂沸点高，可在红外灯下烘干。过滤法是把载体与已知浓度的固定液溶液混合，然后过滤掉过量溶液。测定过滤前后的溶液体积，可计算出载体中固定液的含量。然后让溶剂慢慢挥发，使固定液涂渍在载体表面。

色谱柱在填充前要进行预处理，处理的方法依次是自来水洗、5% NaOH 洗、蒸馏水洗、丙酮洗、蒸馏水洗和烘干。柱子的填充方式根据柱子形状而定。一般采用抽吸、震动或敲击柱管填充。在色谱柱一端塞上少量硅烷化玻璃棉，然后接上真空泵，另一端装上漏斗，将填料分小批量装入柱内，并轻轻敲击管壁，装满后在另一端塞上玻璃棉，柱两端玻璃棉能防止柱中填料漏出。装柱过程中应防止填料破碎，要求填充均匀、紧密。

色谱柱老化的目的是除去固定相残余溶剂和挥发性杂质，并促进固定液在载体表面分布均匀。在高温和载气流作用下也可使柱内填料分布更趋均匀，有助于提高柱效。老化的步骤如下：

（1）载气流速5~10mL/min，不接检测器，放空以免污染检测器。

（2）高于操作温度10~20℃。

（3）低于固定液最高使用温度20~30℃。

（4）老化2~24h。

（5）老化后，将色谱柱与检测器连接上，待基线平直后就可进样分析。

9.4　检测系统

检测系统通常指的是气相色谱检测器，其作用是将被色谱柱分开的各个组分的浓度或质量信号转变成易于检测的电信号，并输送给放大记录系统，从而进行定性、定量分析。

9.4.1　分类

9.4.1.1　按响应值与时间关系分类

①累积式（积分型）。连续检测柱后流出物总量，色谱图为一台阶形曲线。

②差分式（微分型）。检测柱后流出组分及其浓度的瞬间变化，色谱图为峰形。

9.4.1.2　按不同类型化合物响应大小分类

①通用型。各类化合物的灵敏度比小于10，为通用型检测器，如热导池检测器。

②选择型。当检测器对一类化合物的响应值比另一类的大10倍以上，为选择型检测器，如电子捕获检测器和火焰光度检测器。

9.4.1.3　按响应值与浓度或与质量有关分类

①浓度型检测器。检测器的响应值取决于载气中组分的浓度，即检测器的响应值和组分的浓度成正比，为浓度型检测器。依据检测试样组分在检测过程中是否被破坏可分为破坏性检测器和非破坏性检测器。如其分子形式被破坏，即为破坏性检测器，如FID（氢火焰离子化检测器）、FPD（火焰光度检测器）、MSD（质谱检测器）。凡非破坏性检测器，均是浓度型检测器，如组分在检测过程中仍保持其分子形式，即为浓度型检测器，例如热导池检测器和电子捕获检测器等。浓度型检测器的响应值与载气流量的关系是当进样量一定时，峰面积随流量增加而减小，峰高基本不变而半峰宽 $Y_{1/2}$ 随流量增大而变小。因为改变载气流量时，只是改变了组分通过检测器的速度，并未改变其浓度。

②质量型检测器。测量的是载气中某组分进入检测器的速度变化，即检测器的响应值和单位时间进入检测器的某组分的量成正比。例如，氢火焰离子化检测器和火焰光度检测器等。它的相应值与载气流量的关系是当进样量一定时，峰高随流量增加而增大，峰面积基本不变。因为，改变载气流量时，只是改变了单位时间进入检测器的组分质量，但组分总质量未变。

9.4.2　典型的气相色谱检测器

9.4.2.1　火焰光度检测器（FPD）

火焰光度检测器是一种对含磷、含硫化合物有高度选择性的质量型检测器。它适用于含磷、含硫的农药及含微量磷、硫的其他有机物的测定。例如，马拉硫磷、辛硫磷、倍硫磷、毒死蜱、杀螟硫磷等有机磷类农药适合FPD检测器检测。火焰光度检测器的结构示意图如图9-10所示。火焰光度检测器主要由火焰喷嘴、滤光片、光电倍增管三部分组成。火焰光度检测器实际是一台简单的发射光谱仪。

含硫（或磷）的试样进入氢焰离子室，在富氢-空气焰中燃烧时，有下述反应：

$$H_2 \xlongequal{} H+H$$

$$RS+O_2 \longrightarrow SO_2+CO_2$$

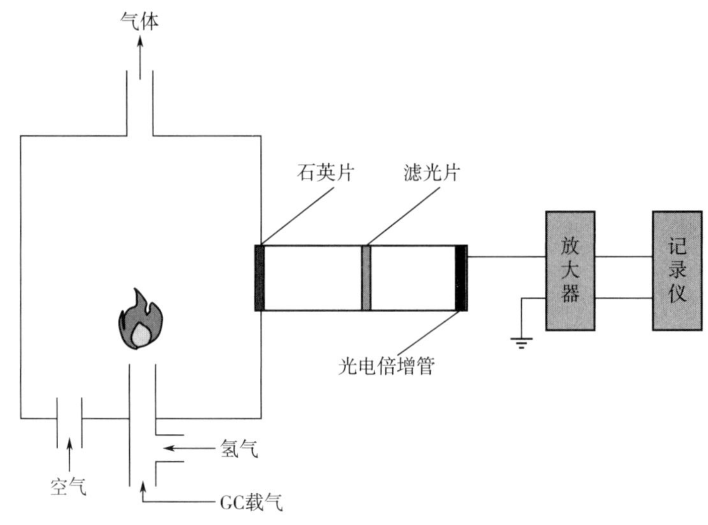

图 9-10　火焰光度检测器的结构示意图

$$SO_2+4H = S+2H_2O$$

即有机硫化物先被氧化成 SO_2，然后 SO_2 被氢还原成硫原子。硫原子在适当温度下生成激发态的 S_2^*。当其跃迁回基态时，发射出 350~430nm 的特征分子光谱，最强发射的波长为 394nm。

$$S+S \longrightarrow S_2^*$$

$$S_2^* \longrightarrow S_2+h\nu$$

含磷的试样主要以 HPO 碎片的形式发射出 460~600nm 的特征分子光谱，最强发射的波长为 526nm。

$$PO+H \longrightarrow HPO^*$$

$$HPO^* \longrightarrow HPO+h\nu$$

这些发射光通过滤光片而照射到光电倍增管上，在那里，被转变为光电流，经放大器放大并可在记录仪上记录下硫或磷化合物的信号。

案例 9.1　蔬菜水果中有机磷类农药残留检测应用

配有 FPD 检测器气相色谱仪。选择 DB-1701 石英毛细管色谱柱（30m×0.25mm×0.25μm）或相当者；进样口温度：270℃，检测器温度：250℃。色谱柱程序升温温：由 100℃保持 2min，以 15℃/min 速率升至 240℃，保持 13min。载气为氮气，纯度≥99.999%，流速为 1.5mL/min，燃气为氢气，纯度≥99.999%，流速为 75mL/min，助燃气为空气，流速为 100mL/min。进样方式为不分流进样，进样量 1.0μL，由自动进样器进样，试样所得色谱图如图 9-11 所示。

9.4.2.2　氢火焰离子化检测器（FID）

简称氢焰检测器，是目前应用最广泛的检测器之一。对于有机化合物，氢焰检测器有很高的灵敏度，故适宜于痕量有机物的分析。属于通用型（有机物）、质量型的检测器。缺点是对载气要求高、检测时要破坏样品、不能检测永久性气体，如 H_2、N_2、CS_2、CO_2、NO_2、H_2O、H_2S、SiF_4、HCOOH 等。

氢火焰离子化检测器由离子室和离子头组成，如图 9-12 所示。离子室为一不锈钢圆筒，

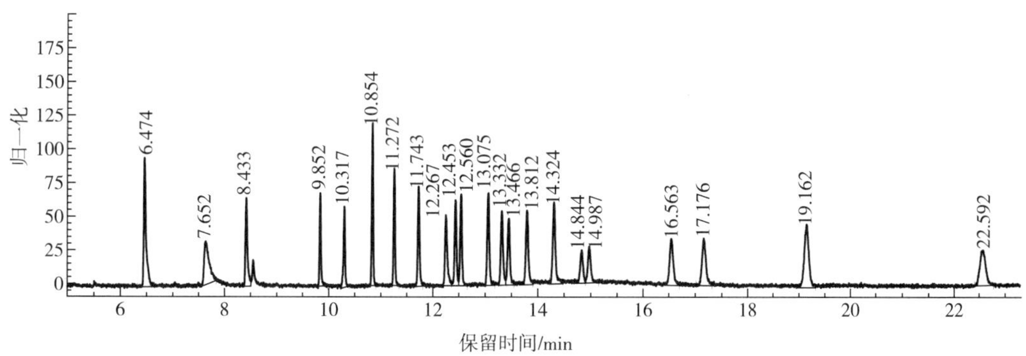

图 9-11 有机磷类农药气相色谱图

6.474—敌敌畏 7.652—甲胺磷 8.433—速灭磷 9.852—丙线磷 10.317—甲拌磷 10.854—二嗪磷 11.272—乙嘧硫磷 11.743—异稻瘟灵 12.267—乐果 12.453—皮蝇磷 12.560—毒死蜱 13.075—甲基嘧啶磷 13.332—甲基对硫磷 13.466—马拉硫磷 13.812—杀螟硫磷 14.324—对硫磷 14.844—喹硫磷 14.987—稻丰散 16.563—杀扑磷 17.176—苯线磷 19.162—乙硫磷 22.592—三唑磷

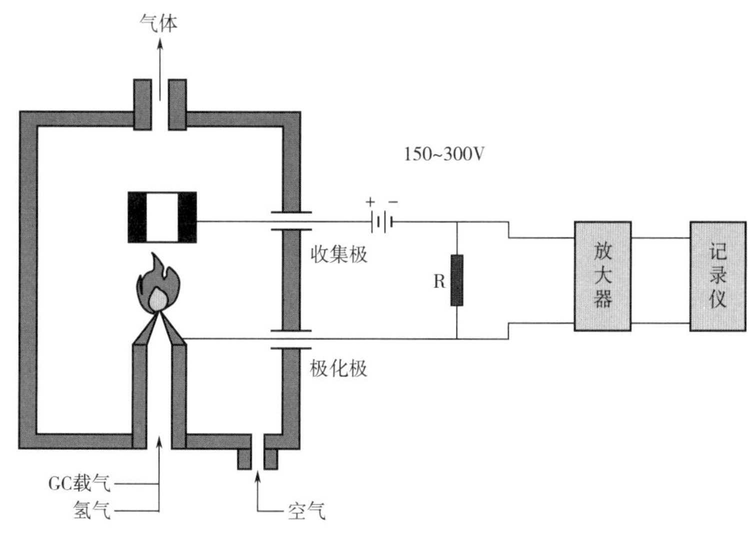

图 9-12 氢火焰离子化检测器结构示意图

它包括空气入口、载气和燃气入口、气体出口等，筒顶有不锈钢罩，它可以防止外界气流扰动火焰，避免灰尘进入离子头内，并可屏蔽外部电磁场的干扰。离子头是 FID 的核心部件，它由用石英玻璃或不锈钢制成的喷嘴、用铂丝制成的圆环状的发射极（极化极）、用不锈钢制成圆筒状的收集极以及点火器组成。收集极位于发射极之上，在喷嘴附近有点火器，有时也用发射极兼作点火器。

有机物 C_nH_m 在氢焰中进行化学电离而不是热电离，其电离机理为：

（1）有机物 C_nH_m 在火焰中发生裂解产生自由基 ·CH。

$$C_nH_m \longrightarrow \cdot CH \text{（自由基）}$$

（2）·CH 与外面扩散进来的氧分子发生反应，生成 CHO^+ 及 e。

$$2\cdot CH+O_2 = 2CHO^+ +2e$$

（3）形成的 CHO^+ 与火焰中大量水蒸气碰撞发生离子反应，产生 H_3O^+ 离子。

$$CHO^{+}+H_2O \xlongequal{} H_3O^{+}+CO$$

(4) 电离产生的正离子（CHO^{+}、H_3O^{+}）和电子（e）在外加恒定直流电场作用下向两极移动而产生微电流，经放大后，记录下信号。

一般用 N_2 作载气。H_2 流量低，温度低，易熄灭，灵敏度低。H_2 流量太高，噪声大。H_2 ∶ N_2 = 1 ∶ 1～1 ∶ 1.5；空气为助燃气，且提供 O_2，空气流量太低，灵敏度低，高于一定量后，对测定无影响。H_2 ∶ 空气 = 1 ∶ 10～1 ∶ 20；信号随极化电压增加而增加，到一定值后，达到稳定。检测器温度不是主要因素，80～200℃时，灵敏度几乎相等，但 80℃以下，灵敏度下降。

案例 9.2　食品中脂肪酸检测应用

配有 FID 检测器气相色谱仪。选择 DB-23 石英毛细管色谱柱（60m×0.25mm×0.25μm）或相当者；进样口温度：250℃，检测器温度：300℃。色谱柱程序升温：由 60℃保持 3min，以 15℃/min 速率升至 160℃，保持 0min，以 8℃/min 速率升至 210℃，保持 0min，以 3℃/min 速率升至 230℃，保持 10min。载气为氦气，纯度≥99.999%，流速为 1mL/min，燃气为氢气，纯度≥99.999%，流速为 35mL/min，助燃气为空气，流速为 350mL/min。进样方式为分流进样，分流比为 20 ∶ 1，可根据实际情况调整。进样量 1.0μL，由自动进样器进样，所得色谱图如图 9-13 所示。

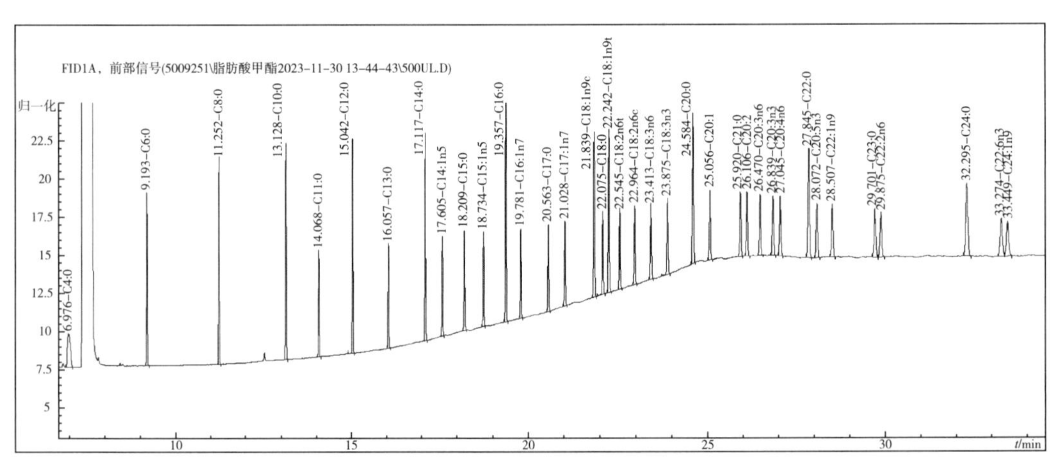

图 9-13　脂肪酸气相色谱图

C4：0—丁酸　C6：0—己酸　C8：0—辛酸　C10：0—葵酸　C11：0—十一碳酸　C12：0—十二碳酸

C13：0—十三碳酸　C14：0—十四碳酸　C14：1n5—顺-9-十四碳一烯酸　C15：0—十五碳酸

C15：1n5—顺-10-十五烯酸　C16：0—十六碳酸　C16：1n7—顺-9-十六碳一烯酸甲酯　C17：0—十七碳酸

C17：1n7—顺-10-十一烯酸　C18：0—十八碳酸　C18：1n9t—反-9-十八碳一烯酸　C18：1n9c—顺-9-十八碳一烯酸

C18：2n6t—反 9，12-十八碳二酸　C18：2n6c—顺，顺-9，12-十八碳二烯酸

C18：3n6—顺，顺，顺-6，9，12-十八碳三烯酸　C18：3n3—顺，顺，顺-9，12，15-十八碳三烯酸

C20：0—二十碳酸　C20：1—顺-11-二十碳一烯酸　C20：2—顺，顺-11，14-二十碳二烯酸

C21：0—二十一碳酸　C20：3n6—顺，顺，顺-8，11，14-二十碳三烯酸

C20：4n6—顺-5，8，11，14-二十碳四烯酸　C20：3n3—顺-11，14，17-二十碳三烯酸　C22：0—二十二碳酸

C20：5n3—顺-5，8，11，14，17-二十碳五烯酸　C22：1n9—顺-13-二十二碳一烯酸

C22：2n6—顺-13，16-二十二碳二烯酸　C23：0—二十三碳酸　C24：0—二十四碳酸

C24：1n9—顺-15-二十四碳一烯酸　C22：6n3—顺-4，7，10，13，16，19-二十二碳六烯酸

案例 9.3 食品中违法添加物的测定

(1) 应用背景。

本案例以典型的食品污染物邻苯二甲酸酯类化合物（PAEs）为例，介绍气相色谱的应用。邻苯二甲酸酯类化合物俗称塑化剂或增塑剂，在塑料生产行业中用于提高塑料制品的可塑性和柔韧性。但 PAEs 可迁移进入人体并干扰生理调节机能，是重要的食品违禁添加物质和风险物质。随着塑料制品的大规模生产和广泛应用，PAEs 的分析方法研究对食品安全监测具有重要意义。

(2) 典型分析方法。

主要仪器配置：气相色谱—质谱联用仪，配备 EI 电子轰击电离源，单四级杆质量分析器或三重四级杆质量分析器。

色谱柱：Rtx-5Sil MS，30m×0.25mm×0.25μm；进样方式：不分流进样。

进样时间：1min；进样口温度：280℃；进样体积：1μL；载气：He；载气控制模式：恒定线速度模式；柱温程序：60℃ (1min) 20℃/min_ 220℃ (1min) _ 5℃/min_ 280℃ (4min)；离子源温度：230℃。

接口温度：280℃；采集方式：Scan，如图 9-14 所示。

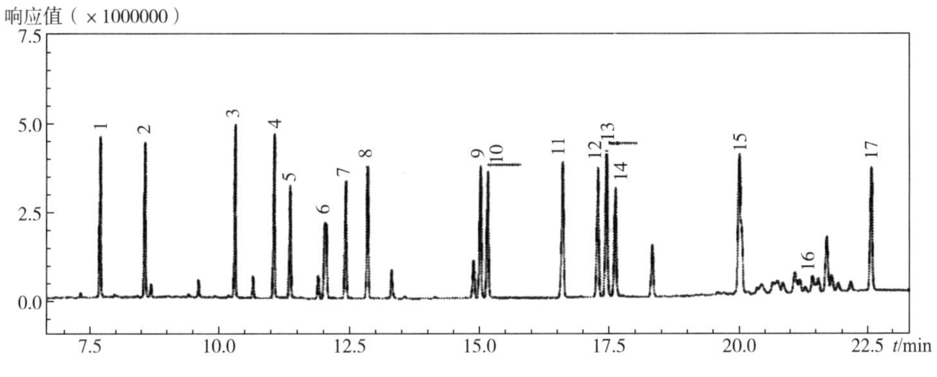

图 9-14 种邻苯二甲酸酯标准品溶液（2mg/L）TIC 图

(3) 技术分析。

PAEs 的检测方法主要有气相色谱结合氢火焰离子化方法（GC-FID）和液相色谱结合紫外—可见光谱方法（HPLC-UV/Vis），在痕量组分测定时多采用气相色谱—质谱联用（GC-MS）和液相色谱—质谱联用方法（HPLC-MS），包括串联质谱以提高确证能力和灵敏度（GC-MS/MS 和 UPLC-MS/MS）。气相色谱在组分峰容量和分离效率方面优于液相色谱，且 FID 的灵敏度优于液相色谱 UV/Vis 检测器，在微量分析时气相色谱结合 FID 是较为理想的选择。在痕量分析中，质谱检测器作用显著，但由于仪器昂贵，存在方法依赖，需要更精细的样品前处理或采用同位素稀释技术克服基质效应等问题，大大增加了 PAEs 的检测成本。在检测器方面，不同的检测器对目标化合物有着不同的信号响应表现。例如，利用 BID 技术对脂肪酸甲酯的测定研究中初步证实 BID 检测器对有机酯类具有较高的灵敏度及良好的线性关系，通过探究关键调谐参数对目标组分信号的响应规律能够获得最佳检测条件，进一步明确了 BID 与常规气相色谱检测器 FID 和 MSD 对目标物的响应差异和效能。与传统方法相比，所建方法灵敏度高，系统适应性强，不依赖于大型质谱设备，方法简单快速检测成本低廉，可为食品安全领域提供新的分析策略和技术支撑。创新新型检测器在有机化合物中的新应用可在食品安全等领域发挥重要作用，但不难看出，新型检测器对各类有机化合物响应机制关系（如化合物类别、分子结构、饱和度、官能团和键能等方面）研究还不尽透彻，亟待进一步探索。

9.4.2.3 电子捕获检测器（ECD）

电子捕获检测器是一种有选择性的浓度型检测器。它只对电负性大的物质，如含有卤素、硫、磷、氮和氧的物质有响应，且电负性越强，检测器的灵敏度越高，对电中性的化合物（如烷烃）没有响应，广泛用于有机氯和菊酯类农药残留分析。例如，六六六、DDT、氯氰菊酯、百菌清等农药适合 ECD 检测器检测。电子捕获检测器的结构示意图见图 9-15。其中电压在 50V 以内，太大电子不易被捕获。正极和负极用不锈钢制成。

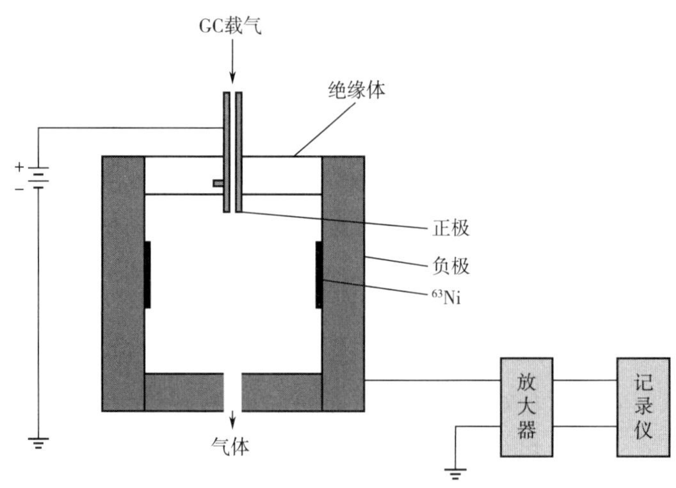

图 9-15 电子捕获检测器的结构示意图

在检测器池体内有一圆筒状 β 放射源（^{63}Ni）作为负极，一个不锈钢棒作正极。在正负极间施加一直流或脉冲电压。当载气（通常采用高纯氮气）进入检测器时，在放射源的 β 射线作用下气体发生电离。

$$N_2 = N_2^+ + e$$

生成的正离子和慢速低能量的电子在恒定电场作用下向极性相反的电极运动，形成恒定的基流。当具有高电负性的组分进入检测器时，它捕获了检测器中的电子而产生带负电荷的分子离子并放出能量。

$$AB + e = AB^- \qquad AB + e = A + B^- \ (A^- + B)$$

因负离子的质量比电子的质量大几个数量级，在电场作用下其运动速度比电子慢的多，它与正离子的复合速率是电子与正离子复合速率的 $10^5 \sim 10^8$ 倍，因此，带负电荷的分子离子和载气电离产生的正离子很容易复合形成中性化合物。

$$AB^- + N_2^+ = N_2 + AB$$

由于被测组分捕获电子，其结果使基流降低，产生负信号而形成倒峰。组分浓度越大，倒峰越高。由于电子捕获检测器的灵敏度高，选择性好，故其应用范围日益扩大。它常被用于痕量具有特殊官能团组分的测定，如食品、农副产品中农药残留量的测定，大气水中痕量污染物的测定等。

案例 9.4 在蔬菜水果中的有机氯农药检测应用

配有 ECD 检测器气相色谱仪。选择 DB-5 石英毛细管色谱柱（30m×0.25mm×0.25μm）或相当者；进样口温度：230℃，检测器温度：300℃。色谱柱程序升温：由 80℃保持 1min，以 24℃/min 速率升至 200℃，保持 1min，以 5℃/min 速率升至 280℃，保持 5min。载气为氮气，纯度≥99.999%，流速为 1mL/min，进样方式为不分流进样，进样量 1.0μL，由自动进样器进样，所得色谱图如图 9-16 所示。

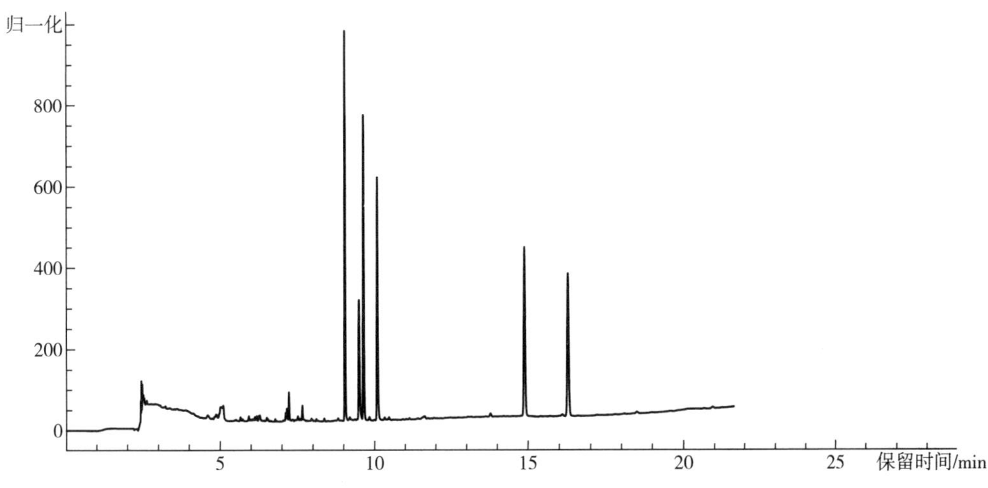

图 9-16 有机氯类农药气相色谱图

9.032 α-BHC 9.481 β-BHC 9.634 γ-BHC 10.079 δ-BHC

14.876 P，P′-DDE 16.264 P，P′-DDD

9.4.2.4 热导池检测器（TCD）

早在 1921 年，热导池就被用来检测气体的热导系数。1954 年，瑞依（Ray）将热导池运用于气相色谱，使色谱法发生了质的飞跃，成为既能分离混合物，又能定性定量分析的现代分析法。热导池检测器由热导池和检测电路组成。

热导池检测器结构简单（惠斯登电桥，图 9-17），是一种通用浓度型检测器。因为热敏元件的电阻 R 随温度而变，没有样品时，$T_1=T_4$，$R_1=R_4$，$T_2=T_3$，$R_2=R_3$；$\frac{R_1}{R_2}=\frac{R_4}{R_3}$，$A$、$B$ 点电位相同，$\Delta E_{AB}=0$。当样品通过 R_1 时，R_1、R_4 导热系数不同，由于散热能力不同，导致电阻的温度不同，从而导致 R_1 和 R_4 不相等，当电阻不同时，A、B 点电位不同，此时 $\Delta E_{AB}\neq 0$，A、B 两点间有电流通过，信号经放大处理后被记录器记录下来。如果信号过大，超过了记录仪的满量程，可以将输出的信号进行衰减，衰减的信号可以是检测器中响应信号的 1/2、1/4、1/8、1/16、1/32……根据记录仪上获得原始信号的大小逐级衰减，直到获得的记录的信号大小合适为止。

（1）桥路工作电流。桥路电流增加，使热敏元件温度升高，热敏元件和热导池体的温差加大，气体就容易将热量传递出去，灵敏度也就提高。但桥流过大，将使热敏元件处于灼烧状态，使噪声增大，检测器稳定性下降，缩短热敏元件的寿命甚至烧坏热敏元件。热丝电阻的桥流控制在 150~500mA，热敏电阻的桥流以控制在 10~20mA 为宜。

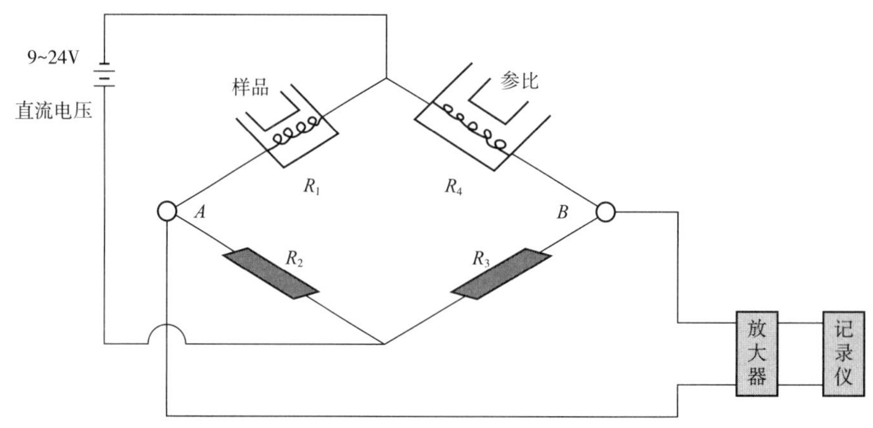

图 9-17　惠斯登电桥示意图

（2）载气。载气与组分的导热系数相差越大，则灵敏度越高。由于一般物质的导热系数都比较小（表 9-4），故选择导热系数大的气体，如 H_2 或 He 作载气，灵敏度就比较高。另外，由于载气的导热系数大，在相同的桥流下，热敏元件温度较低，故桥流可升高，从而使热导池的灵敏度大为提高。因此通常用氢气作载气。

表 9-4　不同气体的导热系数

不同气体	空气	H_2	He	O_2	N_2	CO_2	CH_4	C_2H_6
相对导热系数（100℃）	1.00	7.00	5.87	1.01	1.00	0.68	1.39	0.75

（3）热敏元件。选择阻值高、电阻温度系数较大的热敏元件，当温度有变化时，能引起电阻明显变化，这样灵敏度就高。一般选铼钨丝或热敏电阻。

（4）热导池池体温度。当桥路电流一定时，热敏元件温度一定。如果池体温度低，池体和热丝的温差就大，能使灵敏度提高。但池体温度不能太低，否则待测组分将在检测器内冷凝。一般池体温度应不低于柱温。

9.4.2.5　气相色谱—质谱联用

气—质联用（GC-MS）法是将气相色谱仪和质谱仪（MS）通过接口连接起来，GC 将复杂混合物分离成单组分后进入质谱仪进行分析检测。

质谱法的基本原理是将样品分子置于高真空（$<10^{-3}$Pa）的离子源中，使其受到高速电子流或强电场等作用，失去外层电子而生成分子离子，或化学键断裂生成各种碎片离子，经加速电场的作用形成离子束，进入质量分析器，再利用电场和磁场使其发生色散、聚焦，获得质谱图。根据质谱图提供的信息可进行有机物、无机物的定性、定量分析，复杂化合物的结构分析，同位素比的测定及固体表面的结构和组成等分析。

气相色谱—质谱联用对载气的要求：必须是化学惰性的；必须不干扰质谱图；必须不干扰总离子流的检测；应具有使载气气流中的样品富集的某种特性。因此，目前多采用氦气（He）作为载气。

气相色谱具有极强的分离能力，但它对未知化合物的定性能力较差，质谱（MS）对未知化合物具有独特的鉴定能力，且灵敏度极高，但它要求被检测组分一般是纯化合物。将 GC 与 MS 联用，弥补了 GC 只凭保留时间难以对复杂化合物中未知组分做出准确定性鉴定的缺点，从而使气相色谱—质谱联用具有高分辨能力、高灵敏度和分析过程简便快速等特点，是分离和检测复杂化合物的最有力工具之一。

随着人们生活水平的不断提高，食品安全问题也日益受到人们的关注。人们熟知的蔬菜、水果、粮食等农产品中的农药残留、油炸或烧烤食品中的丙烯酰胺、猪肉中的瘦肉精与三甲胺、白酒中的甲醇和杂醇油含量超标，蜜饯中的山梨酸和苯甲酸等严重危害人民生命安全的问题，在食品流通环节，一些不法商家可能为了利润乱用食品添加剂和防腐剂。人们越来越认识到食品安全问题对人类生存的影响。2023 年 1 月 1 日起施行的《农产品质量安全法》体现了最严谨的标准、最严格的监管、最严厉的处罚和最严肃的问责“四个最严”要求，从生产环节到加工、消费环节，做好与食品安全法的衔接，实现农产品从田间地头到百姓餐桌的全过程监管。在加强食品生产源头控制管理的同时，如何提高食品安全监控能力和防范能力也成为工作的重点，而在整个食品安全监控过程中，食品安全检测至关重要。气相色谱法可用于测定食品中的污染物，尤其是农药残留量、有害色素、毒素等。在食品安全检测方法中，气相色谱技术是十分重要的检测技术之一。由于气相色谱技术具有技术成熟、易掌握、灵敏度高、分离效能高、选择性高、方便快捷以及特别适合易挥发的物质检测等特点和优势，已被广泛应用于食品和酿酒发酵工业。因此，气相色谱技术在食品安全检测中有着非常广泛的应用前景，例如采用气质法测定猪肉产品中的莱克多巴胺、食品中的对羟基苯甲酸酯类防腐剂；采用配有 ECD 检测器的气相色谱法可以测定果蔬中的有机氯、拟除虫菊酯类农药残留量；采用配有 FPD 检测器的气相色谱法可以测定果蔬中有机磷类农药残留量；采用气相色谱法还可以检测食品包装袋中的增塑剂含量。

利用气相色谱法分析对食品生产具有指导意义。目前国内生产植物食用油主要是压榨法和浸提法，在浸提法过程中大多使用 6 号溶剂（C_6–C_8 烷烃类化合物及少量芳烃）为萃取剂，长期接触会麻醉呼吸中枢、损伤皮肤屏障功能等危害，利用配有顶空进样器的气相色谱法监控生产过程中食用油中的溶剂残留量，有利于提高食用油的卫生和安全品质，同时采用 GC-FID 还可以测定食用油中 30 多种脂肪酸含量以便分析食用油的品质。啤酒、饮料中有许多挥发性化合物和风味物质，通过检测这些化合物在生产过程中的变化可以直接反映产品的质量状况，可以确定在发酵酿造过程中影响产品最终味觉和质量的关键问题。例如白酒原来是靠品尝和常规化学分析成品酒中的总酸、总酯、杂醇油、甲醇等来衡量酒质的好坏，但实际上醇、酸、酯总量并不可以准确反映出酒的品质。现在我们可以利用气相色谱法对酒样进行分析，检测出酒中各微量成分的定量数据，明确对香味影响大的主要成分和对口感影响较大的成分，使生产技术人员基本掌握各单体酒微量成分组成并根据这些可靠数据，结合其风味特征，进行组合、调香、调味，从而生产出更受欢迎的产品。

企业应用案例

课后习题

（1）在气相色谱分析中，测定下列组分宜选用哪种检测器？为什么？

（a）蔬菜中含氯农药残留物；（b）有机溶剂中微量水；（c）痕量苯和二甲苯的异构体；（d）啤酒中微量硫化物。

（2）试述气相色谱法的特点。

（3）气相色谱固定液选择的基本原则是什么？分析极性和非极性混合物时，选用何种类型的固定液，被测物按什么顺序出峰？

（4）简述气相色谱中归一化法和内标法定量的优缺点，它们各适用于什么情况？

（5）相对保留值和保留指数都可用来表示某一组分的相对保留能力的大小，两者有什么不同？

（6）什么叫程序升温气相色谱，哪些样品适宜于用程序升温分析？

10 高效液相色谱法

本章资源

仪器分析是目前为止推动人类社会进步发展的重要手段之一，其帮助人们更为全面、系统化地认知物质世界，了解世界的本质，并且人们能够拥有一个公平、公正的世界。众所周知，运动会的成功举办需要公开、公平、公正的环境，兴奋剂的检测对运动公平具有十分重要的意义，尤其是对于奥运会这样庄严且神圣的场合。运动会兴奋剂事件的出现存在主观故意使用和误服误用（食源性兴奋剂）这两种情况，所以既要坚决反对使用兴奋剂，也要避免误服兴奋剂。因此对赛前兴奋剂进行有效且准确的检测，才能有效维护公平竞技以及运动员的权益。目前已有 450 种兴奋剂类物质筛查方法，液相色谱—质谱联用（LC-MS）、气相色谱—质谱联用技术（GC-MS）被广泛应用到兴奋剂及代谢物的残留检测，主要是因其灵敏度、选择性和特异性较好。

高效液相色谱法（HPLC）是在经典液相色谱法的基础上，引入气相色谱理论，并在技术上采用了高压泵、高效固定相和高灵敏度检测器而实现分离测定的分析方法。该方法具有分离速度快、分离效率高、选择性好、灵敏度高、操作自动化程度高和应用范围广等特点，因此称之为高效液相色谱法。

与经典液相色谱法相比，高效液相色谱法有以下优点。

①柱寿命长。经典色谱法的色谱柱通常只能进行一次分离，进行第二次分离时，必须更换固定相。而高效液相色谱法的色谱柱可重复使用，柱寿命一般可达一年以上。

②分离效率高。经典液相色谱法在常压或略高于常压条件下使用，填料颗粒大、柱效低，而高效液相色谱法是在高压输液泵的条件下操作，其压力可达几至几十兆帕，因此填料的粒径往往小于 10μm，柱效高，分离能力强，其理论塔板数可达每米几千以上。

③分析时间短。经典液相色谱法进行一次分离往往需几小时至几十小时，而高效液相色谱法分离效率高，速度快，一次分析仅需几分钟至几十分钟即可完成。

④进样量小。经典液相色谱法进样量大，一般在几至几百毫升，而高效液相色谱进样量一般仅为几至几十微升。

⑤在线检测。经典液相色谱法需要在离线条件下检测，而高效液相色谱法可实现在线检测，采用高灵敏度的检测器，大大提高了灵敏度。如荧光检出器的检测限可达 10^{-12}g。

气相色谱的许多理论与技术同样适用于高效液相色谱法，但与气相色谱相比，有一定的差别。

①应用范围。气相色谱适用于沸点低、热稳定性好、中小分子量的化合物，难于分离高沸点、非挥发性、热不稳定、离子型物质以及大分子量的高聚物，因此应用范围受到一定限制，据统计有 20%~30%有机物适合于气相色谱测定；高效液相色谱不受此种限制，对分子量大、难气化、挥发性差、热敏感性成分以及离子型化合物及高聚物均可用高效液相色谱法测定，其应用范围很广。

②流动相。气相色谱流动相不参与分配平衡，仅起运载样品的作用，试样分子只与固定相作用；高效液相色谱的流动相除起运载样品之外，还参与分离过程，与固定相竞争被测分

子，由于流动相种类多，因此改变流动相组成，可提高分离的选择性，能使样品组分得到有效的分离。

③色谱柱。气相色谱柱很长，特别是毛细管柱可长至几十甚至上百米，柱效也很高，理论塔板数可达 10^4~10^6。高效液相色谱柱较短，一般为 15~25cm，柱效低于气相色谱柱，理论塔板数一般仅为几千至几万。

④检测器。气相色谱检测器种类较少，但已有发展成熟的通用型检测器，如火焰离子化检测器和热导检测器，特别是火焰离子化检测器，灵敏度较高。高效液相色谱检测器的种类多，但通用型的不多，如示差折光检测器和蒸发光散射检测器属于通用型检测器，但灵敏度均较低。

⑤柱外效应。柱外效应也称柱外展宽，是指色谱柱外的各种因素引起的柱效降低、色谱峰展宽。引起柱外效应的主要因素是柱前和柱后的连接管、流通池等柱外体积。对于气相色谱，色谱柱体积很大，柱外体积远比柱体积小，所以柱外效应的影响可忽略。但对于高效液相色谱，一方面，色谱柱体积较小，柱外体积占色谱系统总体积比例较大，柱外效应就不可忽略，另一方面，由于液体黏度高且扩散性比气体的小 10^5 倍，液相色谱中由于液体黏度高，流动相在空柱管中流动速度分布的纵断面呈抛物线形，且被测物分子在液相中径向扩散很慢，因此引起峰展宽。而气相色谱色谱中，气体的黏度低且具有扩散性，使这种柱外效应可忽略。

⑥纯化合物的制备。气相色谱一般难以用于制备纯化合物，因为其进样量小、样品随载气流出色谱柱后难于收集以及样品组分常被检测器破坏等原因。高效液相色谱进样量大，可将样品中的组分分离后，随流动相进入检测器，往往不被破坏，易于收集，因此可用于制备高纯化合物。

高效液相色谱仪一般由高压输液系统、进样系统、分离系统、检测系统、数据处理和计算机控制系统组成（图 10-1）。其中高压输液系统主要部件为高压泵，可根据分离需要配备梯度洗脱装置。进样系统主要分为手动进样和自动进样，随着科学技术的发展，大部分仪器都配有自动进样检测器。分离系统主要部件为色谱柱。检测系统主要部件为检测器，可根据分析要求的不同选择不同类型的检测器。计算机控制及数据记录处理系统一般常由普通的计算机并配上专用的色谱工作站软件来完成。

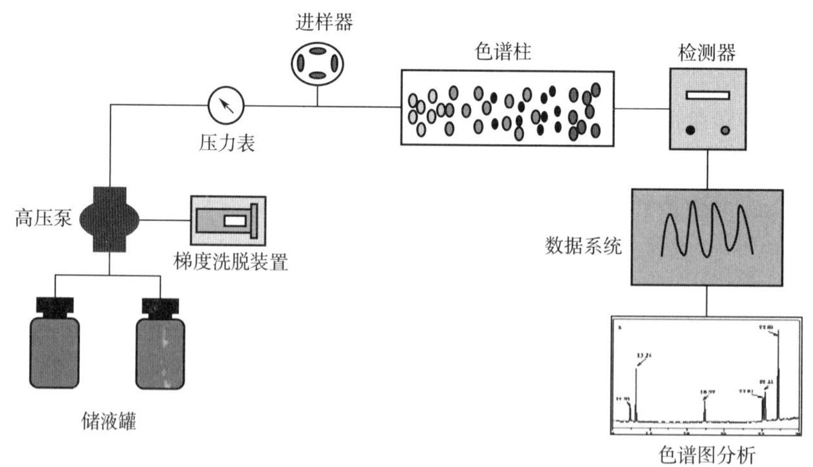

图 10-1　高效液相色谱仪流程图

10.1 高压输液系统

高压输液系统由储液罐、脱气装置、高压输液泵、过滤器、压力脉动阻尼器及梯度洗脱装置等部件组成，其中核心部件为高压输液泵。

10.1.1 储液罐及脱气装置

储液罐是用来存放流动相的容器，一般要求由惰性材料制成，应具有坚固、易脱气、易清洗并有足够的容积（一般为0.5~2L），常用的有玻璃瓶，也可用耐腐蚀的不锈钢、氟塑料或聚醚醚酮特种塑料制成的容器。由于流动相中有气体进入会影响色谱柱的分离效能且有气体进入检测器时，压力降低，产生气泡，会增加基线噪声，因此需要对流动相脱气。常用超声脱气、氦气脱气、真空脱气或电磁搅拌脱气等方法，其中真空脱气效果较好，且易于制成在线脱气装置，给分析过程带来很大的便利，在线真空脱气装置将脱气系统与输液系统串联，流动相流经脱气单元内的塑料膜管线（容积一般为12mL），由于塑料膜管线的膜可让气体透过，而液体无法透过，因此通过微型真空泵将脱气单元降压而实现在线脱气。

10.1.2 高压输液泵

高压输液泵是高效液相色谱仪的重要部件，其作用是将流动相输入色谱柱，使试样中各组分在色谱柱内得到分离，因此高效液相色谱仪的输液泵应具备以下的性能：流量要恒定，无脉动并具有较大的调节范围。一般流量要稳定，其相对标准偏差应小于0.5%。分析型高效液相色谱仪的流量范围为0.001~10mL/min，制备型高效液相色谱仪可达100mL/min。应有足够的输送压力，并能在高压下连续工作，一般压力应达到25~50MPa。能抗溶剂、酸、碱的腐蚀，因为流动相常用有机溶剂，有时还要加入缓冲盐、少量酸或碱等成分。泵的死体积要小，以便于更换溶剂和进行梯度洗脱。

10.1.2.1 单柱塞泵

结构图见图10-2，通常由电机带动凸轮运动，驱动柱塞在液缸中往复运动。共有两个单向阀，当柱塞被推入液缸时，出口单向阀打开而入口单向阀关闭，流动相被推出缸体，流入色谱柱。当柱塞自缸内外移时，入口单向阀开，而出口单向阀关闭，流动相自贮液缸吸入缸体。如此往复运动即可使流动相源源不断地从贮液缸进入色谱柱中，输出的流量可由控制冲程及往复运动的频率改变来完成。柱塞往复泵容积小至0.1mL，其优点是在泵容积小，易于清洗及更换流动相，泵压较高，缺点是脉动较大，需要有阻尼器或采用双泵来克服脉动，达到恒定的流量。

10.1.2.2 双柱塞补偿泵

双柱塞补偿泵为串联泵，由两个往复柱塞恒流泵组成，泵1紧靠储液罐，泵1的缸容积是泵2缸容积的2倍，泵1中有一对单向阀，而泵2中没有单向阀，且两个柱塞杆运动方向正好相反，即泵1由储液罐吸液时，泵2向色谱柱输液；而泵1输液时，泵2将泵1输出的流动相的一半吸入其液缸，另一半直接输到色谱柱中。可见，由于泵2中没有单向阀，不管

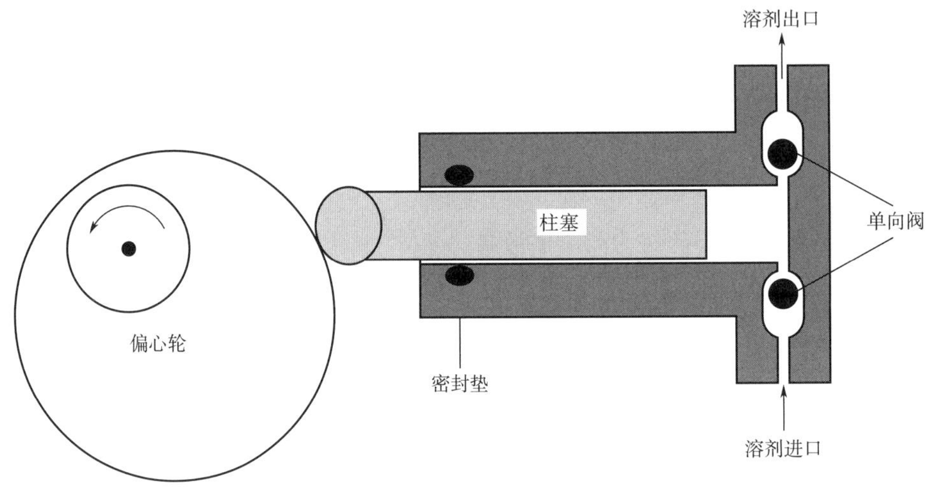

图 10-2　单柱塞泵结构示意图

其处于吸液还是输液位置，流动相都可通过此泵进入色谱柱。所以往复运动泵 2 可补偿泵 1 吸液时的压力下降，大大地减轻了输液脉动，使流量更加稳定。

10.1.3　梯度洗脱装置

液相色谱法洗脱方式分为等度和梯度两种，前者是指在同一分析过程中流动相组成不变，适合于分离性质差别小，组分数量不多的试样。而对于试样中各组分性质相差较大，组分数多的试样，则需按一定的程序来连续改变流动相的组成，即梯度洗脱，使各组分在各自适宜的条件下分别流出色谱柱，可以提高分离效率并加快分析速度。梯度洗脱装置通常有两种类型，分别为低压梯度和高压梯度装置。低压梯度是指在常压下预先按一定的程序将溶剂混合后再用泵输入色谱柱，见图 10-3。高压梯度是指将溶剂用高压泵增压后输入色谱系统梯度混合室，溶剂混合后送入色谱柱，见图 10-4。

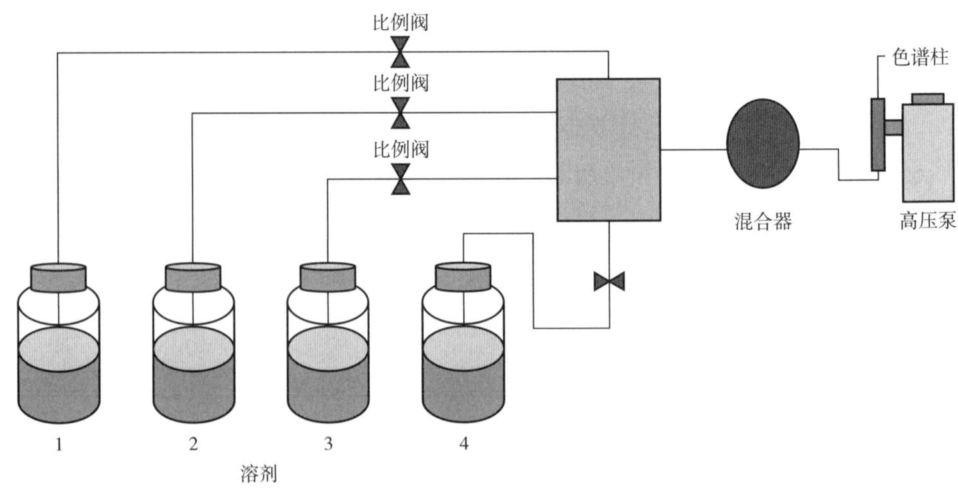

图 10-3　低压梯度洗脱装置

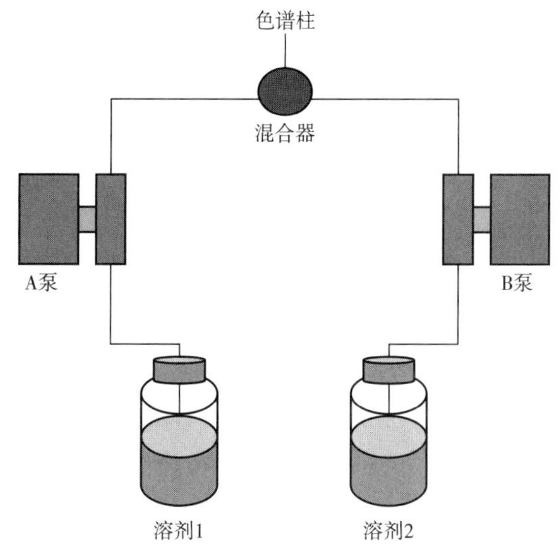

图 10-4 高压梯度洗脱装置

10.2 进样系统

通常液相色谱法使用专用的进样器将样品注入色谱柱头的中心位置。对进样器的一般要求是使之具有良好的密封性、最小的死体积和最好的稳定性，且进样时对色谱系统压力、流量影响均很小。目前高效液相色谱仪进样器主要分为手动进样阀和自动进样器两种。其中手动进样阀常用的是六通阀，其进样过程参见图 10-5。先将六通阀置取样位置，此时流动相不经过取样环，取样环与进样器相通，用微量注射器将试样注入取样环后，再转动六通阀至进样位置，此时流动相与取样环相连，并将试样带入色谱柱，完成进样。利用此方法进样时，可以使进样体积小于取样环体积，由进样针定量注入；也可以使用取样环定量进样，但注射试样量应大于取样环体积，以便使取样环内完全注满试样溶液，保证定量准确。采用六通阀进样的优点是能用于高压、大体积进样，重现性好，不足是当进样体积小于取样环体积时，进样误差相对较大。

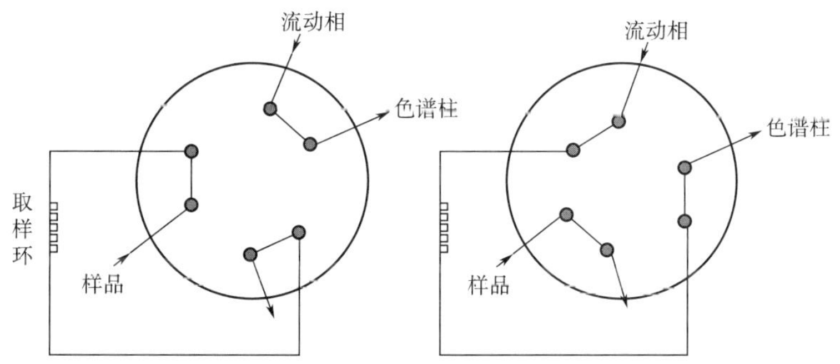

图 10-5 六通阀进样示意图

自动进样器的核心也是六通阀，是由计算机自动控制，按预先设定的程序自动完成进样的装置，根据不同进样原理可分为吸入式进样、推入式进样和整体样品环进样。自动进样器可按取样、复位、清洗、转盘等几个过程完成一次进样，能自动依次完成几十个或上百个试样的分析，其进样量可以调节，进样的重复性高，适合大量样品的分析，可实现自动化操作。

10.3 分离系统

分离系统包括色谱柱、柱温箱和连接管等部件组成，其中色谱柱是色谱仪分离系统的重要部件，由柱管和固定相组成。柱管材料常用内壁抛光的不锈钢管制成，内壁常用氯仿、甲醇、水依次清洗，再用50%的 HNO_3 对内壁进行钝化处理形成一层氧化物涂层后填装固定相。

根据色谱柱用途的不同，可将其分为分析型和制备型两种。通常分析型色谱柱的内径为1~6mm，常用 4.6mm，柱长一般为 15~30cm，形状为直形柱，填料颗粒直径一般为 5~10μm。最近几年随着高通量液相色谱技术的不断进步，色谱柱的直径与长度在向更小规模发展，填料颗粒直径也逐渐减小，由原来的 5μm 向 3.0μm 以下发展，提高了分离的效率和分析的速度。

按分离机制的不同，可将 HPLC 分为液固色谱、液液色谱、化学键合相色谱、离子交换色谱和分子排阻色谱等类型。

作为高效液相色谱法的固定相，一般要求：粒径较小且分布均匀；机械强度高，耐压；传质速度快；化学性质稳定，不与流动相发生反应。

10.3.1 液固色谱法

液固色谱法的固定相为固体吸附剂，属于一种固体多孔性物质，表面具有活性吸附中心，利用活性中心对试样中各组分吸附能力的差异实现分离，因此也称该方法为液固吸附色谱。

液固色谱是利用吸附剂对样品中各组分的吸附能力的差异而分离。吸附过程是竞争吸附过程，即被分离组分（溶质）分子与流动相（溶剂）分子竞争吸附于吸附剂表面，流动相中溶质分子 X_m 与吸附剂表面的 n 个溶剂分子 Y_S 竞争吸附后，置换了溶剂分子，被吸附到吸附剂表面成为 X_S，而溶剂分子回到流动相中，成为 Y_m。吸附过程可表示为：

$$X_m+nY_S \Longleftrightarrow X_S+nY_m$$

式中，m 和 s 分别表示流动相和固定相，当吸附过程达到平衡后，吸附平衡常数 K 可以表达式（10-1）：

$$K=\frac{[X_S][Y_m]^n}{[X_m][Y_S]^n} \tag{10-1}$$

溶质分子在吸附剂表面的吸附能力越大，K 越大，则保留值越大；反之，溶剂分子的吸附能力越大，K 越小，则保留值越小。一定温度下吸附剂吸附被测组分的能力主要取决于吸附剂的性质与比表面积、被测组分的结构以及流动相的性质。吸附的一般规律符合相似相溶的原理，即当组分与吸附剂性质相近时易于吸附。

液固吸附色谱的固定相多为固体吸附剂，一般按其性质可分为非极性与极性两种，非极性吸附剂最常见的就是活性炭，其次为高分子多孔微球，极性吸附剂主要包括硅胶、氧化铝、氧化镁、硅酸镁、分子筛、聚酰胺等。硅胶作为最常用吸附剂属于酸性吸附剂，适于分离多种类型的有机化合物。常用的硅胶类型分为表孔硅胶、无定形多孔硅胶、球形全多孔硅胶及堆积硅珠等类型（图 10-6）。

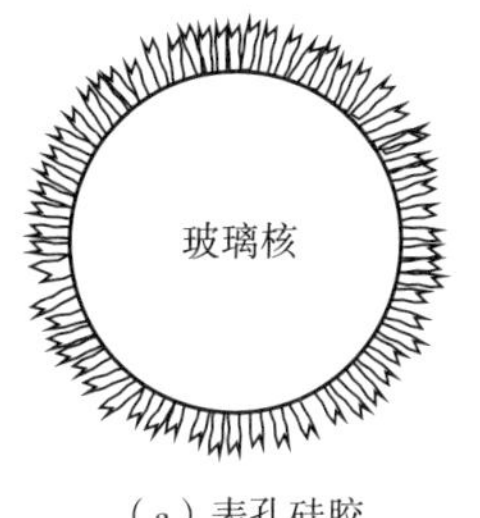

（a）表孔硅胶　（b）无定形全多孔硅胶　（c）球形全多孔硅胶　（d）堆积硅珠

图 10-6　各种类型硅胶示意图

表孔硅胶也称薄壳玻珠，是在实心玻璃微球上用有机胶粘上数层硅溶胶，再经烧结而成，一般硅胶厚度在 1μm 左右，比表面积仅为 $10m^2/g$。无定形全多孔硅胶粒径一般为 5~10μm，比表面积约为 $300m^2/g$，但柱渗透性差，涡流扩散项也较大。球形全多孔硅胶为近似球形颗粒，粒径一般为 5~10μm，比表面积较大，可达 $500m^2/g$，具有载样量大、涡流扩散相小、柱渗透性好等优点。堆积硅球由二氧化硅溶胶加凝结剂聚结而成，又称其为堆积硅珠硅胶，粒径一般为 3~5μm，具有球形全多孔硅胶的全部优点，且传质阻抗更小，样品容量更大，是比较理想的高效填料。

作为高效液相色谱法的流动相，要求其具备以下特点：纯度高，化学性质稳定；对固定相无溶解能力；不妨碍检测器对样品组分的检测；对样品具有足够的溶解能力；对待分离各组分具有合适的极性和良好的选择性；具有较低的黏度和适当低的沸点；尽量安全且毒性低。

液固色谱中，通常使用最多的吸附剂为硅胶，属于正相色谱，常以有机溶剂作为流动相，选择流动相的基本原则是极性大的组分用极性大的溶剂洗脱，极性小的组分采用小极性溶剂作为流动相。通常为了获得好的分离效果，常采用两种或两种以上的不同极性的混合溶剂作流动相。常用溶剂极性按由小到大的顺序为：正己烷、环己烷、四氯化碳、异丙醚、甲苯、乙醚、二氯甲烷、四氢呋喃、三氯甲烷、乙酸乙酯、二氧六环、异丙醇、乙醇、乙腈、水。

由液固色谱法分离原理可知，液固色谱是以表面活性吸附中心对试样中组分分子的吸附性能为依据的，拥有不同种类与数量的官能团的化合物具有不同的吸附性能，因此，液固吸附色谱法适合于分离不同类型化合物和异构体。

10.3.2　液液色谱法

流动相与固定相均为液体的色谱法称为液—液色谱法，又称液液分配色谱法。

分离原理：以 c_m 表示流动相中被测物的浓度，c_S 表示固定相中被测物的浓度，被分析试样进入色谱柱后，组分分子 X 在两种互不相溶的液态固定相和流动相之间进行分配，并达到分配平衡，见式（10-2）：

$$X_m \rightleftharpoons X_S$$

$$K = \frac{c_S}{c_M} \tag{10-2}$$

由于不同组分的分配系数 K 不同，在色谱柱内的保留时间不同，因而可被分离。K 与组分性质、固定相性质和流动相性质有关，其中 K 小的组分，其保留值小，先流出色谱柱。

液液色谱固定相由两部分组成，一部分是惰性载体，另一部分是涂渍在惰性载体上的固定液。惰性载体通常与液固吸附色谱法的吸附剂相同，可以是表面多孔型材料（如多孔硅胶）、全多孔型材料（如硅胶、硅藻土、氧化铝）和全多孔粒子型材料（如堆积硅珠），其中堆积硅珠的粒度为5~10μm，颗粒小，柱效高，是应用最为广泛的载体。由于液相色谱流动相参与了分离过程而且其选择范围宽，因此仅需不同极性的几种固定液即可完成试样中各组分的分离，常用固定液见表10-1。一般通过两种方法在惰性载体表面涂渍固定液，一种是将惰性载体浸渍于含有固定液的溶液中，在缓慢蒸发溶液中溶剂后，固定液就固定在载体上，此法涂渍在载体表面的固定液比较均匀。另一种方法是先将载体填装在色谱柱中，再用含固定液的流动相通过色谱柱，使固定液吸附在载体上，该法时间长且固定液分布不容易均匀。固定液涂渍量一般为每克载体0.1~1g。液液色谱柱在使用过程中，为避免固定液的流失，常选用了与固定液不相溶的流动相或流动相使用前已被固定液饱和，流速不能太大，进样量适当。但流动相大量的冲洗必然会使固定液逐渐流失，致使保留值减小、选择性下降。因此，为弥补上述缺陷，20世纪70年代人们研制了一种新型固定相，即化学键合固定相，液液色谱法也逐渐被化学键合相色谱法所取代。

表10-1　液液色谱法使用的固定液

正相液液色谱法固定液	反相液液色谱法固定液
β，β-氧二丙腈	甲基硅酮
聚乙二醇	氰丙基硅酮
甘油	角鲨烷
丙二醇	正庚烷
2-氯乙醇	十八烷
二甲基甲酰胺	—
二甲基亚砜	—

在液液色谱中，除了一般要求外，还要求流动相对固定液的溶解度尽可能小。因此，固定相和流动相的性质往往是处于两个极端，例如当选择固定相极性大时，选择极性小或非极性溶剂作流动相，属于正相色谱，适于分离极性组分；反之，如固定相的极性小或为非极性时，选择极性溶剂作为流动相，属于反相色谱，适合于分离非极性化合物。

10.3.3　化学键合色谱法

化学键合相色谱法是由液液分配色谱法发展起来的。为克服固定液流失问题，人们将各种不同的有机官能团通过化学反应键合到载体（常用硅胶）表面的游离羟基上，而生成化学键合相固定相，进而发展成为化学键合相色谱法。

化学键合相的固定相可分为基体（即载体）和表面化学键合固定相两部分，其中基体部分常用硅胶。

化学键合固定相中化学键的类型和键合途径为：

硅—氧—碳键型（≡Si—O—C≡），即硅酸酯型：

$$-\overset{|}{\underset{|}{Si}}-OH+ROH\longrightarrow -\overset{|}{\underset{|}{Si}}-O-R+H_2O$$

硅—氧—硅—碳键型（$\equiv Si—O—\overset{|}{\underset{|}{Si}}—C\equiv$），即硅氧烷型：

$$—\overset{|}{\underset{|}{Si}}—OH+R_3SiCl \longrightarrow —\overset{|}{\underset{|}{Si}}—O—SiR_3+HCl$$

硅—碳键型（$\equiv Si-C\equiv$）

$$—\overset{|}{\underset{|}{Si}}—OH+SOCl_2 \longrightarrow —\overset{|}{\underset{|}{Si}}—Cl+(SO_2+HCl)+RMgCl \longrightarrow —\overset{|}{\underset{|}{Si}}—R+MgCl_2$$

硅—氮键型（$\equiv Si—N=$）：

$$—\overset{|}{\underset{|}{Si}}—OH+SOCl_2 \longrightarrow —\overset{|}{\underset{|}{Si}}—Cl+(SO_2+HCl)+H_2NR \longrightarrow —\overset{|}{\underset{|}{Si}}—NHR+HCl$$

化学键合相色谱可分为非极性、弱极性、极性和离子型四种类型。极性键合相色谱中流动相极性小于固定相极性，因此属于正相色谱。非极性键合相色谱中流动相极性大于固定相极性，因此属于反相色谱。弱极性键合相色谱中流动相极性可大于或小于固定相极性，因而可作为正相色谱，也可作为反向色谱。通常所说的反向色谱主要是非极性键合色谱。

10.3.3.1 非极性键合相

一般这类键合相的表面基团为非极性烃基，如十八烷基（C_{18}）、辛烷基（C_8）、甲基（C_1）和苯基等，由于流动相的极性常大于固定相的极性，因此采用非极性键合相的色谱属于反相色谱。其中十八烷基硅烷（ODS 或 C_{18}）是最常用的非极性键合相，是由十八烷基氯硅烷试剂与硅胶表面的硅醇基反应脱 HCl 而成，基本的键合反应为

$$\equiv Si—OH + Cl—\overset{R_1}{\underset{R_2}{Si}}—C_{18}H_{37} \longrightarrow \equiv Si—O—\overset{R_1}{\underset{R_2}{Si}}—C_{18}H_{37} + HCl$$

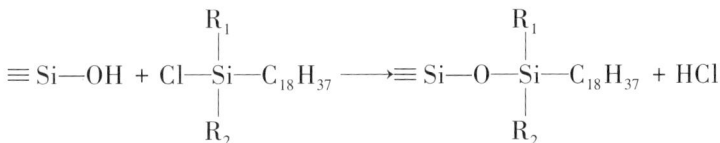

根据含碳量的不同，十八烷基硅烷分为高碳、中碳和低碳三种。高碳十八烷基硅烷的 R_1 和 R_2 均为甲基；中碳十八烷基硅烷中 R_1 是甲基，R_2 是氯；低碳十八烷基硅烷的 R_1 和 R_2 均为氯。除 R_1 和 R_2 不同含碳量不同外，含碳量还与载体的性质与表面覆盖度有关。载体的性质包括载体的形状、粒度、平均孔径和比表面积等，通常球形、小粒度的载体含碳量高，载样量大。表面覆盖度是指参加反应的硅醇基数目占硅胶表面硅醇基总数的比例，由于存在空间位阻，键合反应进行后，不可能将硅胶表面的硅醇基全部反应掉，这些未反应掉的硅醇基在色谱分离过程中具有正相色谱过程的吸附作用，会使十八烷基硅烷不稳定，疏水性降低，不利于反相色谱分离，因此常用三甲基氯硅烷或六甲基二硅胺处理，以减少剩余硅醇基，此过程称为封尾或封端。

$$\begin{matrix} —\overset{|}{Si}—OH \\ | \\ —\underset{|}{Si}—OH \end{matrix} + H_3C—\overset{CH_3}{\underset{CH_3}{Si}}—\overset{H}{N}—\overset{CH_3}{\underset{CH_3}{Si}}—CH_3 \longrightarrow \begin{matrix} —\overset{|}{Si}—O—Si(CH_3)_3 \\ | \\ —Si—O—Si(CH_3)_3 \end{matrix} + NH_3$$

反相化学键合相色谱法应用非常广泛，不仅可以分离不同类型的化合物，还可以分离同系物、弱电离化合物等，约有 80%的分离任务可用反相化学键合相色谱法来完成。

10.3.3.2 弱极性键合相

常见的弱极性键合相有醚基键合相和二羟基键合相，此类键合相既可作为正向又可作为反相色谱，具体应视流动相极性而定，一般应用较少。

10.3.3.3 极性键合相

常用氨基、腈基键合相，是分别将氨丙硅烷基（$\equiv SiC_3H_6NH_2$）、氰乙硅烷基（$\equiv SiC_2H_4CN$）键合到硅胶上制得，一般作为正相色谱固定相使用。

氨基键合相具有质子接受体和质子给予体的双重性能，强极性，对于易于形成分子间氢键的组分有很好的分离作用，如氨基键合相作为正相色谱固定相可与糖分子中的羟基作用，因此被广泛用于分离糖类化合物。此外由于氨基具有一定的碱性，可在酸性水溶液中作为一种弱离子交换剂，用于分离酚、羧酸、核苷酸。使用氨基键合相色谱法值得注意的是，一级胺可与醛、酮的羰基反应生成 Schiff 碱，因此不能用氨基柱分离含羰基的化合物，如还原糖、甾酮等，流动相中也不能含有带羰基的溶剂，如丙酮等。

腈基键合相为质子接受体，具有中等极性，分离选择性与硅胶类似，但比硅胶的保留值低，对酸性、碱性样品可获得对称的色谱峰，对含双键的异构体或双键环状化合物具有良好的分离能力。

10.3.3.4 离子型键合相

当硅胶基质键合上各种离子交换基团，如—SO_3H、—COOH、—$CH_2N(CH_3)_3Cl$ 等，即可形成离子型化学键合固定相，适于分离试样中离子型组分。

化学键合相的优点是使用过程不流失；化学性能稳定；热稳定性好；载样量大；适宜作梯度洗脱和适用范围宽。

在化学键合相色谱中，溶剂的洗脱能力即溶剂强度与它的极性有关。在正相色谱中，固定相是极性的，溶剂极性越强洗脱能力越强；在反相键合相色谱中，固定相是非极性的，所以溶剂的极性越小洗脱能力越强，即弱极性溶剂的洗脱强度更大。例如在使用十八碳基硅烷为固定相时，甲醇、乙腈、四氢呋喃等溶剂的洗脱强度均大于水，就是因为它们的极性小于水。

在反相键合相色谱法中常用强度因子（S）来表示溶剂的洗脱强度，表 10-2 中列出几种常用溶剂的 S 值，该值越大，溶剂强度越大，洗脱能力越强。在最常用的四种溶剂中，溶剂强度因子的顺序为四氢呋喃>乙腈>甲醇>水。混合溶剂的强度因子用式（10-3）进行计算：

$$S_{混} = \sum_{i=1}^{n} S_i \varphi_i \tag{10-3}$$

式中，S_i 和 φ_i 分别为每种纯溶剂的强度因子（表 10-2）及其体积分数。例如计算甲醇—乙腈—水（40∶10∶50）溶剂洗脱强度因子为 $S_{混} = 40\% \times 3.0 + 10\% \times 3.2 + 50\% \times 0 = 1.50$。

表 10-2 反相色谱常用溶剂的强度因子

溶剂	水	甲醇	乙腈	丙酮	乙醇	异丙醇	四氢呋喃
S	0.0	3.0	3.2	3.4	3.6	4.2	4.5

反相键合相色谱法在选择流动相时，常以强度最弱的水作为底剂，配以一定比例的甲醇、乙腈或少量四氢呋喃作为流动相。

在正相键合相色谱法选择流动相时，常以极性比较小的己烷或戊烷作底剂，配以一定比例的乙醚、氯仿或二氯甲烷作为流动相。

一般认为极性键合相色谱（正向色谱）的分离原理属于分配色谱，组分的分配比 K 随键合相极性的增大而增大（保留值增加），但随流动相极性的增大而降低（保留值减小）。

10.4 检测系统

检测器是高效液相色谱仪的三大关键部件之一，其作用得到与将色谱洗脱液中被测组分相关的在实际可测量的电信号，用于定性与定量分析。一台理想的高效液相色谱仪检测器应具备灵敏度高、噪声低（指对温度、流量变化不敏感）、响应速度快、线性范围宽、重复性好、适应范围广等特点。到目前为止，还没有研制出完全符合上述性能要求的检测器。已有的检测器按照适用范围分类，通常分为通用型与选择型两种。通用型检测器是指对一般物质均具有检测能力的检测器，如示差折光和蒸发光散射检测器就属于此类。选择型检测器对不同物质响应差别较大，因此只能选择性地检测某些物质，如紫外检测器、荧光检测器和电化学检测器等就属此类。高效液相色谱仪常用检测器的主要性能指标见表 10-3。

表 10-3　高效液相色谱仪常用检测器的主要性能指标

指标	紫外可见	荧光	示差折光	蒸发光散射	质谱
检测信号	吸光度	荧光强度	折光率	散射光强度	离子流强度
类型	选择型	选择型	通用型	通用型	通用型
梯度洗脱	可以	可以	不可以	可以	可以
检测限（g/mL，进样 10μL）	$10^{-8}\sim10^{-7}$	$10^{-10}\sim10^{-9}$	$10^{-5}\sim10^{-4}$	$10^{-8}\sim10^{-6}$	$<10^{-10}$
对流速敏感度	不敏感	不敏感	不敏感	不敏感	不敏感
对温度敏感度	不敏感	不敏感	敏感	不敏感	不敏感
对试样破坏	无	无	无	无	有

10.4.1 紫外检测器（UVD）

紫外检测器是目前液相色谱使用最普遍的检测器，是选择性浓度型检测器，适用于检测对紫外和/或可见光有吸收的样品。其检测原理和基本结构与一般光分析仪相似，基于被分析试样组分对特定波长紫外光的选择吸收，服从朗伯-比尔定律，即检测器的输出信号与吸光度成正比，而吸光度与样品中某组分的浓度成正比。分为固定波长和可调波长两类。固定波长紫外检测器采用低压汞灯为光源，产生 254nm 或 280nm 谱线。可调波长检测器的光源为氘灯和钨灯，提供 190~750nm 的辐射，可用于紫外—可见区的检测（190~400nm 为紫外区域，氘灯；400~750nm 为可见光区域，钨灯）。检测器的吸收池体积一般为 8~10μL，光路长约 8mm。紫外检测器灵敏度较高，检出限约为 10^{-10}g/mL，通用性也较好，对温度和流速变化不敏感，线性范围宽，可检测梯度溶液洗脱的样品。紫外吸收检测器主要由光源、单色器、流通池或吸收池、接收和电测器件组成，如图 10-7 所示。

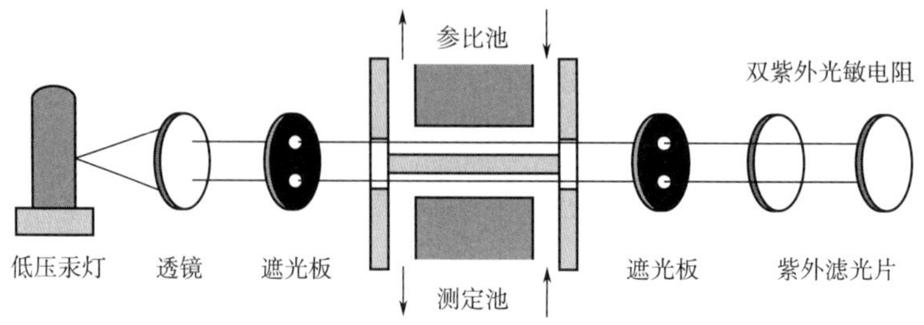

图 10-7　HPLC 紫外检测器结构示意图

案例 10.1　在肉类食品中维生素 B_3 含量分析应用

配有 UVD 液相色谱仪，色谱柱：HSS T3（4.6×150mm，粒度 3.5μm）或相当者；流动相：A 相—10mmol/L 甲酸铵 0.1%甲酸，甲醇溶液；B 相—10mmol/L 甲酸铵 0.1%甲酸，水溶液。梯度洗脱程序见表 10-4；流速：0.8mL/min；柱温：40℃；波长：261nm；进样量：10μL，所得色谱图如图 10-8 所示。

表 10-4　梯度洗脱程序

步骤	时间/min	流速/（mL·min^{-1}）	A/%	B/%
1	0.00	0.8	5	95
2	1.50	0.8	45	55
3	3.50	0.8	50	50
4	6.00	0.8	70	30
5	9.00	0.8	99	1
6	12.00	0.8	5	95
7	15.00	0.8	5	95

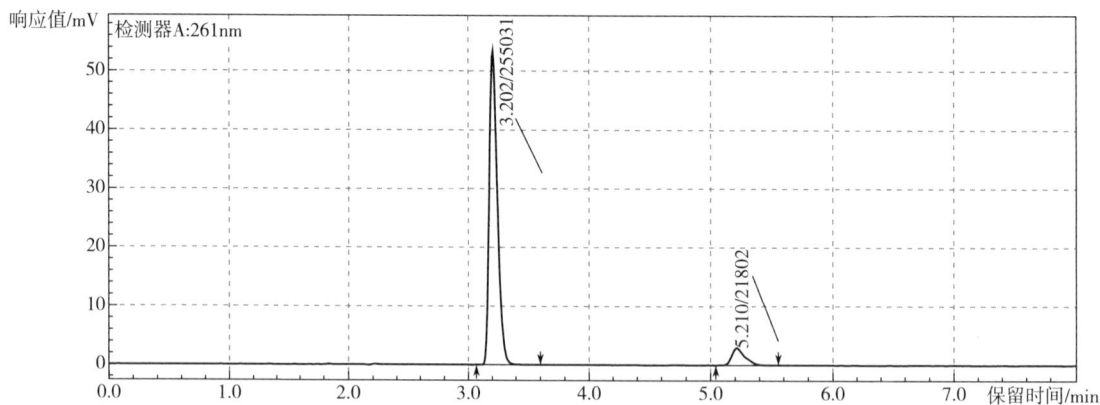

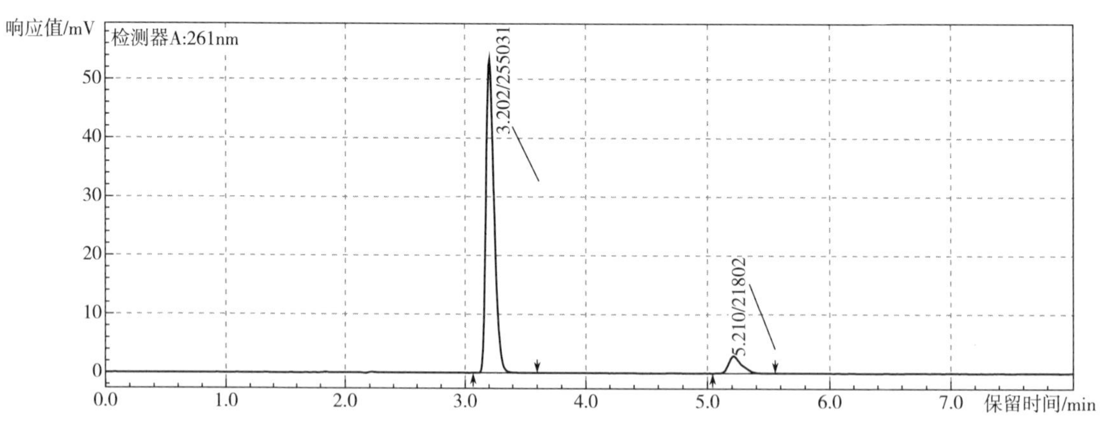

图 10-8　烟酸（维生素 B_3）和烟酰胺的液相色谱图

案例 10.2　液相色谱法测定谷物色素

（1）应用背景。

食品中色素是重要的营养物质也是功能成分，本例以小米中黄色素为例剖析检测方法。小米原名“粟”，也称黄粟或粟米，是禾本科狗尾草属植物粟或称谷子的种仁。小米是世界上最为古老的杂粮农产品之一，起源于中国，也是中国古代的主要粮食作物，历来有夏代和商代属于"粟文化"之称。目前小米在中国的种植面积和产量均居世界首位，中国北方黄河流域，内蒙古，东北地区在赤峰、通辽一带多有种植。小米营养价值较高，其含有丰富的蛋白质、可溶性淀粉、黄色素、维生素、矿物质和膳食纤维，具有突出的药食同源保健作用，作为我国民众日常重要的膳食品类而广受喜爱。小米黄色素是小米特有的营养成分，主要成分为类胡萝卜素类物质，近些年来，国内外大量科研和临床试验证明，天然类胡萝卜素不仅具有视觉保健及治疗作用，而且可以提高人体免疫机能，清除体内多余的自由基，预防癌症，对溃疡、皮肤病变等症亦有很好的治疗效果；食品轻工产业应用试验也表明，小米黄色素可用作各种食品、饮料及糖果等的着色剂，具有颜色鲜明、色泽圆润自然同时兼具营养保健的作用。目前，关于小米中黄色素成分的研究少有报道，刘晓庚等综述了不同品类谷物中类胡萝卜素类物质的相关研究，从类胡萝卜素的成分组成、化学形态、生理功效和加工转化等方面做了较为细致的介绍，其中提到了谷物中类胡萝卜素生物合成及调控研究的重大意义；杨延兵等参考 AACC（美国谷物化学师协会）标准方法测定了小米黄色素的含量，但是没有进一步研究测试具体组成成分的含量；王海棠等用黄粒小米为原料提制出小米黄色素，初步研究了小米黄色素的提取方法、稳定性和化学成分，实验主要采用了化学显色、薄层色谱和光谱分析等方法，表明其化学成分与玉米黄色素大致相同，主要有玉米黄素、隐黄素和叶黄素等，但是由于薄层色谱技术的局限性不能够准确测出黄色素组成成分的种类和含量。综上，研究建立小米中黄色素各成分的快速、高选择性测试方法十分必要。高效液相色谱法是目前较为普遍的分离分析方法，具有优于薄层色谱高灵敏度、高分辨率的特点，已有报道采用 C18 反相液相色谱分离分析一般类胡萝卜素类物质，取得了较好的效果，惠伯棣等人详细研究总结了利用 C30 反相液相色谱技术分析类胡萝卜素类物质的方法，方法具有比 C18 更高的异构体分辨能力和分析方法专属性。采用 C30 反相液相色谱分离模式，超声波辅助溶剂萃取前处理方法，检测了小米中几种类胡萝卜素类物质的含量，建立了小米中黄色素检测的高效液相色谱检测方法，可为谷子品质育种、小米精深加工和食品营养等领域提供研究手段和数据参考。

（2）典型分析方法。

主要仪器配置：高效液相色谱仪，配备紫外—可见检测器。

样品前处理：取适量谷子，用砻谷机把谷子籽粒脱壳得到小米，将小米用锤式实验粉碎磨粉碎得到小米粉（80 目），之后将其中一部分小米粉进行气流超微粉碎（200 目），得到两种细度的小米粉样品。分别精密称取两种细度小米粉样品 2g，精确至 0.0001g，放入约 30mL 具塞的玻璃比色管内，分三次每次加入 5.0mL 甲基叔丁基醚（MTBE），盖紧塞子，混旋器上混合，使样品充分混匀后放入超声清洗器进行超声萃取，合并三次萃取液。把合并后萃取液 4000r/min 离心约 10min 至液体澄清，将澄清液在氮吹仪上氮气挥发溶剂至固定体积，该液经 0.45μm 的有机相滤膜过滤后上机分析。单标保留时间定性，峰面积外标法、峰面积归一化法定量。

色谱柱：YMC™ Carotenoid S-5（250mm×4.6mm ID，5μm）；流动相：梯度洗脱程序见表 10-5；流速：0.85mL/min；经典柱压：76bar；柱温：25℃；紫外可见检测器波长：450nm；进样量：10μL，见表 10-5。

表 10-5 梯度洗脱程序

时间/min	甲醇/%	MTBE/%	水/%	流速/（$mL \cdot min^{-1}$）
0	81	15	4	0.85

续表

时间/min	甲醇/%	MTBE/%	水/%	流速/（mL·min^{-1}）
30	11	85	4	0.85
35	81	15	4	0.85
37	81	15	4	0.85

（3）技术分析。

实验考察了样品中目标组分的分离情况，由图 10-9 可见，样品色谱图峰数 5 个，目标峰位无干扰；经标准品保留时间定性，其中叶黄素、玉米黄素、β-隐黄素分别为 1 号、2 号和 4 号峰，这与王海棠等的研究定性结果较为一致；由于没有购全标准品，3 号和 5 号峰位组分无法定性，但是检测器在 450nm 下的吸收具有选择性，可以确信，这两个未知组分也为类胡萝卜素类物质，通过其色谱保留行为研究，3 号峰可能为 α-隐黄素，5 号峰可能为 β-胡萝卜素酮，需要进一步采用液相色谱与串联质谱联用技术或核磁共振技术予以定性研究。

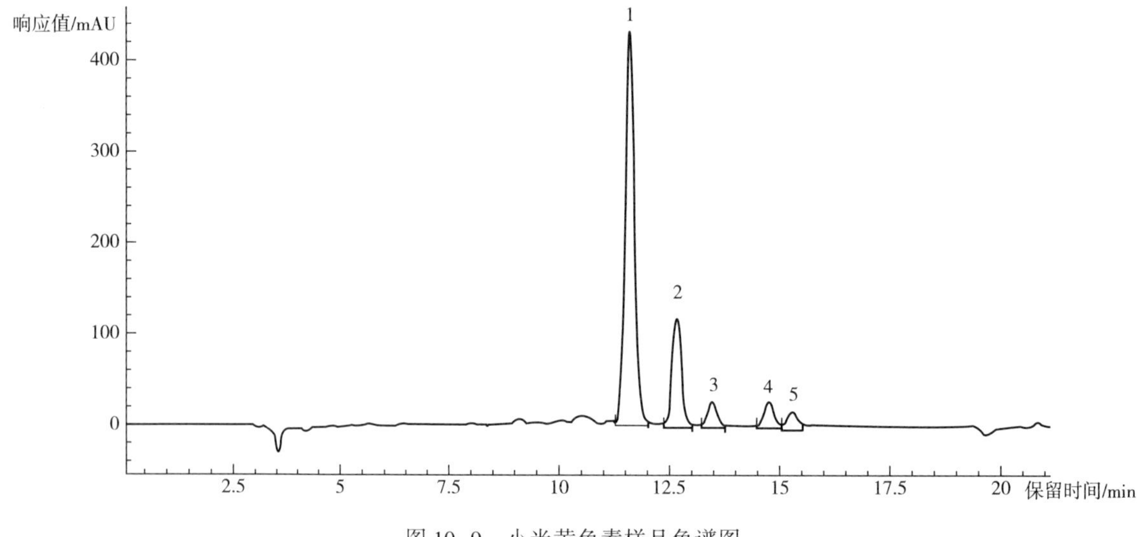

图 10-9　小米黄色素样品色谱图

用于分离类胡萝卜素的液相色谱的固定相有反相和正相两种，如 C18、silica、CN 和 $Ca(OH)_2$ 等，其中 C18 是目前经常使用的反相色谱固定相，但是 C18 柱对类胡萝卜素顺反异构体的分辨能力有限，也有研究报道氧化铝填充柱和 $Ca(OH)_2$ 填充柱可较好地分离顺反异构体，但重现性差，分离条件尚待优化。

天然的类胡萝卜素碳链长度在 30～50 个碳之间，其中以 40 个碳数者居多，可见类胡萝卜素的分离分析需要更高碳载量的反相色谱固定相。Sander 和 Emenhiser 的研究表明，C30 柱对异构体具有构型选择能力。随着目前对天然类胡萝卜素类物质的高分辨分离需求的重视，商品化的专属性色谱柱得到了较好的开发和运用，鉴于 C30 柱具有类胡萝卜素分离的明显优势，本实验选择了 YMC™ C30 色谱柱作为分离通道。实验表明，由于 C30 柱具有高碳链覆盖度使其具有异构体选择性和高分辨特性，在相同的色谱流动相的条件下，可对 β-胡萝卜素的顺式和反式异构体和叶黄素（lutein）中的极性叶黄素（xanthophyll）异构体及玉米黄质（zeaxanthin）进行较好的分离。通过反相 C30 分离多波长紫外—可见检测器高效液相色谱实现了小米中几种黄色素的分离和含量测定，采用超声波辅助溶剂萃取技术提取样品中的目标组分，方法简便易操作，重现性好灵敏度高；此法可为小米黄色素相关研究工作提供准确的测试数据。由于本色谱系统使用的多波长紫外可见检测器，并且缺少必要的标准品，有部分色谱峰的定性未能完成，需要进一步展开研究。选择质谱或串联质谱（MS，MS/MS）检测器可精确地对不同分子量或不同化学结构的未知黄色素组分进行定性分析，但质谱对同分异构体定性能力略有不足，若要准确定性样本中的类胡萝卜素异构体，一般要使用核磁共振波谱（NMR）进行分析，但要求样品达到较高的纯度，需要制备色谱进行较好的纯化分离。

案例 10.3　液相色谱法在食品添加剂中的应用

（1）应用背景。

甜菊糖苷是多年生菊科草本植物甜叶菊叶片中含有的一系列四环二萜类化合物，精品呈白色粉末状，是一种低热量、高甜度的天然甜味剂，在低热量饮料、酸奶、压片糖果和药品中应用广泛，是食品和药品工业的重要原料之一。甜菊糖苷甜度为蔗糖的 250～450 倍，其中经进一步提纯的莱鲍迪苷 A 的甜度约为蔗糖的 450 倍，对总苷甜度贡献极大。以往的研究报道中，甜菊糖苷特别是莱鲍迪苷 A 的提取纯化技术、功能性研究和废渣再利用受到广泛关注，额尔敦巴雅尔等人研究了甜叶菊水提物和絮凝上清液成分差异；谢捷等研究了利用壳聚糖澄清甜叶菊水提液并对澄清机理进行了探讨；王晓霞等针对莱鲍迪苷 A 的提取及精制工艺进行了综述；孙大庆等研究了柱色谱和模拟移动床色谱对甜菊糖苷的纯化方法；陈育如等人对甜叶菊及甜菊糖的多效功能与保健应用进行了综述；史高峰等对甜叶菊渣中总黄酮的纯化工艺进行了研究。近年来，甜菊糖苷生产的上游技术受到密切关注，众多学者对甜叶菊栽培与逆境生理或调控生理展开广泛研究，而与甜菊糖苷含量或组成有关的化学调控研究较为鲜见，因此采用化学调控获得高产或高甜度甜菊糖苷具有深入研究价值。为了探究化学调控对甜叶菊叶片中甜菊糖苷含量或组成的影响，建立甜菊糖苷主要成分的靶向检测方法十分必要，此外作物代谢生理的分析检测具有样品量大、通量高和基体复杂等特点，给检测工作带来挑战。以往甜菊糖苷检测多针对精制品，在对叶片样品检测的报道中多采用水提液直接进样的方法，色谱分离采用以 C18 为主的反相色谱或以氨基为主的亲水作用色谱，也有报道采用近红外光谱法进行快速检测。甜菊糖苷的提取液呈黑褐色，样品中含有大量水溶性色素、胶质和蛋白，前期的工作证明，针对甜叶菊叶片在高通量检测时简单的样品前处理易导致色谱柱填料吸附杂质，导致组分分离的劣化进而降低高通量样品检测结果的精度及色谱柱的使用寿命，因此对方法重现性和耐受性特别是样品前处理方法提出了更新的要求。本文以高通量分析方法的建立为切入点，从简洁快速地进行样品前处理的角度研究建立了液相色谱检测方法，方法应用于化学调控下甜叶菊叶片中甜菊糖苷的高通量样品检测。

（2）典型分析方法。

主要仪器配置：高效液相色谱仪，紫外—可见检测器。

分析柱：HP-Amino（250mm×4.6mm ID，5μm，美国赛分科技有限公司）；柱温：40℃；流速：1.00mL/min；流动相采用等度洗脱模式，流动相配比为乙腈/水 = 80/20；紫外—可见检测器波长 210nm，带宽 20nm，狭缝 16nm；进样体积为 4μL。

样品前处理：将甜菊糖苷标准工作溶液经 0.22μm 水相滤膜过滤后进样分析，以各组分浓度对应峰面积进行线性关系考察，制作标准工作曲线并计算得出回归方程、相关系数及检测限。样品目标组分分析采用保留时间定性，峰面积外标法定量。实际样品检测结果数据处理采用各峰面积外标法计算各样品 STV、RC 及 RA 含量，并以此计算甜菊糖苷总量及 STV、RC 和 RA 在总量中所占百分比。

（3）技术分析。

针对甜菊糖苷精品的检测有详细的方法（GB 1886.355—2022），采用反相 C18 色谱柱进行组分分离，但方法是否适用于甜叶菊叶片样品的检测尚不明确，此外有文献中倾向选用了实心薄壳填料进行色谱分离，并且所采用的流动条件较为严格。以氨基键合硅胶色谱柱的极性化合物分离机理被认为是亲水作用色谱，或被看作正相色谱的反相模式，在甜菊糖苷分离中分离度较高，特别是针对 STV 和 RA 两种组分。虽然有报道称氨基柱分离模式受基体干扰较大，但可在样品前处理中得到规避。在本实验中，考察了流动相组成对样品分离适应性及高通量稳定性的影响，实验发现随着乙腈比例的提高，各目标峰分离度提高，在体积比为 80∶20 时，在消除干扰、稳定性及工作效率方面表现最佳，色谱图如图 10-10 所示。实验采用同一样品对进行 600 次叶片样品进样后的系统进行了稳定性考察，结果各峰峰面积相对标准偏差在 2.36%~3.57%，各峰保留时间相对标准偏差在 3.05%~3.91%，可见方法稳定性满足高通量分析。

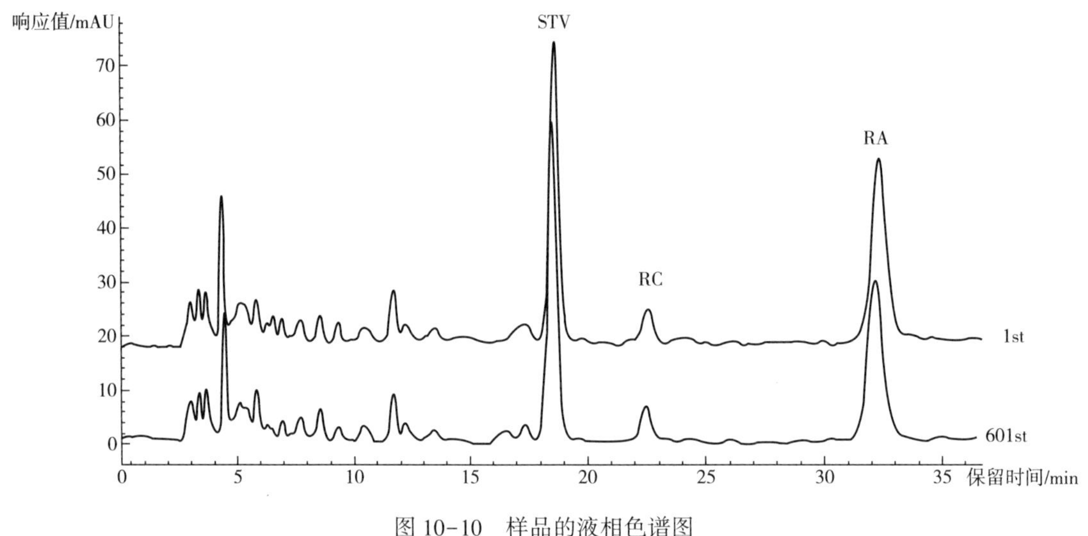

图 10-10　样品的液相色谱图

甜叶菊提取液中含有色素、胶质、蛋白和粗纤维等杂质，其总量可达甜菊糖苷的 5~7 倍。样品前处理需要考察有机溶剂乙腈、乙酸乙酯、正己烷、异辛烷、氯仿—正丁醇（4∶1）等对色素和蛋白的脱除效果，一般有机溶剂仅对蛋白脱除有一定作用，对于色素只有氯仿-正丁醇有轻微的脱除作用。实例中建立了一种简单快速且高通量分析甜叶菊叶片中 3 种甜菊糖苷的方法，方法采用亲水作用高效液相色谱进行组分分离，紫外—可见检测器进行检测，可在高通量测得甜菊糖苷含量的同时，保证了检测结果的精度和色谱柱的使用寿命。方法相对于其他检测方法，样品前处理简便经济、可移植性高，是一种满足化学调控作物代谢生理有效检测方法，也可为甜叶菊优良品种选育、产品及产量监测及糖苷生产提供技术支撑。

案例 10.4　反相液相色谱法测定鱼肉中能量物质

（1）应用背景。

鱼肉是人类主要的副食品之一，鱼肉产品在流通过程中，冰藏是最常见的保鲜方法。冰藏期间鱼类肌肉核苷酸会发生一系列的变化，认为肌肉内腺苷三磷酸（ATP）依次降解为腺苷二磷酸（ADP）、腺苷酸（AMP）、肌苷酸（IMP）、肌苷（HxR）和次黄嘌呤（Hx），其中HxR、Hx量之和对ATP关联物总量的比值即为*K*值，*K*值作为一项重要鲜度指标被广泛应用于鱼类品质评价。此外，人们正在展开冰藏方法的研究以保证鱼肉的品质。因此，准确检测鱼肉中的ATP关联物对鱼类产品的品质研究及技术应用意义重大。目前测定ATP关联化合物含量的方法主要有毛细管电泳法和反相液相色谱法（high performance liquid chromatography，HPLC）。毛细管电泳法分辨率虽高，但重现性不佳且仪器昂贵；现有报道反相高效液相色谱法分离的核苷酸种类有限，多局限于ATP、ADP和AMP，且较多使用了价格较贵的离子对试剂，随着高效液相色谱分离介质表面修饰技术的进步，具有更好选择性和生物适应性的色谱柱不断涌现。采用美国赛分公司的Bio-C_{18}色谱柱以及价格经济的磷酸盐缓冲液为流动相，对鱼肉中6种ATP关联化合物进行分离测定，并对方法进行详细研究，旨为鱼类冰藏保鲜技术研究提供部分方法指导。

（2）分析方法。

主要仪器配置：高效液相色谱仪，配备紫外-可见检测器。

色谱柱：Sepax Bio-C18（250mm×4.6mm，5μm，200Å）；流动相：60mmol/L磷酸二氢钾-60mmol/L磷酸氢二钾缓冲液（pH 6.68）；流速：0.6m/min；柱温：30℃；紫外检测波长：254nm，带宽16nm；进样量：10μL。

样品前处理：将鱼体去鳞去皮，沿脊椎剖为两半，取脊背肉，精确称量的肉样品从液氮中取出，按每1g样品加入6mL预冷的$HClO_4$溶液（0.5mol/L）进行均质，此溶液均质过程中分次加入以加强效果，均质于冷库中进行；均质后上清液在冰水浴上静置5min，然后低温离心（10000r/min，0℃）5min；取出上清液，用0.5mol/L的KOH溶液调节pH至中性，定容摇匀；0.45μm滤头过滤后上机检测。上机样品储存需冷冻，分析前，先解冻后静止15min并过0.45μm滤膜过滤。

（3）技术分析。

在优化的色谱条件下，6种ATP关联物在20min内全部基线分离，标准品色谱图见图10-11（a）；样品分离不受基质干扰，样品色谱图见图10-11（b）。

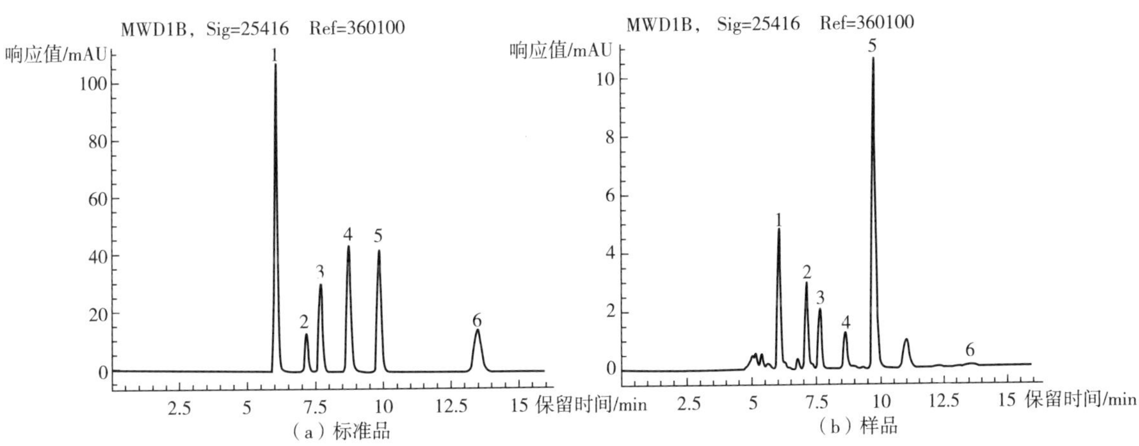

图10-11 标准品与样品的色谱图

刘虎威等的研究是较为经典的反相离子对液相色谱检测方法，所用离子对试剂为四丁基氢氧化铵（TBA），但此方法较繁琐，试剂（TBA）较贵，方法不易移植；邹玲莉等亦采用经典C18分离柱以及铵类离子对试剂为基本条件，此方法溶剂系统复杂，但其梯度洗脱配合流速、波长程序可变技术值得推崇。实验拟采取更加简单的溶剂系统（磷酸盐缓冲液）进行了几种品牌C18色谱柱的分离尝试，结果发现，以反相色谱分离极性化合物存在如下问题。①极性亲水性化合物在常规高键合密度硅胶C18柱上的保留不足，高密度C18柱表面呈高度疏水性，无法与亲水性的极性化合物充分形成保留（相似相容原理）。②极性亲水性化合物在常规高键合密度硅胶C18柱上的保留不稳定，需要使用到低溶剂强度的流动相（有机溶剂含量为0~5%）。③普通C18柱微孔脱水效应易导致保留时间逐步缩短，需要长时间进行色谱柱平衡。④连续分析多个样品时遭遇困难，重复性差。经比较发现，Sepax Bio-C18色谱柱对于极性亲水化合物在简单的分离模式下具有较好的稳定性，主要依赖其特殊化学键合技术形成的单层ODS，在纯水溶液中不会发生崩解或塌陷，同时其硅醇基完全封端技术使得分离重现性极佳且峰型良好。

采用液相色谱法实现了鱼肉中6种ATP关联物同时测定，具有灵敏度高、快速、准确、重现性好等特点；采用Sepax Bio-C18单层键合相封端技术与全水相磷酸盐缓冲体系相结合可达到很好的分离效果，分析过程不会引起柱塌陷，运行200次样品后仍保持良好的重现性；通过反相液相色谱方法获得的数据不仅能直观地反映与鱼体品质相关联的各参数的变化，而且能建立简易的表达鱼肉品质方法，通过回归计算可预判鱼类产品的货架期，易于实际工作中推广应用。

案例10.5　水产品和食品中喹诺酮类药物残留检测应用

配有DAD液相色谱仪，色谱柱：Kromasil 100-5C18（150mm×4.6mm，粒度5μm）或相当者；流速：1.0mL/min；流动相：11mmol/L的四丁基溴化铵溶液—乙腈（95∶5）（用冰乙酸调pH为3.2）；检测波长：激发波长280nm；发射波长450nm；柱温：35℃；进样量：10μL。所得色谱图如图10-12所示。

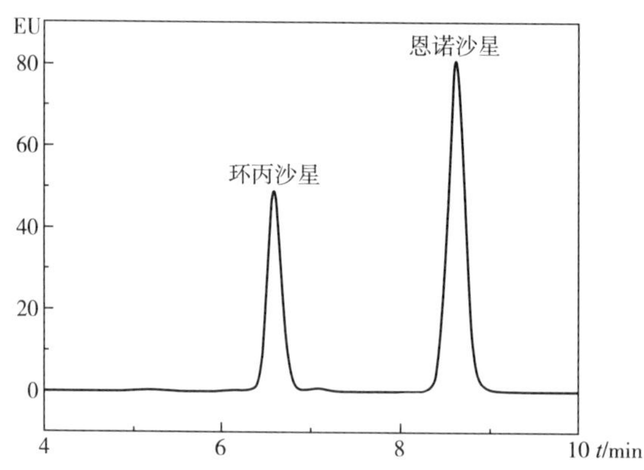

图10-12　喹诺酮类药物标准溶液高效液相色谱图

案例10.6　水产品中孔雀石绿和结晶紫类药物残留检测应用

配有FD液相色谱仪；色谱柱：ODS-C8柱（250mm×4.6mm，粒度5μm）或相当者；流动相：乙腈+乙酸铵缓冲溶液（0.125mol/L，pH 4.5）= 80+20。流速：1.3mL/min；柱温：35℃；激发波长：265nm；发射波长：360nm；进样量：20μL，所得色谱图如图10-13所示。

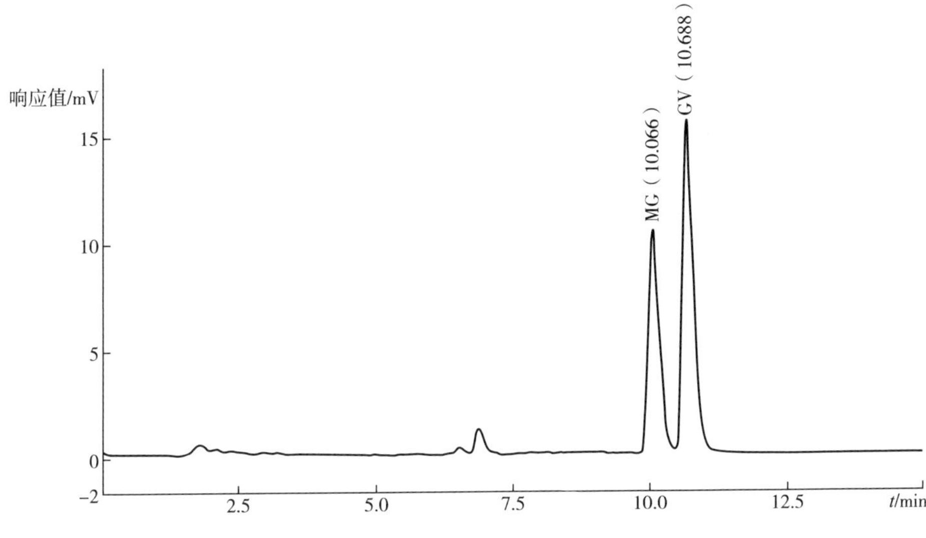

图 10-13　孔雀石绿（MG）和结晶紫（GV）液相色谱图

10. 4. 2　荧光检测器（FD）

荧光检测器其作用原理和结构与常用的荧光分光光度计基本相同，是通过检测待测物质吸收紫外光后发射荧光的一种检测器。对不产生荧光的物质可通过与荧光试剂反应，生成可发生荧光的衍生物进行检测。对多环芳烃、维生素 B、黄曲霉素、卟啉类化合物、农药、氨基酸、甾类化合物等有响应。灵敏度可比紫外检测器高 2～3 个数量级，检测限可达 10^{-12}g/mL，是灵敏和选择性好的检测器，属于选择性浓度检测器。特别适用痕量组分测定，其线性范围较窄，可用于梯度淋洗。

荧光检测器结构示意图如图 10-14 所示，光源（氙灯）发出的光束通过透镜和激发滤光片，分离出特定波长激发光，再经聚焦透镜聚集于吸收池上，此时荧光组分被激发光激发，产生荧光。再通过发射滤光片，分离出发射波长，进入光电倍增管检测，荧光强度与组分浓度成比例。

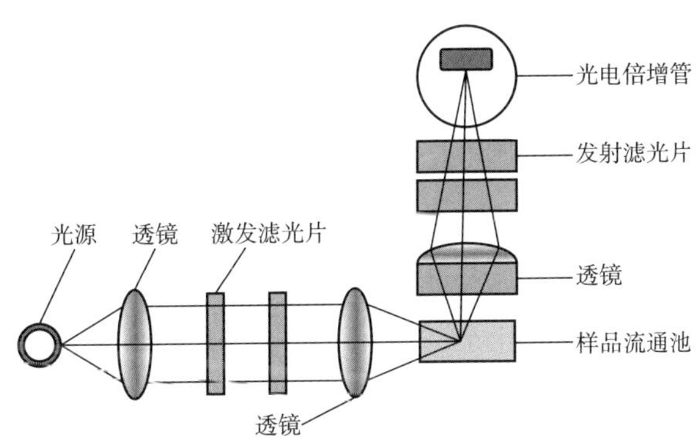

图 10-14　HPLC 荧光检测器结构示意图

10. 4. 3　示差折光检测器（RID）

RID 又称为折射指数检测器，是利用检测池中溶液折射率的变化和组分浓度的关系进行检测的一种通用型检测器，是一种整体性质检测器，适应于紫外吸收非常弱的物质的测定，只要组分折光率与流动相折光率不同就可被检测，但两者之差有限，因此灵敏度较低，检出限约为 10^{-7}g/mL，且对温度变化敏感，不适于梯度洗脱。目前糖类化合物的检测大多数使用此检测器。

案例 10.7　在糖类物质检测应用案例

配有 RID 液相色谱仪，色谱柱：Carbohydrate Ca++柱（300mm×7.7mm，粒度 8μm）或相当者；流动相：水。流速：0.6mL/min；柱温：45℃；进样量：10μL，所得色谱图如图 10-15 所示。

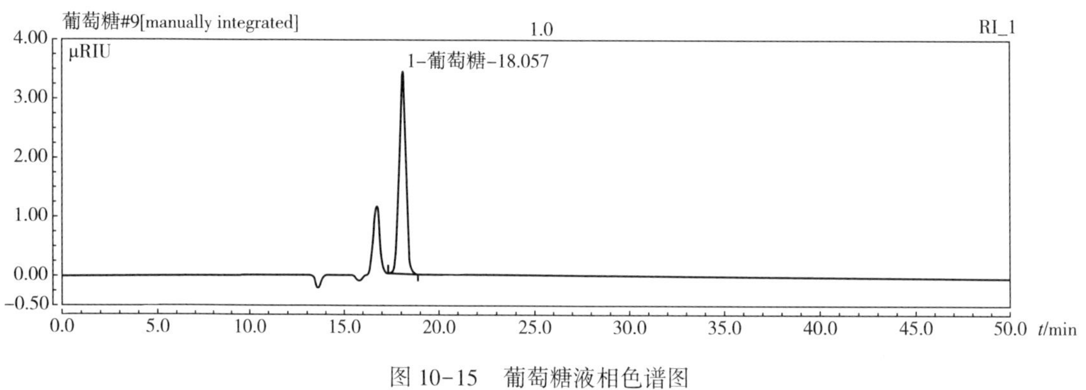

图 10-15　葡萄糖液相色谱图

10.4.4　二极管阵列检测器（DAD）

二极管阵列检测器是可以同时进行多种波长检测的一种检测器。在二极管阵列检测器中，光源发出的光经过吸收池中的样品吸收后，通过光栅分光，以阵列二极管对于不同波长的光进行多通道并行检测。使用二极管阵列检测器可以得到三维色谱—光谱图，为组分的定性提供有用的信息。

案例 10.8　配位体交换液相色谱法评价果葡糖浆质量

（1）应用背景。

果葡糖浆也称高果糖浆或异构糖浆，是以酶法糖化淀粉所得的糖化液经葡萄糖异构酶的异构作用，将其中一部分葡萄糖异构成果糖，由葡萄糖和果糖组成的混合糖糖浆，其应用领域十分广泛。F_{42} 果葡糖浆（一代，果糖含量 42%）中的葡萄糖含量较高，果糖含量较低，不足以满足医疗和保健的需要，并且低温时易结晶，不便贮存。因此提高果葡糖浆中果糖含量，生产 F_{55} 果葡糖浆（二代，果糖含量 55%）和 F_{90} 果葡糖浆（三代，果糖含量 90%）是产业发展的技术需求。一般性样品中单糖的高效液相色谱分析方法多采用正相色谱柱的反相洗脱模式（氨基柱—乙腈/水），此方法乙腈消耗极大、非环境友好方法；也可采用柱前衍生化反相液相色谱法，但前处理较复杂，多适用于复杂基体中单糖检测。配位体交换色谱法（ligand exchange chromatography）即依靠含有金属离子配体的离子交换树脂对糖组分交换势的差异，从而得到分离，样品无需衍生化处理，大多可直接上样，稳定性优越。本例以果葡糖浆中单糖的配体交换—示差折光检测高效液相色谱法为例进行技术分析。

（2）分析方法。

主要仪器配置：高效液相色谱仪，配备示差折光检测器或蒸发光散射检测器。

色谱柱：Sepax Carbomix Pb-NP10（300×7.8mmID，10μm，8%交联度，PN：241008-7830），配同系保护柱 Carbomix Pb-NP10（50×7.8mmID，10μm，8%交联度，PN：241008-7805）；流动相：纯水；流速：0.6mL/min；柱温：80℃；示差检测器温度：30℃，响应时间：6s；进样量：5μL。

（3）技术分析。

配位体交换色谱法所用分析柱填料多采用基于配体交换作用的聚合物树脂，如图所示，配体交换树脂是高度磺化的阴离子交换树脂，带有Ⅰ、Ⅱ族或过渡金属元素，树脂上的磺酸基团通过离子吸引力将金属离子紧紧吸附于柱上而不会被洗脱。单糖的配体交换分离机制：糖分子（如葡萄糖）上每一个羟基都带有一个非常弱的负电荷，而端基异构碳上所带的羟基可被去质子化，从而带上一个很强的负电荷，糖分子上的这些负电荷与树脂表面上的金属离子的正电荷之间的相互作用使糖被保留，由保留的差异从而达到分离（图 10-16）。

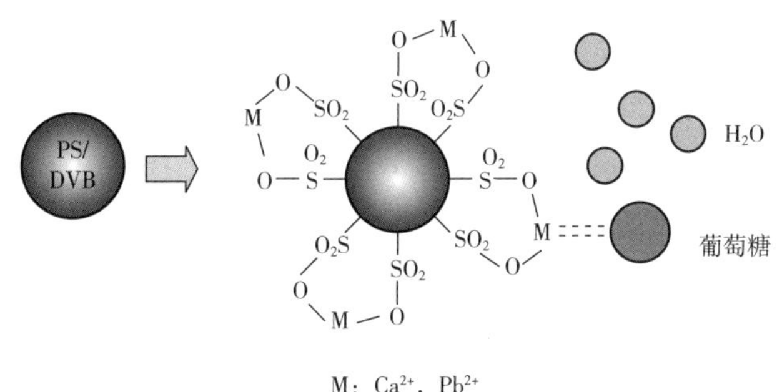

图 10-16　色谱柱填料与配体交换的分离机制

配位交换分配形式的固定相是4%~10%交联的聚苯乙烯磺酸盐，通常用纯水作流动相。配位体交换色谱柱分离的选择性要通过选择树脂类型、树脂上络合金属元素类型（抗衡离子）、柱温和流动相等条件来控制，一般状况下，针对不同组分选择合适的抗衡离子是决定分离的关键。实验考察了抗衡离子为钙离子（Ca^{2+}）和铅离子（Pb^{2+}）两种填料对果葡糖浆中单糖分离的影响，发现铅（Pb^{2+}）柱对分离多种单糖更具优势，具有较好的分离度，因此实验采用铅（Pb^{2+}）柱分离；另外考虑到分离柱运行压力的耐受性，实验选择了刚性更强的高交联度树脂，交联度为8%。通过配位体交换示差折光检测器高效液相色谱实现了果葡糖浆中的葡萄糖和果糖含量的测定，方法简便普适，重现性好，测试成本低廉；此法可为果葡糖浆（F_{42}、F_{55}、F_{90}）生产工艺的控制提供准确的数据。但此法受示差检测器灵敏度的局限性制约，采用灵敏度更高的蒸发光散射作为检测器配置将使得整体解决方案更为出色。

案例 10.9　在糖类物质检测应用案例

配有蒸发光检测器液相色谱仪；色谱柱 BEH Amide 柱（2.1mm×150mm，粒度 1.7μm）或相当者；流动相：乙腈+水，梯度洗脱程序如表 10-6 所示。

表 10-6　梯度洗脱程序

步骤	时间/min	流速/（mL·min^{-1}）	水/%	乙腈/%
1	0.00	0.2	10	90
2	2.00	0.2	22.0	78.0

续表

步骤	时间/min	流速/（mL·min^{-1}）	水/%	乙腈/%
3	11.00	0.2	50.0	50.0
4	15.00	0.2	15.0	85

气体压力：30psi；漂移管温度：55 ℃；进样量：10μL，所得色谱图如图 10-17 所示。

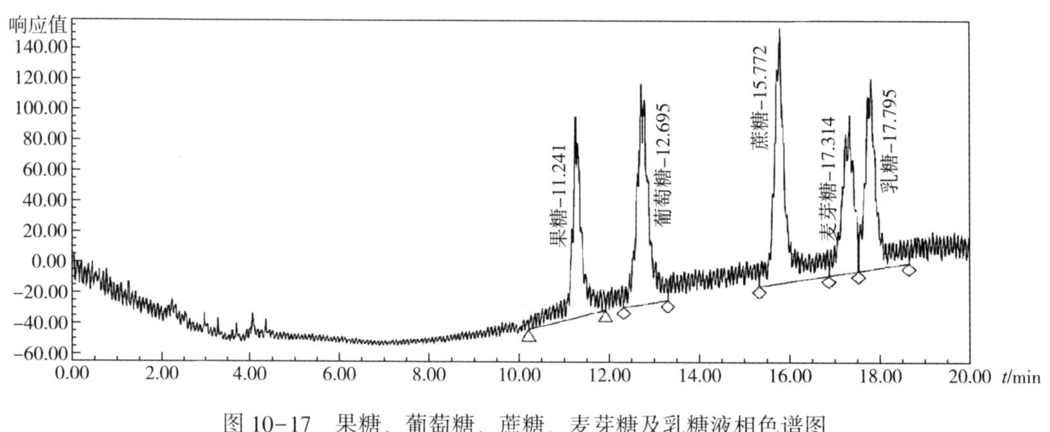

图 10-17　果糖、葡萄糖、蔗糖、麦芽糖及乳糖液相色谱图

10.4.5　质谱检测器（MS）

其作用原理是将样品中的待测组分电离，不同质量离子在电场或磁场中，将按其质量和所带的电荷比（质荷比，m/z）进行的分离和排序，根据质荷比的大小和相对强度形成规则的质谱，从而对物质进行结构鉴别和定量分析。质谱分析具有灵敏度高，样品用量少，分析速度快，分离和鉴定同时进行等优点，但流动相中不能含有无机盐。HPLC-MS 现在已经成为可常规应用的重要的现代分离分析方法。现在已经出现的液相色谱质谱联机的仪器类型有：液相色谱串联四极杆质谱、液相色谱-四极杆-飞行时间质谱、液相色谱-离子阱等，这些仪器广泛应用于食品中的农兽药、毒素、蛋白结构的分析。

案例 10.10　在农药残留分析中的应用

液相色谱条件，色谱柱：T3 柱（2.1mm×150mm，粒度 3μm）或相当者；流动相：A 组分是 2mmol/L 甲酸胺，0.1%甲酸，水溶液；B 组分是 2mmol/L 甲酸胺，0.1%甲酸，甲醇溶液；流速：0.4mL/min；进样量：2μL；梯度洗脱程序见表 10-7。

表 10-7　梯度洗脱程序

步骤	时间/min	流速/（mL·min^{-1}）	A/%	B/%
1	1.00	0.4	98.0	5
2	15.00	0.4	98.0	90
3	18.00	0.4	90.0	90
4	18.10	0.4	70.0	5

质谱条件，电离方式：电喷雾电离 ESI+，扫描模式：多反应监测模式（MRM），电喷雾电压（IS）：5500V；雾化气压力（GS1）：55psi；气帘气压力（CUR）：35psi；辅助气压力（GS2）：55psi；离子源温度（TEM）：650℃；多菌灵、克百威、苯线磷、辛硫磷的定性离子对、定量离子对、去簇电压（DP）、碰撞气能量（CE）见表 10-8，多菌灵、克百威、苯线磷、辛硫磷的色谱图如图 10-18 所示。

表 10-8　定性离子对、定量离子对、去簇电压、碰撞气能量和碰撞室出口电压

名称	定性离子对（m/z）	定量离子对（m/z）	去簇电压（DP）/V	碰撞气能量（CE）V
多菌灵	192. 0/160. 0 192. 0/132. 0	192. 0/160. 0	80	25 42
克百威	222. 1/165. 0 222. 1/123. 1	222. 1/165. 0	50	16 32
苯线磷	304. 0/216. 9 304. 0/202. 0	304. 0/216. 9	100	20 35
辛硫磷	299. 1/77. 0 299. 1/129. 0	304. 0/216. 9	40	46 16

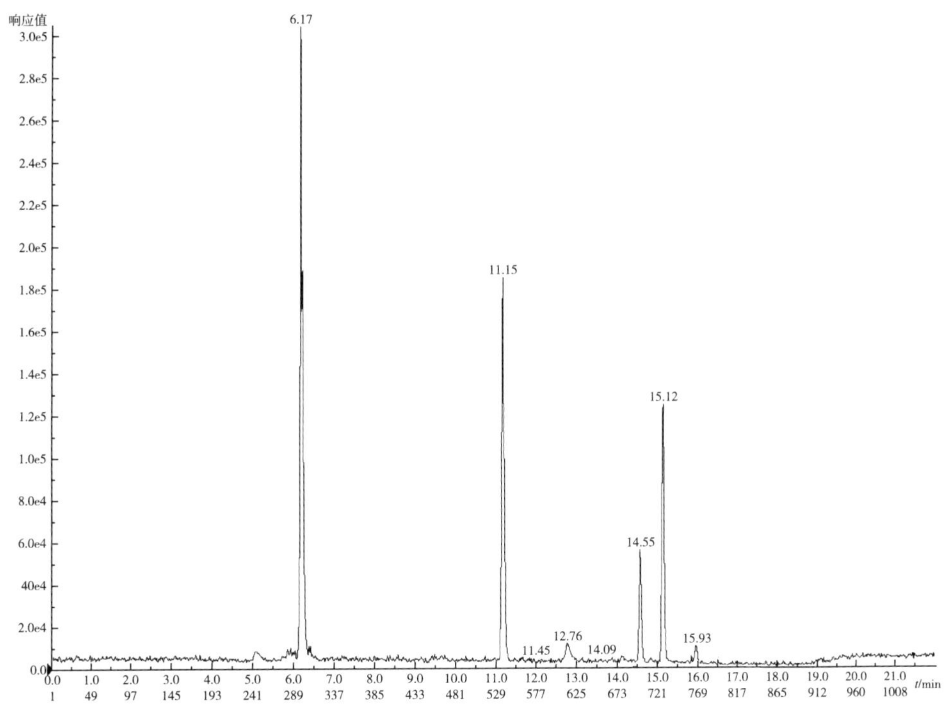

图 10-18　多菌灵、克百威、苯线磷和辛硫磷的多反应监测（MRM）色谱图

10.5 数据处理和计算机控制系统

早期的 HPLC 仪器是用记录仪记录检测信号，再手工测量计算。其后，使用积分仪计算并打印出峰高、峰面积和保留时间等参数。随着计算机技术的广泛应用，使 HPLC 操作更加快速、简便、准确、精密和自动化，现在已可在互联网上远程控制仪器并处理数据。计算机的用途包括 3 个方面：采集、处理和分析数据；控制仪器；色谱系统优化和专家系统。现在良好的操作软件，又称工作站，也是一些主要液相色谱仪生产公司的卖点之一，又称色谱专家系统，它是色谱技术智能化的基础。工作站的配置可使所有分析过程均可在线模拟显示，数据自动采集、处理和存储，整个分析过程实现了自动控制。比较经典的有 Waters 公司的 Empower 系统，安捷伦公司的 Chemstation 系统，热电戴安的变色龙 Chrome 系统。这些仪器操作与结果处理软件功能强大，易于操作。

全球科学仪器市场由美国、日本、瑞士、德国等国的企业主导，我国分析仪器产业规模小于美国及日本等国家。目前为止，我国液相色谱仪进口依赖度较高，各个研究机构及高校的分析仪器基本上都是以进口仪器为主，国产仪器市场较小，其中安捷伦、沃特世、岛津、赛默飞占据绝大多数市场，市场占有率高达 90%以上，2023 年 1~9 月，海关统计我国进口液相色谱仪共 11839 台，同比下降 30%；进口额 4.99 亿美元，同比下降 31%。海关进口数据的变化不能完全反映我国液相色谱市场的情况，一方面，安捷伦、岛津、赛默飞、沃特世这几大主流企业，在最近的 1~2 年间，不约而同地扩大了其液相色谱产品在华生产规模，更有企业将全系列产线都转向国内工厂生产，本土供应增长，势必会影响进口产品的数量。另一方面，国产仪器的快速发展，扩大了自身市场占有率。

近年来，在国家的政策引导下，各仪器设备研发生产企业经过不懈努力，使我国分析仪器的研发取得了一定进步，技术水平与国外产品的差距不断缩小，很多种分析仪器都从最初的改装和仿制国外仪器发展到了如今能够自主创新，我国自主研发的分析仪器设备已经在生命科学、环境保护、食品安全甚至航空航天和深海探测等领域都有了令人瞩目的应用和成就。如国产高效液相色谱—电感耦合等离子体—质谱（HPLC-ICP-MS）联用仪器的检出限、精密度等指标已经达到国外同类型仪器，并且国产仪器价格更加具有优势，如大连依利特公司在液相色谱仪及相关配件，北京吉天仪器有限公司全自动流动注射分析仪，上海磐诺集团在气相色谱仪方面已经得到了国内客户的认可，近年来国产仪器出口逐年增多，2023 年前三季度，海关统计出口液相色谱仪共 1922 台，同比增长 58%；出口额 3512 万美元，同比增长 201%，单台均价为 1.83 万美元，同比增长 91%。但是举步维艰的初始阶段已经过去，国产分析仪器快速发展的春天即将到来，在国家政策的大力支持下，国产分析仪器的发展势必更加迅速，让质量可靠、技术较先进的国产仪器走入更多科研院校以及企业的分析实验室，使我国早入迈入制造强国行列，为实现中国制造“2025”助力。

企业应用案例

课后习题

（1）简述高效液相色谱法和气相色谱法的主要区别。

（2）比较正、反相色谱的固定相与流动相极性的区别，并分别指出何种极性组分分子先流出色谱柱。

（3）什么是化学键合固定相？有何优点？

（4）什么是等度洗脱和梯度洗脱？梯度洗脱的应用范围与优点体现在哪些方面？

（5）何谓排阻色谱法的渗透极限和排阻极限？排阻法固定相选择的原则是什么？

（6）简述蒸发光散射检测器的工作原理，并说明其应用范围。

（7）高效液相色谱中常使用十八碳基硅烷作为固定相，使用该类色谱柱时，常用哪几种洗脱溶剂，它们的洗脱强度顺序怎样？其中哪一种溶剂为底剂？

参考文献

[1] 武汉大学化学系．仪器分析［M］. 北京：高等教育出版社，2001.

[2] 李润卿．有机结构波谱分析［M］. 天津：天津大学出版社，2002.

[3] 北京大学化学系仪器分析化学组．仪器分析教程［M］. 北京：北京大学出版社，1997.

[4] 薛松．有机结构分析［M］. 合肥：中国科学技术大学出版社，2005.

[5] 方惠群，于俊生，史坚．仪器分析［M］. 北京：科学出版社，2002.

[6] 陈集，饶小桐．仪器分析［M］. 重庆：重庆大学出版社，2002.

[7] 傅若农，顾峻岭．近代分析化学［M］. 北京：国防工业出版社，1998.

[8] 达世禄．色谱学导论［M］. 武汉：武汉大学出版社，1999.

[9] 张正奇．分析化学［M］. 北京：科学出版社，2001.

[10] 吴烈钧．气相色谱检测方法［M］. 北京：化学工业出版社，1999.

[11] 胡胜水，曾昭睿，廖振环，等．仪器分析习题精解［M］. 北京：科学出版社，2006.

[12] 周光明．分析化学习题精解［M］. 北京：科学出版社，2001.

[13] 黄一石．仪器分析［M］. 北京：化学工业出版社，2006.

[14] 朱明华，胡坪．仪器分析［M］. 北京：高等教育出版社，2008.

[15] 江子伟，叶宪曾，齐大荃，等．仪器分析教程［M］. 北京：北京大学出版社，1997.

[16] 刘宇．仪器分析［M］. 天津：天津大学出版社，2010.

[17] 邹红海，伊冬梅．仪器分析［M］. 宁夏：宁夏人民出版社，2007.

[18] 詹益兴．实用色谱法［M］. 北京：科学技术文献出版社，2008.

[19] Knox J H. High performance liquid chromatography［M］. Edinburgh：Edinburgh University press，1980.

[20] 于世林．高效液相色谱法及其应用［M］. 北京：化学工业出版社，2004.

[21] 孙毓庆，王延琮．现代色谱法及其在医药中的应用［M］. 北京：人民卫生出版社，1998.

[22] 武汉大学化学系．仪器分析［M］. 北京：高等教育出版社，2000.

[23] 李发美．分析化学［M］. 北京：人民卫生出版社，2003.

[24] 金庆华．分析化学学习与解题指南［M］. 武汉：华中科技大学出版社，2004.

[25] 曾泳淮．分析化学（仪器分析部分）［M］. 3 版．北京：高等教育出版社，2010.

[26] 邹汉法，张玉奎，卢佩章．高效液相色谱法［M］. 北京：科学出版社，2001.

[27] 杜斌，郑鹏武．实用现代色谱技术［M］. 郑州：郑州大学出版社，2009.

[28] 詹益兴．实用色谱技术［M］. 北京：科学技术文献出版社，2008.

[29] 袁黎明．制备色谱技术与应用［M］. 北京：化学工业出版社，2012.